普通高等教育公共课系列教材

物 理 实 验

吴兴林　武颖丽　主编
李平舟　主审

西安电子科技大学出版社

内 容 简 介

本书是根据新工科的建设目标即培养多元化、创新型卓越人才而编写的，在编写中以物理基础理论为依据，以物理量测量为主线，以不同仪器测试设计为方法，以物理量拓展应用延伸为引导，重在培养学生的基本技能、设计分析能力和创新意识。

本书在编写中突出了电子类院校的特色，主要介绍了数据处理和基本物理量测量，内容涉及实验方法、不确定度、数据处理；包含力学、热学、光学、电学和近代物理等23个实验。

本书可作为普通高等学校各专业物理实验教材，也可作为成人教育、电视大学、函授大学、职工大学等学校的物理实验教学参考书。

图书在版编目(CIP)数据

物理实验/吴兴林，武颖丽主编. —西安：
西安电子科技大学出版社，2018.7(2021.8 重印)
ISBN 978-7-5606-4930-6

Ⅰ.①物… Ⅱ.①吴… ②武… Ⅲ.①物理学—实验—高等学校—教材 Ⅳ.①O4-33

中国版本图书馆 CIP 数据核字(2018)第105846号

责任编辑 张 玮 刘玉芳
出版发行 西安电子科技大学出版社(西安市太白南路2号)
电 话 (029)88202421 88201467 邮 编 710071
网 址 www.xduph.com 电子邮箱 xdupfxb001@163.com
经 销 新华书店
印刷单位 咸阳华盛印务有限责任公司
版 次 2018年7月第1版 2021年8月第4次印刷
开 本 787毫米×1092毫米 1/16 印张 14
字 数 325千字
印 数 16 001～21 000册
定 价 32.00元
ISBN 978-7-5606-4930-6/O

XDUP 5232001-4

前　言

本书是按照新工科的建设目标和关键任务，结合电子类院校的特点，为培养“重基础、宽口径、精术业、通工程”，能独立设计、分析完成实验，并具有国际视野和团队精神的高素质融合型人才而编写的。

物理实验是学生进入大学后系统学习基本实验知识、实验方法和实验技能的开端，是我国普通高等学校为了培育大学生科学素质、动手能力与开拓创新精神而开设的以实验为主要内容的首门课程。本书内容主要包括：绪论、基本概念与数据处理、基础实验、附录等。书中的内容基本都是学生将来从事科学研究常用到的知识。

本书是我校物理实验“十三五”规划建设系列教材之一，主要由吴兴林、武颖丽整理完成，参与编写的教师有乔俊绒、孙继超、代少玉、邹洼牢、刘伟、武光玲、徐强、胡荣旭、丁春颖、刘春波、马红玉等；李平舟对本书的内容、结构进行了全面规划设计，在此表示衷心的感谢。

实验教学的探索是永无止境的长期任务，书中的新方法、新观点难免有不妥之处，加之编写时间仓促，编者业务水平有限，疏漏之处在所难免，恳请同行及广大读者提出宝贵意见。

西安电子科技大学物理实验中心

2018 年 2 月

物理实验学生守则

一、爱护实验室一切公物，保持实验室安静、整洁，遵守实验室纪律。

二、上课不迟到、不早退、不旷课。因病缺课须凭医院病假条与教师联系补做。

三、课前要认真预习，写出实验预习报告。课后要及时写好实验报告，并于一周内交指导教师批改。

四、实验前要仔细检查所用实验仪器是否齐全完好，如果有缺损，要及时报告教师处理，不得随意挪动别组仪器。

五、做实验时要严格遵守所用仪器的操作规程和注意事项，不得擅自拆卸仪器，以防发生仪器损坏或人身事故。对违反操作规程而损坏仪器的学生，教师有权按学校有关规定处理。

六、做电学实验时，须按实验原理要求接好线路并且检查确认无误，再由教师检查认可无误后，方可接通电源进行实验。

七、在做光学实验时，要按光学仪器或器件的操作要求进行实验。

八、学生做完实验后，要将实验记录的原始数据交教师审阅，教师确认无较大错误并签字或盖章后，学生才能将仪器恢复到实验前的状态，安放整齐后再离开实验室。

九、实验结束后，值日生要打扫实验室卫生，清洁整理实验仪器。

物理实验选课指南

物理实验教学实行全开放、分层次网上预约选课，学生根据自己所学专业特点及兴趣在网上自主选择实验。物理实验为必修课，共计54学时，分为“物理实验Ⅰ”，27学时，春季开设；“物理实验Ⅱ”，27学时，秋季开设。“物理实验”课属于考查课，以平时操作成绩记分，最终成绩分为“优秀”、“通过”和“不通过”三个等级。

一、选课要求

（1）仔细阅读网上的选课通知，每学期应完成9个实验，若完成实验少于等于6个则期末总评直接判为“不通过”。

（2）春季第一周实验内容为物理实验的基本概念及实验数据处理等基本方法，涉及每个实验，要求每个学生必须选。

（3）每学期开学第一周网上选课，第二周开始进入实验室上课；每天进行两批次，时间如下：

春冬季：14:00～17:00；18:30～21:30。

夏秋季：14:30～17:30；18:30～22:00。

（4）实验选定后要按时完成，缺席按0分记，不予补做。

（5）开课地点：F栋2层和3层（物理实验中心）。

（6）学生进入实验室必须携带个人有效证件和教材。

（7）无法注册选课的学生开学一周之内带一卡通到F213（物理实验中心管理办公室）办理注册手续，时间为14:00～17:30；选课过程中如遇问题，可拨打物理实验中心开放实验办公室电话：81891123，也可发邮件至plc@mailxidian.edu.cn，我们将尽快予以回复。

二、选课方法

直接输入网址http://wlsy.xidian.edu.cn/进入物理实验中心主页，点击“选课系统”的“教师/学生登录”即可进入“物理实验选课系统”；第一次进入选课系统直接点击“注册”，按照要求填写个人信息，设定并记住自己所设的密码。

选课时应注意以下事项：

（1）可以用手机选课，但最好不要用手机注册，切记！

（2）注册个人信息时，严格按照学校统一规定（班号为7位数字，学号为11位数字），禁止出现专业名称、“教改”、“卓越”等汉字。

（3）注册成功后，重新进入选课系统，输入学号与密码，登录系统进行选课。（课程选定后必须点击“提交”，否则选课并未真正成功。）

（4）该系统允许学生上课前72小时之外修改、删除已选实验，72小时之内无法修改。

（5）系统中的“给教师留言”功能尚未开通，请勿留言。

（6）“物理实验Ⅱ”选课密码与“物理实验Ⅰ”选课密码相同。

“物理实验Ⅰ”选课记录

实验序号	实验名称	教材页码	周次	星期	日期	时段	实验室	教师	备注
1	绪 论								必须选
2									
3									
4									
5									
6									
7									
8									
9									

“物理实验Ⅱ”选课记录

实验序号	实验名称	教材页码	周次	星期	日期	时段	实验室	教师	备注
1									
2									
3									
4									
5									
6									
7									
8									
9									

目　　录

Ⅰ 绪 论

1-1 物理实验课的地位与作用

物理学是研究客观世界物质运动规律的学科，研究的基本方法是科学实验。科学实验的过程分为三个阶段：

(1) 观察现象。

(2) 分析现象产生和发展的条件。

(3) 建模，即找到物质运动的规律，建立相关理论和模型。

在科学实验中，往往还夹杂和预示着某些有待发现的规律。因此一个科学工作者不但要知识面宽、素质高，会做科学实验，能分析和解决问题，还应具有创造性，而且细心和有耐心。

1-2 课程的目的与要求

物理实验是培养学生基础应用综合能力和高素质科技人才的重要基础课之一。

物理实验的重要任务是验证物理规律、锻炼动手能力、学习数据处理、培养严谨作风、提高综合素质。在课程安排上，通过一系列实验，使学生对科学实验有一个初步了解，同时在实验方法、测量技术、数据采集和处理等方面接受基本训练。物理实验具体要求掌握：

(1) 七项操作技术：零位校准、水平调节、铅直调整、光路共轴调节、逐次逼近调节、视差消除、电路接线训练等。

(2) 六种实验方法：比较法、放大法、转换法、模拟法、补偿法、干涉法。

(3) 常用物理量的测量：长度、时间、质量、力、温度、热量、电流强度、电压、电阻、磁感应强度、折射率等。

(4) 常用仪器的使用：测长仪、计时器、测温仪、变阻器、电表、直流电桥、电位差计、通用示波器、低频信号发生器、分光计、常用电源、常用光源等。

1-3 实 验 程 序

实验程序主要分为实验预习、实验过程、实验报告等。

1. 实验预习

实验预习就是课前认真阅读要做的实验，写出实验预习报告。实验预习报告的内容主要包括：

(1) 实验目的：明确实验要达到的要求。

(2) 实验仪器：根据实验内容了解实验所用的主要仪器，包括结构、工作原理、操作方法及性能参数等。

(3) 实验原理：简要叙述实验原理，写出测量公式，画出原理图、电路图、光路图等。

(4) 实验内容和步骤：了解实验中需要测量的实验数据，掌握测量的操作方法及步骤。

(5) 实验数据表格：根据实验内容要求设计出数据记录表格。

2. 实验过程

根据实验内容的要求，在教师指导下独立完成实验。在做实验的过程中，遇到不清楚或不能解决的问题，要举手示意，向教师请教，直到明确每个实验细节。在做完实验后，要仔细分析实验结果，总结实验过程，对还不清楚的问题与教师讨论，在没有任何疑难问题后，请教师审阅实验数据并签字，之后，方可整理实验仪器，离开实验室。值日生要打扫卫生。

3. 实验报告

实验报告的具体要求如下：

(1) 实验名称：所做实验的名称。

(2) 实验目的：完成本实验应达到的基本要求。

(3) 实验仪器：所用仪器的名称和型号。

(4) 实验原理：简述原理，包括简单的公式推导、原理图、电路图、光路图。

(5) 实验内容和基本操作步骤。

(6) 数据处理：数据记录必须有表格、必要的计算过程、实验曲线(用坐标纸作图或计算机绘图)，写出结果的标准形式和误差或不确定度。

(7) 实验得失：实验总结，提出消除或降低误差的方法。

(8) 问题讨论：分析总结实验得失，完成课后讨论题。

实验报告作为评判实验考试成绩的重要依据之一，要求内容完整，贴有封面，封面信息尽量完整，应包括：① 学生的个人信息(班号、学号、姓名)；② 实验的名称；③ 实验时间(年、月、日、下午或晚上)；④ 座位号。实验报告装订成册，并且附上原始数据(教师签字或盖章)。尽快完成实验报告，并及时投递到授课老师的报告箱，以免影响其他同学成绩的上传。

Ⅱ 基本概念与数据处理

人类是通过测量来认识客观世界的。物理实验离不开对物理量的测量。由于测量条件的非理想化，测量总存在有误差。误差是测量中的不可靠量值，导致测量结果的不可靠量值称为不确定度。这就是测量、误差和不确定度三者之间的因果关系。测量误差越小，结果的不确定度就越小，测量精度就越高，人们对客观世界的认识也就越准确。

2-1 测　量

1. 测量的定义

测量是用实验手段对客观事物获取定量信息的过程。通俗地讲，就是借助仪器、用某一计量单位把待测量的大小表示出来，确定待测量是该计量单位的多少倍。被测量的测量结果用标准量的倍数、标准量的单位来表示。因此，测量的必要条件是被测量的物理量、标准量及操作者。测量结果应是一组数据和单位，必要时还要给出测量所用的量具或仪器、测量方法及条件等。例如测量一个钢球的直径，选用的标准量是毫米，测量结果是毫米的16.374倍，则直径的测量值为16.374 mm，使用的量具为螺旋测微计，测量环境温度为20.8℃。

2. 测量的类型

1）*按测量方式分类*

按测量方式分为直接测量和间接测量。

（1）直接测量：用测量仪器能直接测出被测量的测量过程称为直接测量，相应的被测量称为直接测量量。例如，用米尺测物体的长度、用天平称物体的质量、用秒表测时间等，这些均是直接测量。相应的长度、质量、时间等均称为直接测量量。直接测量按测量次数分为单次测量和多次测量。

① 单次测量：只测量一次的测量称为单次测量。单次测量主要用于测量精度要求不高、测量比较困难或测量过程带来的误差远远大于仪器误差的测量。如在测量杨氏弹性模量实验中，测钢丝长度就用的是单次测量。

② 多次测量：测量次数超过一次的测量称为多次测量。多次测量按测量条件主要分为等精度测量和非等精度测量。

（2）间接测量：对某些物理量的测量，由于没有合适的测量仪器，不便或不能进行直接测量，只能先测出与待测量有一定函数关系的直接测量量，再将直接测量的结果代入函数式进行计算，得到待测物理量的测量值，这个过程称为间接测量。相应的被测量称为间接测量量。例如用单摆法测量重力加速度，其公式为 $g=4\pi^2L/T^2$。可以先用米尺和计时器对 L 和 T 分别进行直接测量，然后将 L 和 T 的值带入测量公式，计算出重力加速度 g。整个过程称为间接测量。其中，g 是间接测量量，L 和 T 是直接测量量。

2）按测量条件分类

按测量条件分为等精度测量和非等精度测量。

(1) 等精度测量：为了减小误差，往往对同一固定被测量进行多次重复测量，如果每次测量的条件(操作者、仪器、实验原理和方法、测量环境等)相同不变，这种重复测量称为等精度测量。由于各次测量的条件相同，那就没有任何根据可以判断某次测量一定比另一次测量更准确。所以，每次测量的可靠程度只能认为是相同的，即认为是等精度的测量。

(2) 非等精度测量：多次重复测量时，只要有一个测量条件发生了变化，如更换了测量所用的量具或仪表，或改变了测量方法等，这种重复测量称为非(不)等精度测量。对这种测量要引入测量"权"的概念，"权"是用来衡量各单次或局部测量结果可靠性的数字，测量的权越大，说明该次测量结果的可靠性越大，它在最后测量结果中所占的比重也应越大。这类测量主要用于高精度的测量中。

在实际测量中常用的测量主要是单次测量、等精度测量和间接测量。当测量精度要求不高时用单次测量，测量精度要求比较高时用等精度测量，只有在无法使用直接测量时才用间接测量。

3. 测量的方法

测量的方法很多，常用的有：直读测量法、比较测量法、替代测量法、放大测量法、平衡测量法、模拟测量法、几何光学测量法、干涉测量法和衍射测量法等。

2-2 误　差

1. 真值与测量值

任何一个测量量在一定条件下是客观存在的，当能被完善地确定并能排除所有测量上的缺陷时，通过测量所得的量值称为该量的真值。但是，一个物理量的完善定义极其困难，人们也不能完全排除测量中的所有缺陷。因而，真值是一个比较抽象和理想的概念，一般来说不可能知道。物理实验课中所测物理量的真值常采用公认值、理论值，或较高准确度仪器的测量值，或多次测量的平均值近似地代替真值。这些值叫做"约定真值"。例如三角形内角之和恒为 180°。

通过实验所得到的量值称为测量值。测量值包括单次测量值、算术平均值和加权平均值。

(1) 单次测量值：只能进行一次测量，如变化过程中的测量，或没有必要进行多次测量；对测量结果的准确度要求不高，有足够的把握；仪器的准确度不高或多次测量结果相同，这时就用单次测量值近似地表示被测量的真值。

(2) 算术平均值：对多次等精度重复测量，用所有测量值的算术平均值来替代真值，由数理统计理论可以证明，算术平均值是被测量真值的最佳估计值。

(3) 加权平均值：当每个测量值的可信程度或测量准确度不等时，为了区分每个测量值的可靠性，即重要程度，对每个测量值都给一个"权"数。最后测量结果用带上"权"数的测量值求出的平均值表示，即为加权平均值。

2. 误差的定义

每个测量值都有一定的近似性，它们与真值之间总会有或多或少的差异，这种差异在数值上的表示称为测量误差，简称误差。误差自始至终存在于一切科学实验和测量过程之中，测量结果都存在误差，这就是误差公理。误差按表达方式分为绝对误差和相对误差。

（1）绝对误差：

$$\delta x = x - x_0 \tag{2-2-1}$$

式中：δx 表示绝对误差，x 表示测量值，x_0 表示真值。

绝对误差不是误差的绝对值。绝对误差可正可负，具有与被测量相同的量纲和单位，它表示测量值偏离真值的程度。由于真值一般是得不到的，因此误差也无法计算。实际测量中是用多次测量的算术平均值来代替真值的，测量值与算术平均值之差称为偏差，又称残差，亦用 δx 表示，即

$$\delta x = x - \bar{x} \tag{2-2-2}$$

（2）相对误差：绝对误差与被测量真值之比。由于真值不能确定，实际上常用约定真值来代替。相对误差是一个无单位的无名数，常用百分数表示，也称为百分误差，即

$$E = \left|\frac{\delta x}{x_0}\right| \times 100\% \tag{2-2-3}$$

3. 误差的类型及处理方法

测量中误差按其产生的条件可归纳为系统误差、随机误差和粗大误差三类。

1）*系统误差*

（1）系统误差的定义和分类。

在相同条件(指方法、仪器、环境、人员)下多次重复测量同一量时，误差的大小和符号(正、负)均保持不变或按某一确定的规律变化，这类误差称为系统误差，它的特征是确定性。

系统误差分为可定系统误差和未定系统误差。

① 可定系统误差：在测量中大小、正负可确定的误差。测值中应消除掉该误差。例如米尺零刻线被磨损或弯曲，若不注意，会产生零点不为零的可定系统误差。因此，测量时应该避开零刻度线，用中间的某整刻度线作为测量的起始点，再读出被测物的终止点，两点相减就避开了零点不准的可定系统误差。再如千分尺(亦称螺旋测微器)零点不为零，测量时应先读出零点值 d_0，再读出被测量值的大小 d_1，两者相减($d_1 - d_0$)的结果就消除了千分尺的可定系统误差。

② 未定系统误差：不能确切掌握其大小和方向(正、负)的系统误差。在测定条件不变时，它是固定值，不具有抵偿性。例如千分尺的示值误差、数字毫秒计的不确定度、分光计的不确定度、电表的精度(即准确度等级)等产生的测量误差都是未定系统误差。当在测定条件改变时，其值的改变在一定范围内具有随机性，服从一定的概率分布，通常认为其服从正态分布，这一点又和随机误差相同，可按处理随机误差的办法来处理未定系统误差。

（2）系统误差的主要来源。

① 由仪器不确定度产生的系统误差：由于仪器本身缺陷、校正不完善或没有按规定条件使用而产生的误差。例如，仪器刻度不准、刻度盘和指针安装偏心、米尺弯曲、天平两臂不等

长等。

② 由测量公式产生的系统误差：由于测量公式本身的近似性或没有满足理论公式所规定的实际条件而产生的误差。例如，单摆周期公式 $T=2\pi\sqrt{l/g}$ 的成立条件是摆角小于 5°，用这个近似公式计算 T 时，计算本身就带来了误差；又如用伏安法测量电阻时，忽略了电表内阻的影响等。

③ 由测量环境产生的系统误差：在测量过程中，因周围温度、湿度、气压、振动、电磁场等环境条件发生有规律的变化而引起的误差。如在 25℃时标定的标准电阻在 30℃环境下使用等。

④ 由操作人员产生的系统误差：由于操作者的不良习惯或生理、心理等因素造成的误差。例如，用米尺测长度，读数时目光斜视，计时按下秒表的速度较慢或较快等。

(3) 发现系统误差的主要方法。

① 理论分析法：从原理和测量公式上找原因，看是否满足测量条件。例如，用伏安法测量电阻时实际电压表内阻不等于无穷大、电流表内阻不等于零，均会产生系统误差。

② 实验对比法：改变测量方法和条件，比较差异，从而发现系统误差。例如，通过调换测量仪器或操作人员进行对比，观察测量结果是否相同而进行判断确认。

③ 数据分析法：分析数据的规律性，以便发现误差。例如，采用残差法对一组等精度测量数据，通过计算偏差、观察其大小和比较正、负号的数量，可以寻找系统误差。

(4) 可定系统误差的消除和减小方法。

以下通过举例来说明消除和减小可定系统误差的常用方法：

① 交换法：用天平两次称量一物体质量时，第二次称量将被测物与砝码交换。若两次称量结果分别为 m_1、m_2，则取 $m=\sqrt{m_1m_2}$ 为最终称量结果，以消除天平不等臂误差。

② 替代法：在电表改装实验中测量表头内阻时，如图 2-2-1所示，首先将 S_2 与表头回路接通，调节 R_1 使微安表指向某整刻度，记下该电流值；再将 S_2 与电阻箱回路接通，保持 R_1 不变，调节电阻箱 R_2 阻值，使微安表的指示值和记录的电流值相同，此时电阻箱的阻值就等于被测表头的内阻。这种方法可以避免微安表内阻引入的误差。

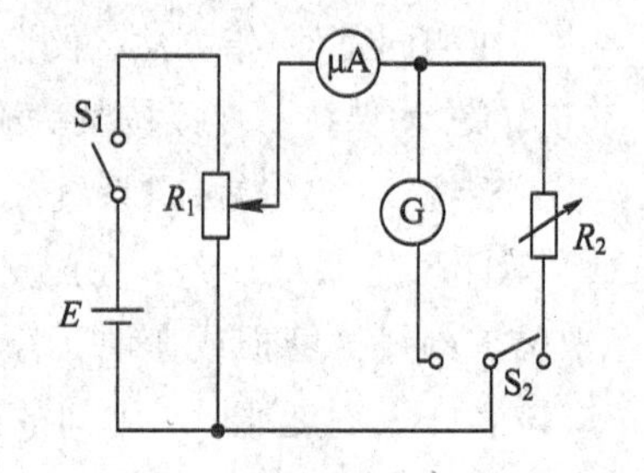

图 2-2-1　替代法电路图

③ 零示法：电桥、电位差计均采用这种测量方法，指零仪器(检流计)示数为零时，其两端等电位(即示零)，从而减小仪器误差和避免指零仪器内阻引入的误差。

④ 异号法：在霍尔效应实验中，改变霍尔片上的电流方向进行测量，以消除不等位误差。

⑤ 半周期法：利用分光计的双游标读数，以消除分光计中心轴的偏心误差。

2) 随机误差

在测量时，即使消除了系统误差，在相同条件下多次重复测量同一量时，各次测量值仍会有些差异，其误差的大小和符号没有确定的变化规律。但若大量增加测量次数，则其总体(多次测量得到的所有测量值)服从一定的统计规律，这类误差称为随机误差，它的特征具有偶然性。

随机误差也是测量过程中不可避免的，来自于许多难以控制的不确定的随机因素。这些随机因素有空气的流动、温度的起伏、电压的波动、不规则的微小振动、杂散电磁场的干扰，以及实验者感觉器官的分辨能力、灵敏程度和仪器的稳定性等。增加测量次数可减小其影响。

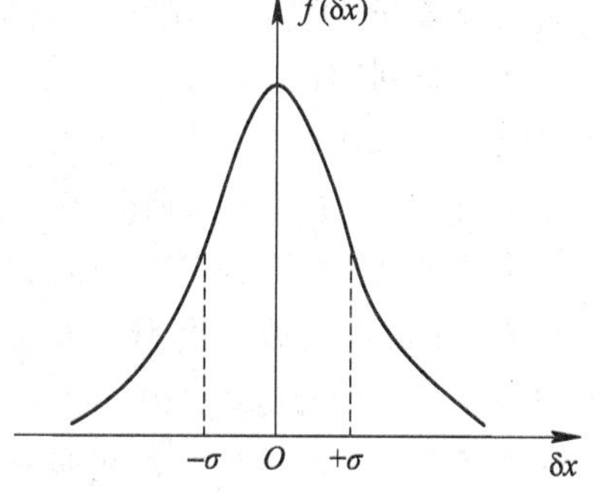

图 2-2-2　正态分布曲线

假设系统误差已经消除，且被测量本身又是稳定的，在相同条件下，对同一物理量进行大量次数的重复测量，可以发现随机误差服从统计规律即高斯分布，又称正态分布。正态分布曲线如图2-2-2所示，其满足的高斯方程为

$$f(\delta x)=\frac{1}{\sigma\sqrt{2\pi}}\mathrm{e}^{-\frac{1}{2}\left(\frac{\delta x}{\sigma}\right)^{2}} \qquad (2-2-4)$$

(1) 正态分布的特性。

高斯方程中，σ 称为标准差，是随机误差 δx 的分布函数 $f(\delta x)$的特征量。其表达式为

$$\sigma=\lim_{n\to\infty}\sqrt{\frac{1}{n}\sum_{i=1}^{n}(x_i-x_0)^2} \qquad (2-2-5)$$

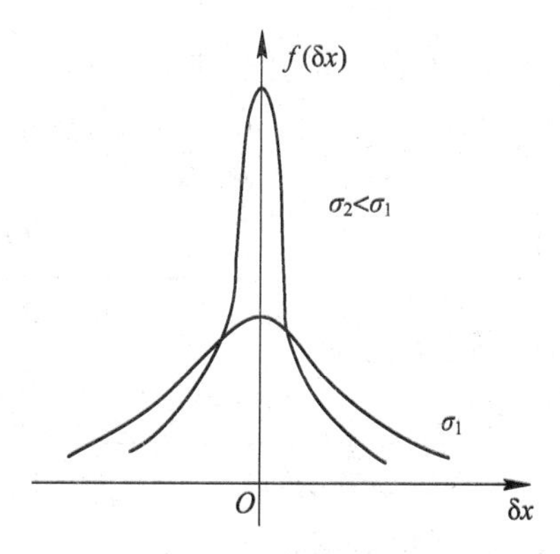

图 2-2-3　σ 对 $f(\delta x)$的影响示意图

σ 确定，$f(\delta x)$就唯一确定；反之，$f(\delta x)$确定，σ 的大小也就唯一确定了。σ 越小，测量精度越高。曲线越陡，峰值越高，随机误差越集中，测量重复性越好；反之重复性越差，如图 2-2-3 所示。

为了统计随机误差的概率分布，将概率密度函数在以下区间积分，得到随机误差在相应区间的概率值：

$$P(-\infty,+\infty)=\int_{-\infty}^{+\infty}f(\delta x)\mathrm{d}(\delta x)=1$$

$$P(-\sigma,+\sigma)=\int_{-\sigma}^{+\sigma}f(\delta x)\mathrm{d}(\delta x)=68.3\%$$

$$P(-2\sigma,+2\sigma)=\int_{-2\sigma}^{+2\sigma}f(\delta x)\mathrm{d}(\delta x)=95.4\%$$

$$P(-3\sigma,3\sigma)=\int_{-3\sigma}^{+3\sigma}f(\delta x)\mathrm{d}(\delta x)=99.7\%$$

由上式可以看出，随机误差落在$\pm3\sigma$ 之外的概率仅为 0.3%，是正常情况下不应该出现的小概率事件，因此将$\pm3\sigma$ 定为误差极限，即：当 $\delta x_i\geqslant|3\sigma|$时，认为 x_i 为坏值，不是误差。

从正态分布曲线可以看出，随机误差具有 4 个重要特性，分别如下：

① 单峰性：由大量重复测量所获得的测量值，是以它们的算术平均值为中心而相对集中分布的，即绝对值小的误差出现的概率比绝对值大的误差出现的概率大(次数多)。

② 对称性：绝对值相等的正误差和负误差出现的概率相同。

③ 有界性：误差的绝对值不会超过某一界限，即绝对值大的误差出现的概率趋于零，随机误差分布具有有限的范围，即$|3\sigma|$为误差界限。

④ 抵偿性：随着测量次数的增加，随机误差的代数和趋于零，即随机误差的算术平均

值将趋于零。实际上，抵偿性可由单峰性及对称性导出。

随机误差的处理方法是采取多次测量，取算术平均值作为测量结果，提高测量精度。

(2) 测量列的标准差。

如图 2-2-4 所示，高斯方程中的标准差 σ 是理论值，当 $n\to\infty$ 时，才趋于高斯分布。在实际测量中，只能进行有限次测量，而有限次测量的随机误差实际遵从 t 分布。t 分布曲线较高斯分布曲线稍低而宽(中间低两边高)，两者形状非常相近。实验中，先用贝塞尔(Bessle)公式计算测量列的标准偏差：

$$s=\sqrt{\frac{1}{n-1}\sum_{i=1}^{n}(x_i-\bar{x})^2} \qquad (2-2-6)$$

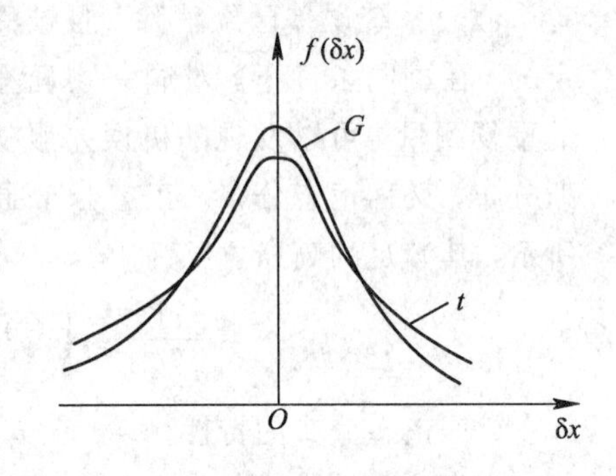

图 2-2-4 t 分布与高斯分布曲线的比较示意图

然后用 t 分布因子对标准偏差进行修正，估算出测量列的标准差：

$$\sigma=s\times t_{0.683} \qquad (2-2-7)$$

表 2-2-1 实验中常用的 t 因子

n	2	3	4	5	6	7	8	9	10	11	12
$t_{0.683}$	1.84	1.32	1.20	1.14	1.11	1.09	1.08	1.07	1.06	1.05	1.03

在选择测量次数时，要注意 t 因子的修正。由表 2-2-1 可见，$n=6$ 是拐点，当 $n>6$ 时，t 的变化小而缓慢，可取：

$$\sigma\approx s \quad (n\geqslant 6) \qquad (2-2-8)$$

(3) 平均值的标准差。

平均值也是个随机变量，服从正态分布。如果对某被测量 x 进行多次等精度测量，则每组测量列的平均值 $\bar{x}_1$，$\bar{x}_2$…不尽相同，只是随机误差已很小。由最小二乘法可证明，平均值是真值的最佳估计值，因此实验中只需对被测量进行一组等精度测量。其平均值的标准差为

$$\sigma_{\bar{x}}=\frac{\sigma}{\sqrt{n}} \qquad (2-2-9)$$

下面用最小二乘法证明测量列的算术平均值是真值的最佳估计值。

求一组等精度测量列的最佳值，就是求能使它与各次测量值之差的平方和为最小的值。在此，用 $x_{佳}$ 表示真值的最佳估计值，即求式 $\sum_{i=1}^{n}(x_i-x_{佳})^2$。

取最小值时的 $x_{佳}$，对上式求一阶导数和二阶导数：

$$f\left[\sum_{i=1}^{n}(x_i-x_{佳})^2\right]=0$$

$$f''\left[\sum_{i=1}^{n}(x_i-x_{佳})^2\right]=2n>0$$

以满足极小值条件解一阶导数等于零的等式：

$$-2\sum_{i=1}^{n}(x_i - x_{佳}) = 0$$

$$\sum_{i=1}^{n}x_i = nx_{佳}$$

即

$$x_{佳} = \frac{1}{n}\sum_{i=1}^{n}x_i$$

可以看出，真值的最佳估计值就是算术平均值。

3）粗大误差

明显歪曲了测量结果的异常误差称为粗大误差。它是由于没有觉察到实验条件的突变，仪器在非正常状态下工作，无意识的或不正确的操作等因素造成的。含有粗大误差的测量值称为可疑值或异常值、坏值。在没有充分依据时，绝不能按主观意愿轻易地剔除，应该按照一定的统计准则慎重处理。

在测量中，若一组等精度测量值中的某值与其它值相差很大，在处理这类数据时不能计算在内，应予以剔除。具体做法是：求出 $\bar{x}$ 和 σ，作出区间 $x=(\bar{x}\pm 3\sigma)$，则测量列中数据不在此区间内的值都是坏值，应剔除掉，这种方法称为 3σ 法则。

例 1 对液体温度作多次等精度测量，测量值分别为 20.42、20.43、20.40、20.43、20.42、20.43、20.39、20.30、20.40、20.43、20.42、20.41、20.39、20.39、20.40。试用 3σ 法则检验该测量列中是否有坏值，并计算检验后的平均值及标准差，写出测量结果的表达式。

解 实验数据和处理过程如表 2－2－2 所示。

表 2－2－2

i	t/℃	$\lvert\delta x\rvert$ /℃
1	20.42	0.016
2	20.43	0.026
3	20.40	0.004
4	20.43	0.026
5	20.42	0.016
6	20.43	0.026
7	20.39	0.014
8	20.30	0.104
9	20.40	0.004
10	20.43	0.026
11	20.42	0.016
12	20.41	0.006
13	20.39	0.014
14	20.39	0.014
15	20.40	0.004
平均值	20.404	

在上表中，计算的中间过程可以多保留一位。

计算测量列的标准差：测量次数大于 6 次，t 因子取 1。可求得 $\sigma=0.03$℃，$3\sigma=0.09$℃。

判断和剔除：$i=8$ 时，$|\delta x|=0.104\geqslant 3\sigma$，所以 $t=20.30$℃是坏值，予以剔除。

剔除后 $\bar{t}=20.411$℃，$\sigma=0.016$℃，$3\sigma=0.048$℃。经检查，再无坏值。

计算：$\sigma_{\bar{t}}=0.004$℃；

测量结果表达式为：$t=(20.411\pm0.004)$℃。

4. 误差与测量结果的关系

为了定性地描述各测量值的重复性及测量结果与其真值的接近程度，常用准确度、精密度、精确度来描述。

(1) 准确度：表示测量值或实验所得结果与真值的接近程度，它表征系统误差对测量值的影响，准确度高表示系统误差小，测量值与真值的偏离小，接近真值的程度高。准确度反映系统误差大小的程度。

(2) 精密度：表示重复测量各测量值的分散程度，即测量值分布的密集程度，它表征随机误差对测量值的影响，精密度高表示随机误差小，测量重复性好，测量数据比较集中。精密度反映随机误差大小的程度。

(3) 精确度：描述各测量值重复性及测量结果与真值的接近程度，它反映测量中的随机误差和系统误差综合大小的程度。测量准确度高，表示测量结果既精密又正确，数据集中，而且偏离真值小，测量的随机误差和系统误差都比较小。

图 2-2-5 是打靶时弹着点的分布，以此说明这三个词的涵义。

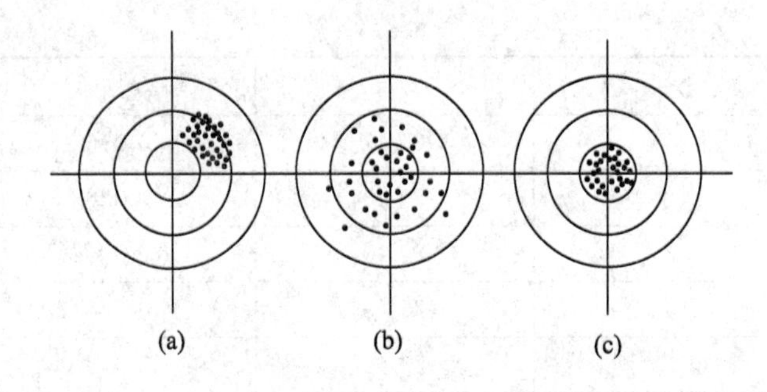

图 2-2-5　准确度、精密度、精确度示意

图 2-2-5(a)准确度低，精密度高；图 2-2-5(b)准确度高，精密度低；图 2-2-5(c)精确度高，既准确又精密。

由于这三个词是定性评价测量结果的，有时也不严格区分，均称其为精度。

2-3　不确定度

不确定度来源于 1927 年著名物理学家海森堡在量子力学中提出的不确定度关系，又称测不准关系。1970 年后开始使用不确定度一词来描述。

生产的发展和科学技术的进步，对数据的准确性和可靠性提出了更高的要求，特别是我国对外贸易的不断扩大，测量结果的质量水平需要国际的评价和承认，每一个测试人员都需要理解不确定度的概念，正确掌握不确定度的表示和评定方法。

根据国际计量局(BIPM)关于“实验不确定度的规定建议书 INC－1(1980)”，我们采用不确定度来评价测量结果的质量及可信赖程度。不确定度是指测量结果变化的不肯定，是表征被测量的真值在某个量值范围的一个估计，是测量结果含有的一个参数，用以表示被测量的分散性。测量的不确定度和误差是误差理论的两个重要概念，其相同点是它们都是评价测量结果质量高低的重要指标，都可以作为测量结果精度评定的参数。两者又有明显的区别，必须学会正确认识和区分，防止混淆和误用。

从定义看，误差是测量结果和真值之间的差值，它以真值或约定值为中心，因而是一个理想的概念，一般无法准确知道，难以定量评定；测量结果的不确定度反映了人们对测量结果准确程度的评判，是可以定量评定的。

从分类看，误差按照自身特点和性质可分为系统误差、随机误差和粗大误差，可采用不同的措施来减小或者消除，计算时不易掌握；测量结果的不确定度不按性质分类，而是按照评定方法分为 A 类评定和 B 类评定，两种评定方法不分优劣，可按实际情况加以选用。评定不受不确定因素来源和性质影响，只考虑影响结果的评定方法，便于评定和计算。

1. 不确定度的定义

不确定度包含了各种不同来源的误差对测量结果的影响，各分量的估算又反映了这部分误差所服从的分布规律。它不再将测量误差分为系统误差和随机误差，而是把可修正的系统误差修正以后，将余下的全部误差分为可以用概率统计方法计算的 A 类评定和用其他非统计方法估算的 B 类评定。若各种不同来源的误差分量彼此独立，则将 A 类和 B 类评定按“方和根”的方法合成得到合成不确定度。不确定度与给定的置信概率相联系，并且可以求出它的确定值。

不确定度用符号 ΔX 表示。它由两部分组成：A 类分量 ΔX_A 和 B 类分量 ΔX_B。

“方和根”合成得到的合成不确定度为

$$\Delta X=\sqrt{\Delta X_A^2+\Delta X_B^2} \qquad (2-3-1)$$

相应的相对不确定度为

$$\frac{\Delta X}{X}\times 100\% \qquad (2-3-2)$$

2. A 类不确定度的评定

A 类不确定度用概率统计的方法来评定，记为 ΔX_A。

在相同的测量条件下，n 次等精度重复测量值为 x_1，x_2，x_3，…，x_n，其测量结果的最佳值为算术平均值 $\bar{x}$：

$$\bar{x}=\frac{1}{n}\sum_{i=1}^{n}x_i$$

x_i 的标准偏差 $s(x_i)$ 估计采用贝塞尔公式：

$$s(x_i)=\sqrt{\frac{1}{n-1}\sum_{i=1}^{n}(\Delta x_i)^2}$$

平均值 $\bar{x}$ 的实验标准偏差 $\sigma_{\bar{x}}$ 的最佳估计为

$$\sigma_{\bar{x}}=t\cdot\frac{s(x_i)}{\sqrt{n}}=t\cdot\sqrt{\frac{\sum_{i=1}^{n}(\Delta x_i)^2}{n(n-1)}} \tag{2-3-3}$$

不确定度的A类评定就用$\sigma_{\bar{x}}$表示，即$\Delta X_{\mathrm{A}}=\sigma_{\bar{x}}$。

3. B类不确定度的评定

测量中凡是不符合统计规律的不确定度应用B类不确定度来评定，记为ΔX_{B}。实际工作和生活中，绝大多数测量都是单次测量，对一般有刻度的量具和仪表，估计误差在最小分度的1/10～1/5，通常小于仪器的最大允差$\Delta_{仪器}$。所以通常用$\Delta_{仪器}$表示单次测量结果的B类不确定度，测量值与客观值(所谓的真值)的误差在$[-\Delta_{仪器}, +\Delta_{仪器}]$内的置信概率为100%。

实际上，仪器的误差在$[-\Delta_{仪器}, +\Delta_{仪器}]$范围内是按一定概率分布的。在相同条件下大批量生产的产品，其质量指标一般服从正态分布。理论分析指出，对于多数仪器误差服从均匀分布，也有一些仪器服从三角分布。一般而言，ΔX_{B}与$\Delta_{仪器}$的关系为：$\Delta X_{\mathrm{B}}=\Delta_{仪器}/C$($C$称为置信系数)。置信系数与误差分布对应如表2-3-1所示。

表2-3-1　置信系数与误差分布

误差分布	三角分布	均匀分布	正态分布
置信系数C	$\sqrt{6}$	$\sqrt{3}$	3

根据概率统计理论，对均匀分布函数，测量误差落在区间$[-\Delta_{仪器}, +\Delta_{仪器}]$内的概率为58%；对三角分布函数，测量误差落在区间$[-\Delta_{仪器}, +\Delta_{仪器}]$内的概率为74%；只有对于正态分布函数，测量误差落在区间$[-\Delta_{仪器}, +\Delta_{仪器}]$内的概率才为68.3%。即测量值的B类不确定度与置信概率P有关，$\Delta_{\mathrm{B}}=k_P\Delta_{仪器}/C$，$k_P$称为置信因子。置信概率$P$与$k_P$的关系见表2-3-2。

表2-3-2　正态分布置信概率P与k_P的关系

P	0.500	0.683	0.900	0.950	0.955	0.990	0.997
k_P	0.675	1	1.65	1.96	2	2.58	3

目前，人们对很多仪器的质量标准在最大允差范围内的分布性质有不同的说法，对某些分布性质还不清楚，很多文献都把它们简化成均匀分布来处理。即不确定度的B类评定表示为

$$\Delta X_{\mathrm{B}}=\frac{\Delta_{仪器}}{\sqrt{3}}$$

在物理实验中的系统误差均是均匀分布。

4. 仪器的不确定度

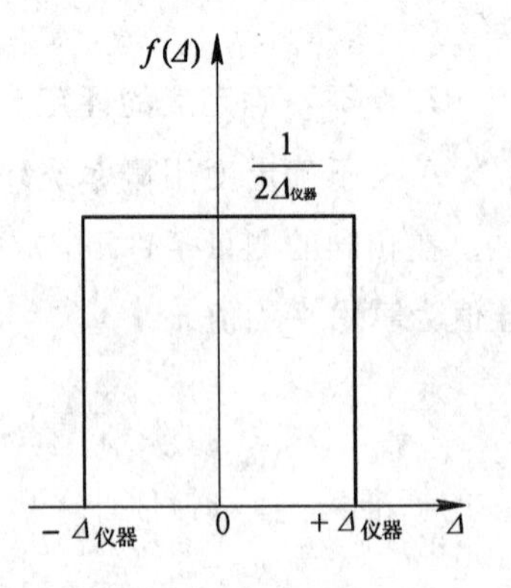

图2-3-1　均匀分布示意图

仪器是一种产品，作为一个结果，它的不可靠量值应该是不确定度$\Delta_{仪器}$。在测量中产生未定系统误差，该误差大多服从均匀分布，如图2-3-1所示，即误差大小和符号的概率均相等。

仪器不确定度 $\Delta_{仪器}$ 合成到测量结果的不确定度中为 B 类分量：

$$\Delta X_B = \frac{\Delta_{仪器}}{\sqrt{3}} \quad (P = 0.683) \tag{2-3-4}$$

仪器不确定度通过以下方式获得：

（1）由仪器或说明书中给出；

（2）由仪器的准确度等级得，即

$$\Delta_{仪器} = 准确度等级 \times \frac{量程}{100}$$

仪器的准确度等级由高到低排列为 0.1、0.2、0.5、1.0、1.5、2.5、5.0 级，共 7 个等级（0.1、0.2 属正态分布，$\Delta X_B = \Delta_{仪器}/3$；其余均为均匀分布，$\Delta X_B = \Delta_{仪器}/\sqrt{3}$）。

（3）估计：对连续读数的仪器，有

$$\Delta_{仪器} = \frac{1}{2} 分度值$$

对非连续读数的仪器，有

$$\Delta_{仪器} = 分度值$$

对数字式仪表，$\Delta_{仪器}$ 取末位分度的 ±1 或 ±2。

注：分度值就是仪器最小测量单位的量值。如米尺的分度值是 1 mm，JJY 分光计的分度值是 1′。

5. 合成不确定度

若 A 类不确定度和 B 类不确定度相互独立，且在同一置信水平，则按“方和根”的方法合成得到合成不确定度 ΔX：

$$\Delta X = \sqrt{\Delta X_A^2 + \Delta X_B^2} = \sqrt{\sigma_{\bar{x}}^2 + \left(\frac{\Delta_{仪器}}{\sqrt{3}}\right)^2}$$

2-4 测量结果和不确定度的确定

1. 单次测量

通常对于测量都要重复进行多次，以便于提高测量精度。在某些精度要求不高或条件不许可的情况下，只需要进行单次测量。在实验中，先重复测量三次，如果测量值相等，说明测量一次就可以了，随机误差取 $\Delta_{仪器}$，即

$$\Delta X_A = 0 \qquad \Delta X_B = \frac{\Delta_{仪器}}{\sqrt{3}}$$

测量结果可表示为

$$X = X_{测} \pm \Delta X$$

不确定度为

$$\Delta X = \frac{\Delta_{仪器}}{\sqrt{3}}$$

物理实验中的系统误差均是均匀分布。

2. 多次测量

一般选取测量次数 $n \geqslant 6$，以满足 $\sigma \approx S$，即用标准偏差 S 代替标准误差 σ，简化标准差的计算。数据处理前应该消除可定系统误差和剔除粗大误差，再进行下面的分析计算：

测量结果：

$$\bar{x}=\frac{1}{n}\sum_{i=1}^{n}x_i$$

不确定度：

$$\Delta X=\sqrt{\Delta X_{\mathrm{A}}^2+\Delta X_{\mathrm{B}}^2}=\sqrt{(\sigma_{\bar{x}})^2+\left(\frac{\Delta X_{\text{仪器}}}{\sqrt{3}}\right)^2} \tag{2-4-1}$$

3. 间接测量

间接测量值是把直接测量的结果带入函数关系式(即测量公式)计算而得到的。由于直接测量有误差，导致间接测量也有误差。间接测量结果的不确定度取决于直接测量结果的不确定度和测量公式的具体形式，分析如下：

被测量的函数关系式：$y=f(x_1, x_2, \cdots, x_n)$，其中 $x_1, x_2, \cdots, x_n$ 为各自独立的直接测量量。

测量结果：$\bar{y}=f(\bar{x}_1, \bar{x}_2, \cdots, \bar{x}_n)$。

间接测量不确定度：对被测量的函数关系式进行全微分，求出结果的不确定度。为使微分简化，可具体分为两种形式表示。

(1) 当测量公式为和差形式时：$y=f(x_1, x_2, \cdots, x_n)$，直接用微分求不确定度 Δy。

$$\mathrm{d}y=\frac{\partial f}{\partial x_1}\mathrm{d}x_1+\frac{\partial f}{\partial x_2}\mathrm{d}x_2+\cdots+\frac{\partial f}{\partial x_n}\mathrm{d}x_n$$

$$\Delta y=\sqrt{\left(\frac{\partial f}{\partial x_1}\Delta x_1\right)^2+\left(\frac{\partial f}{\partial x_2}\Delta x_2\right)^2+\cdots+\left(\frac{\partial f}{\partial x_n}\Delta x_n\right)^2}=\sqrt{\sum_{i=1}^{n}\left(\frac{\partial f}{\partial x_i}\Delta x_i\right)^2} \tag{2-4-2}$$

例 2 求 $Y=3A-B$ 不确定度的表达式。

解 对上式两边同时取微分：

$$\mathrm{d}Y=3\mathrm{d}A-\mathrm{d}B$$

用不确定度符号代替微分符号再合成：

$$\Delta Y=\sqrt{9(\Delta A)^2+(\Delta B)^2}$$

(2) 当测量公式为乘除、指数等形式时，对 $y=f(x_1, x_2, \cdots, x_n)$先取对数，再微分求相对不确定度 $\Delta y/y$。

$$\ln y=f(\ln x_1, \ln x_2, \cdots, \ln x_n)$$

$$\frac{\mathrm{d}y}{y}=\frac{\partial \ln f}{\partial x_1}\mathrm{d}x_1+\frac{\partial \ln f}{\partial x_2}\mathrm{d}x_2+\cdots+\frac{\partial \ln f}{\partial x_n}\mathrm{d}x_n$$

$$\frac{\Delta y}{y}=\sqrt{\left(\frac{\partial \ln f}{\partial x_1}\Delta x_1\right)^2+\left(\frac{\partial \ln f}{\partial x_2}\Delta x_2\right)^2+\cdots+\left(\frac{\partial \ln f}{\partial x_n}\Delta x_n\right)^2}=\sqrt{\sum_{i=1}^{n}\left(\frac{\partial \ln f}{\partial x_i}\Delta x_i\right)^2} \tag{2-4-3}$$

例 3 求 $y=3A/B^5$ 的不确定度表达式。

解 对上式取对数：

$$\ln y=\ln 3+\ln A-5\ln B$$

再求微分：

$$\frac{\mathrm{d}y}{y}=\frac{\mathrm{d}A}{A}-5\frac{\mathrm{d}B}{B}$$

用不确定度号代替微分号再合成：

$$\frac{\Delta y}{y}=\sqrt{\left(\frac{\Delta A}{A}\right)^2+25\left(\frac{\Delta B}{B}\right)^2}$$

4. 测量结果的表示

测量结果应表示为

$$Y=\bar{Y}\pm\Delta Y=\_\_\_\_\_\_\_\_ \quad (P=0.683)$$

其中，不确定度 ΔY 计算结果只保留一位有效数字，尾数只进不舍。

例如： $\Delta Y=0.38\approx 0.4$

$\Delta Y=0.3001\approx 0.4$

$\Delta Y=406\approx 5\times 10^2$

$\bar{Y}$ 的末位应与 ΔY 所保留的那一位对齐。$\bar{Y}$ 的尾数按照“四舍五入修约法”(也称四舍六入五凑偶)来进行处理。

在物理实验数据处理中，不采用传统意义上的“四舍五入”原则。

“四舍五入修约法”：“四舍”是指首位尾数小于等于 4 则将其舍掉；“六入”即首位尾数大于等于 6 则进位；“五凑偶”是指若首位尾数是 5，则将 5 前一位数字凑成偶数：5 前一位是偶数则将尾数舍掉，5 前一位是奇数则将尾数进上去并将其变成偶数。

尾数就是需要保留位数后面的数字，可能不止一位。例如，下列带下划线的数字，在舍取的过程中称为尾数。

$0.502\underline{501}$		0.503
$0.502\underline{499}$		0.502
$0.502\underline{5}$	均保留 3 位有效数字→	0.502
$0.501\underline{5}$		0.502
$0.510\underline{5}$		0.510

例如，$\bar{Y}=1234565$ cm：

若 $\Delta Y=3\times 10^4$ cm，则 $\bar{Y}=1.23\times 10^6$ cm，写成标准形式：$Y=(1.23\pm 0.03)\times 10^6$ cm(四舍)。

若 $\Delta Y=3\times 10^2$ cm，则 $\bar{Y}=1.2346\times 10^6$ cm，写成标准形式：$Y=(1.2346\pm 0.0003)\times 10^6$ cm(六入)。

若 $\Delta Y=3\times 10$ cm，则 $\bar{Y}=1.23456\times 10^6$ cm，写成标准形式：$Y=(1.23456\pm 0.00003)\times 10^6$ cm(五凑偶)。

若 $\Delta Y=3\times 10^3$ cm，则 $\bar{Y}=1.235\times 10^6$ cm，写成标准形式：$Y=(1.235\pm 0.003)\times 10^6$ cm(六入)。

例 4 $\bar{L}=98.36\ \mathrm{cm}$，$\Delta L=0.57\ \mathrm{cm}$，则 $L=\bar{L}\pm\Delta L=98.4\pm0.6\ \mathrm{cm}$。

注：尾数首位是 5，但 5 后面有任何一个非零数字，则尾数均属于 6，应进位！

例如：1.25001，对于十分位 2 来说，5001 属于 6，应进位为 1.3。

相对不确定度表示为$\dfrac{\Delta Y}{Y}=$__________%，结果保留 1～2 位有效数字：首位非零数字大于等于 3，则取一位有效数字；首位非零数字是 1 或者 2，则取 2 位有效数字。尾数参照不确定度取位规则(只进不舍)。

例如：$\Delta Y/Y=4.12\%\approx5\%$，$\Delta Y/Y=1.48\%\approx1.5\%$

常用函数的不确定度关系式见表 2-4-1。

表 2-4-1　常用函数的不确定度关系式

函　数	不确定度关系式
$Y=A\pm B$	$\Delta Y=\sqrt{(\Delta A)^2+(\Delta B)^2}$
$Y=AB$ 或 $Y=A/B$	$\dfrac{\Delta Y}{Y}=\sqrt{\left(\dfrac{\Delta A}{A}\right)^2+\left(\dfrac{\Delta B}{B}\right)^2}$
$Y=kA$	$\Delta Y=k\cdot\Delta A$
$Y=A^kB^m/C^n$	$\dfrac{\Delta Y}{Y}=\sqrt{\left(k\dfrac{\Delta A}{A}\right)^2+\left(m\dfrac{\Delta B}{B}\right)^2+\left(n\dfrac{\Delta C}{C}\right)^2}$
$Y=\sqrt[n]{A}$	$\dfrac{\Delta Y}{Y}=\dfrac{1}{n}\dfrac{\Delta A}{A}$
$Y=\ln A$	$\Delta Y=\dfrac{\Delta A}{A}$
$Y=\sin A$	$\Delta Y=\lvert\cos A\rvert\Delta A$

5. 举例

例 5　用一级千分尺($\Delta_{仪器}=0.004\ \mathrm{mm}$)对一钢丝直径 d 进行 6 次测量，测量值见下表。千分尺的零位读数为$-0.008\ \mathrm{mm}$，要求进行数据处理并写出测量结果。

i	1	2	3	4	5	6
d/mm	2.125	2.131	2.121	2.127	2.124	2.126

解　测量数据及数据处理如表 2-4-2 所示。

表 2-4-2　测量数据及数据处理

i	1	2	3	4	5	6
d/mm	2.125	2.131	2.121	2.127	2.124	2.126
$\bar{d}_{(0)}$/mm	2.126					
δd/mm	−0.001	0.005	−0.005	0.001	−0.002	0

消除可定系统误差后的平均值：

$$\bar{d}=\bar{d}_{(0)}-d_0=2.134\ \mathrm{mm}$$

1）A 类分量

测量列的标准差为

$$\sigma=\sqrt{\frac{1}{6-1}\sum_{i=1}^{6}(\delta d)^{2}}=0.0033\ \text{mm}\quad (n\geqslant 6)$$

$3\sigma=0.01$ mm，经检查测量列中无坏值

平均值的标准差：

$$\sigma_{\bar{d}}=\frac{\sigma}{\sqrt{6}}=0.001\ \text{mm}$$

$$\Delta X_{\text{A}}=\sigma_{\bar{d}}=0.001\ \text{mm}$$

2）B 类分量

仪器不确定度为

$$\Delta_{\text{仪器}}=0.004\ \text{mm}$$

$$\Delta X_{\text{B}}=\frac{\Delta_{\text{仪器}}}{\sqrt{3}}=\frac{0.004\ \text{mm}}{\sqrt{3}}$$

不确定度为

$$\Delta d=\sqrt{0.001^{2}+\frac{0.004^{2}}{3}}=0.002\ \text{mm}\quad (\text{只取一位})$$

相对不确定度为

$$\frac{\Delta d}{d}=\frac{0.002}{2.134}=0.10\%$$

测量结果为

$$d=2.134\pm 0.002\ \text{mm}\quad (P=0.683)$$

$$\frac{\Delta d}{d}=0.10\%$$

例 6 单摆法测量重力加速度的公式为 $g=4\pi^{2}L/T^{2}$，各直接测量量的结果为 $T=1.984\pm0.002\text{s}$，$\Delta T/T=0.10\%$；$L=97.8\pm0.1$ cm，$\Delta L/L=0.10\%(P=0.683)$。试进行数据处理，写出测量结果。

解

$$\bar{g}=\frac{4\pi^{2}L}{T^{2}}=980.9\ \text{cm/s}^{2}$$

相对不确定度为

$$\frac{\Delta g}{g}=\sqrt{\left(\frac{\Delta L}{L}\right)^{2}+\left(2\,\frac{\Delta T}{T}\right)^{2}}=0.22\%$$

不确定度为

$$\Delta g=\frac{\Delta g}{g}\cdot\bar{g}=2\ \text{cm/s}^{2}$$

测量结果为

$$g=\bar{g}\pm\Delta g=(9.81\pm 0.02)\times 10^{2}\text{cm/s}^{2}\quad (P=0.683)$$

$$\frac{\Delta g}{g}=0.22\%$$

2-5 有效数字

测量结果的三要素是数值、单位和不确定度。测量结果数值位数的多少可以表征仪器和测量精度的高低，测量数据位数不能随意丢弃或增添，它们有严格的定义、变换和计算规则。

1. 有效数字的定义

在物理量的直接测量中，测量数据一般估读到仪器分度值的1/10位。例如，用分度值为1 mm的直尺测量物体的长度，测量结果应估读到1/10 mm位，最后一位是欠准位（估读位）。显然，欠准位越小，测量数据的精度越高。

测量数据中，从左起第一个非零数字开始到欠准位的所有数字统称为有效数字。有效位数的多少除了与待测量的大小有关外还取决于所用量具或仪器准确度的高低。

2. 有效数字的运用

在直接测量中，数据记录到误差发生位，即估读位。如图2-5-1所示，读数分别为：$L_1=5.2$ cm，$L_2=5.18$ cm。

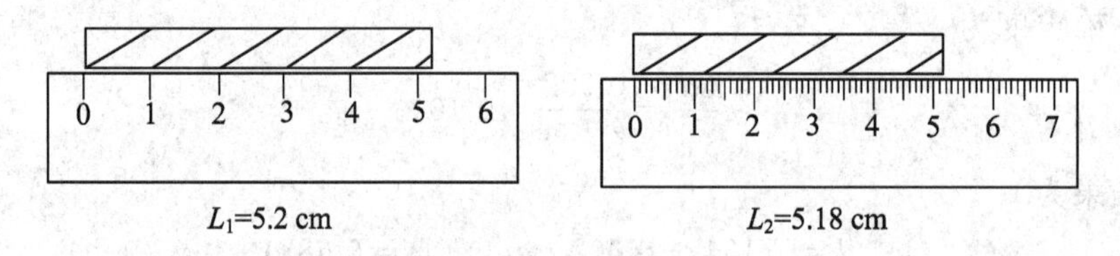

图2-5-1 读数示例

如图2-5-2所示，正确读数：$L=90.70$ cm；错误读数：$L=90.7$ cm。

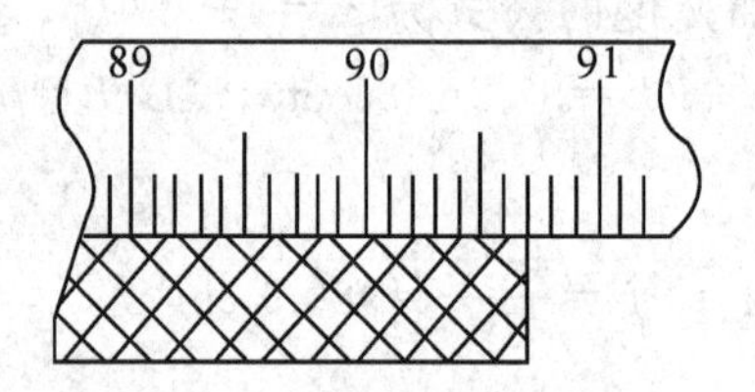

图2-5-2 读数示例

注意 物理实验中，90.70 cm≠90.7 cm。

3. 有效数字的运算

运算结果的有效末位原则上应与不确定度对齐。但在各分量（自变量）的不确定度不知或未给出时，无法计算结果的不确定度，结果的有效位数也就无法确定。这时可用如下方法得到：

(1) 加减法：算式为和、差形式时，计算结果的有效末位取到分量中欠准位（末尾）的最大位。

$$71.3+6.35-0.81+27\underline{1}=347.84=348 \quad \text{(保留到个位)}$$

(2) 乘除法：算式为乘、除、指数形式时，计算结果的有效位数应和参与运算的各直接测量量中有效位数最少的分量保持一致。但是，若两数首位相乘有进位时则应多取一位。

$$71.3\times 6.35\div 0.\underline{81}\div 271=2.062571181=2.1 \quad \text{(保留 2 位有效数字)}$$

$$4.178\times 90.1=376.4\underline{3}78\approx 376.4 \text{ (首位 } 4\times 9 \text{ 有进位应多取一位，取四位！)}$$

(3) 乘方、开方运算：结果的有效数字位数和底数的有效数字位数相同。

$$\sqrt{10\,000}=100.00 \quad \text{(保留 5 位有效数字)}$$

$$20^2=4.0\times 10^2 \quad \text{(保留 2 位有效数字)}$$

(4) 函数运算：结果的有效数字位数应根据误差计算来确定。

① 微分法。如求 $Y=f(x)$ 的函数值，应先求出 $dY=Y'\cdot dx$，将它保留一位有效数字(相当于不确定度)，函数 Y 的末位最终应保留与该位一致。在此 dx 为自变量的最小变化量(即有效末位的最小分度值)。

例 7 求 $Y=\sin 20°6'$。

解 $dy=\cos 20°6'\cdot dx=\cos 20°6'\cdot 1'=\cos 20°6'\cdot \dfrac{\pi}{180\times 60}\approx 0.0003$(保留一位)

所以，$\sin 20°6'$ 应保留到 3 这一位(万分位)，则 $Y=\sin 20°6'=0.3437$(四舍五入修约法)。

② 比较法。算式为函数形式时，计算该函数及自变量加减 1 个单位变化的函数结果，三者进行比较，结果保留到数值变化的第一位(下例中带下划线的就是数值变化位)：

$$\sin 20°5'=0.343\underline{3865}$$

$$\sin 20°6' \rightarrow \quad \sin 20°6'=0.343\underline{6597}=0.3437 \text{(6579 属于 6，进位)}$$

$$\sin 20°7'=0.343\underline{9329}$$

其它函数均可效仿效此法。

注意 如果数值变化位三个中有两个相同，则要求再往下多取一位。

(5) 对数函数：对数函数的运算结果为整数位不计，小数部分的数字位数与真数的有效数字位数相同。例如：

$$\lg 0.1983=-0.7027$$

(6) 指数函数：对指数函数如 e^x、10^x 等运算，结果用科学记数法表示，小数点前保留一位，小数点后面保留的位数与 x 在小数点后的位数相同。例如：

$$e^{9.24}=1.03\times 10^4,\ 10^{6.25}=1.78\times 10^6 \text{(小数点后均保留 2 位)}$$

4. 科学表达式

科学表达式是将测量结果表示为小数点前只有一位非零数字，后面再乘以 10^n 表示的形式。如果测量结果的数值很大或很小，应该用科学表达式表示。如光速写为 $C=2.998\times 10^8$ m/s。

在单位变换或一般表达式变换为科学表达式时，有效数字的位数不能改变！

2－6　数据处理方法

1. 列表法

将记录的数据和处理过程以表格的形式表示，列表要求如下：

(1) 根据实验内容合理设计表格的形式，栏目排列的顺序要与测量的先后和计算的顺序相对应。

(2) 各栏目必须标明物理量的名称和单位，量值的数量级也写在标题栏中。表格名称应标在表格正上方。

(3) 原始测量数据及处理过程中的一些重要中间运算结果均应列入表中，且要正确表示各量的有效数字。

(4) 要充分注意数据之间的联系，要有主要的计算公式。

列表法的优点是：简单明了，形式紧凑，各数据易于参考比较，便于表示出有关物理量之间的对应关系，便于检查和发现实验中存在的问题及分析实验结果是否合理，便于归纳总结，从中找出规律性的联系；缺点是：数据变化的趋势不够直观，求取相邻两数据的中间值时，还需要借助插值公式进行计算。

2. 作图法

1) 作图规则

作图法是将物理量之间的关系在坐标纸上以线条形式表示出来。作为一种数据处理方法，若测量点呈线性关系，则该直线起到了数据取平均的效果，还可以从图中求出相关物理量；若要将非线性关系转化为线性关系，可利用变量代换之后作图，即曲线改直线。作图用纸有直角坐标纸、对数坐标纸、半对数坐标纸、极坐标纸、指数坐标纸，物理实验中大多采用直角坐标纸。作图规则如下：

(1) 图纸选择。作图必须用坐标纸，根据需要选用直角坐标纸、单对数或双对数坐标纸等。坐标纸的大小以不损失实验数据的有效数字和能够包括全部数据为原则，也可适当选大些。图纸上的最小分格(1 mm)一般对应测量数据中可靠数字的最末一位。作图时不要增、减有效数字。

(2) 定轴。确定坐标轴的比例和标度。通常以横轴代表自变量，纵轴代表因变量。用粗实线画出两个坐标轴，注明每个坐标轴代表的物理量的名称(或符号)和单位。选取适当的比例和坐标轴的起点(坐标轴的起点可以不从零开始，可选小于数据中最小值的某一整数作为起点)，使图线比较对称地充满整个图纸，不要偏在一边或一角。最小分格代表的数字应取 1、2、5(10 的约数)，不要取 3、6、7 等。坐标轴上要每隔一定的相等间距标上整齐的数字(不应遗漏)。横轴与纵轴的比例和标度可以不同。

(3) 标点和连线。用削尖的铅笔，以“⊙、×、+、Δ”等符号在坐标纸上准确标出数据点的坐标位置。除校正图线要连成折线外，一般应根据数据点的分布和趋势连接成细而光滑的直线或曲线。连线时要用直尺或曲线板等作图工具。图线的走向，应尽可能多地通过或靠近各实验数据点，即未必一定通过每一个数据点，而是应使处于图线两侧的点数相近，未通过的点均匀分布在线两侧。如一张图上要画几条图线，则要选用不同的标记符号以示区别。

(4) 图名和图注。图名的字迹要端正，字体采用仿宋体，位置要显明。简要写出实验条件及注释或说明(姓名、实验时间、仪器号、环境温度、湿度、气压等)。

2) 图示法与图解法

根据画出的实验图线，用解析方法求出有关参量或物理量之间的经验公式称为图解法。当图线为直线时尤为方便，可通过求直线的截距或斜率得到直线方程(函数关系式)，例如惠斯通电桥实验，通过导体电阻与温度的关系直线求出斜率和截距，可求得电阻与温度变化的函数关系；三线摆实验，通过图线可得出三线摆周期与转动惯量之间的经验公式等。

例 8 在灵敏电流计特性研究实验中，求灵敏电流计的电流常数和内阻的测量公式为 $R_2=\dfrac{R_s}{K_iR_1d}U-R_g$，测量数据如表 2-6-1 所示。试用作图法求电流计的电流常数 K_i 和内阻 R_g。

表 2-6-1 灵敏电流计的电流常数和内阻的测量数据表

$R_s=0.100\ \Omega$　　$R_1=4350.0\ \Omega$　　$d=40.0$ mm

R/Ω	400.0	350.0	300.0	250.0	200.0	150.0	100.0	50.0
U/V	2.82	2.49	2.15	1.82	1.51	1.18	0.84	0.56

解 根据实验数据，作 $R-U$ 曲线，如图 2-6-1 所示。

在直线上取两点(0.60，60.0)、(2.60，368.0)，代入测量公式。

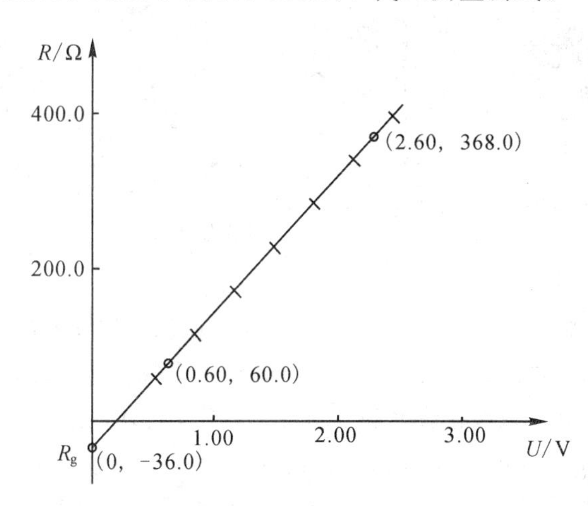

图 2-6-1 $R-U$ 曲线

电流常数为

$$K_i=\frac{R_s}{R_1d}\cdot\frac{\Delta U}{\Delta R_2}=\frac{0.100}{4350.0\times40.0}\times\frac{2.60-0.60}{368.0-60.0}=3.73\times10^{-9}\ \mathrm{A/mm}$$

电流计内阻为

$R_g=36.0\ \Omega$ (直线与纵轴的交点，从图 2-6-1 中直接读出)

附************************************

Origin在大学物理实验中的应用

高级图表绘制和数据分析能力是科学家和工程师必须掌握的，而Origin是当今世界上最著名的科技绘图和数据处理软件之一。与其它科技绘图及数据处理软件相比，Origin在科技绘图及数据处理方面能满足大部分科技工作者的需要，并且容易掌握，兼容性好，因此成为科技工作者的首选科技绘图及数据处理软件。目前，在全球有数以万计的公司、大学和研究机构使用OriginLab公司的软件产品进行科技绘图和数据处理。

如图2-6-2所示，打开Origin，在菜单View→Toolbars中可以看到许多选项，勾选后可以看到在菜单区出现很多图标，这显示了Origin丰富的操作功能。当然，如果浏览一下各个菜单，就可以发现更多的功能。

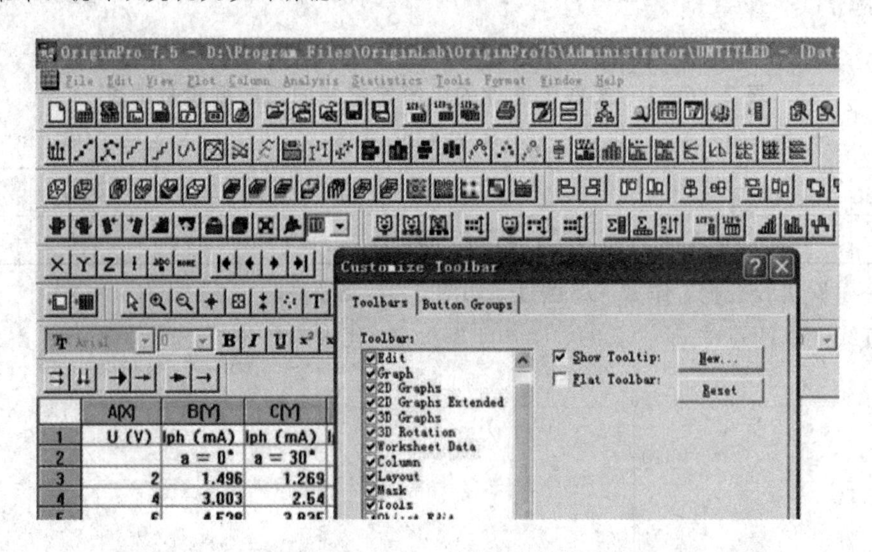

图2-6-2　工具栏显示

一、输入数据

我们以光敏电阻实验中的《光敏电阻在一定照度下的伏安特性》为例说明Origin的作图方法，需要说明的是Origin的作图功能十分强大，这里介绍的只是最基本的部分。我们采用的版本是Origin7.5，Origin6.0的操作在有些方面与7.5相差较大，所以我们建议使用7.5的版本。

打开Origin后，在下方出现几个窗口，类似资源管理器的作用。双击“Data1”打开数据表，然后可以输入作图用的数据。如果先要对直接测量值进行计算，则强烈建议使用Excel进行数据计算，因为Excel的计算功能比Origin强大，更因为Excel是一个世界通用的表格计算软件，了解和使用它非常必要。但在科学作图时用Origin要方便得多，所以应该把两者结合起来。实际上Origin本身就有与Excel链接的功能，但在中文操作系统中有时会出现问题，所以还是分别打开为好。

我们可用Copy/Paste命令在Excel/Origin之间传递数据，在Excel中选中要粘贴的数据，直接粘贴到Origin的数据表中，粘贴的方法与在Excel中的操作一致。

从实验中得到的数据如表 2-6-2 所示，粘贴好的画面如图 2-6-3 所示。如数据列不够多，可单击增加列的图标，见图 2-6-3。

表 2-6-2 光敏电阻在一定照度下的伏安特性

U/V	I_{ph}(mA)=0°	I_{ph}(mA)=30°	I_{ph}(mA)=60°	I_{ph}(mA)=90°
2	1.496	1.269	0.699	0.022
4	3.003	2.540	1.400	0.045
6	4.528	3.835	2.114	0.069
8	6.072	5.146	2.827	0.093
10	7.644	6.467	3.555	0.117
12	9.130	7.809	4.290	0.143
14	10.846	9.274	5.027	0.168
16	12.528	10.680	5.782	0.193
18	14.214	12.179	6.550	0.218
20	15.730	13.280	7.178	0.273

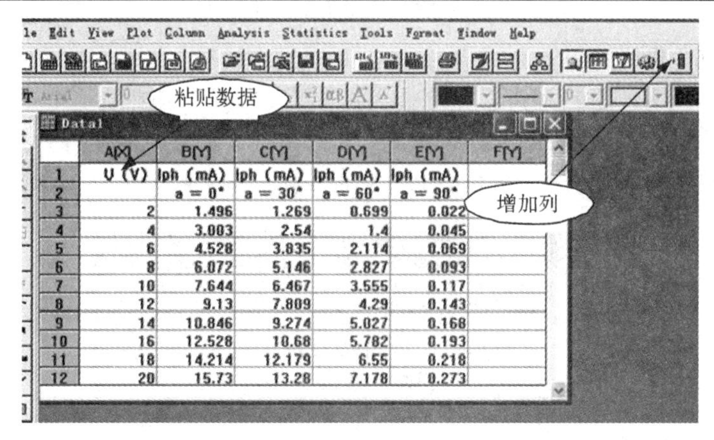

图 2-6-3 粘贴到 Origin 数据表中的数据

二、快速作图

用鼠标选中要绘图的数据，在本例中为第 3 行到第 12 行的 A～E 列，然后再在左下角的图标中选择图的形式，一般我们选“Line+Symbol”的形式，如图 2-6-4 所示。

图 2-6-4 选择作图的图形

用鼠标点击该图标后 Origin 就转到绘图窗口，给出一张曲线图，如图 2-6-5 所示。显然，这张图还需要编辑。

这张图可分为 5 个部分，都可以用鼠标进行操作。先用左键单击选择目标，再用左键双击即可对选择的目标进行具体的操作，而单击右键则可进入常用操作的选择菜单。下面就围绕着这张图来完成我们的作业。我们按图中的标注编号的顺序分别操作。

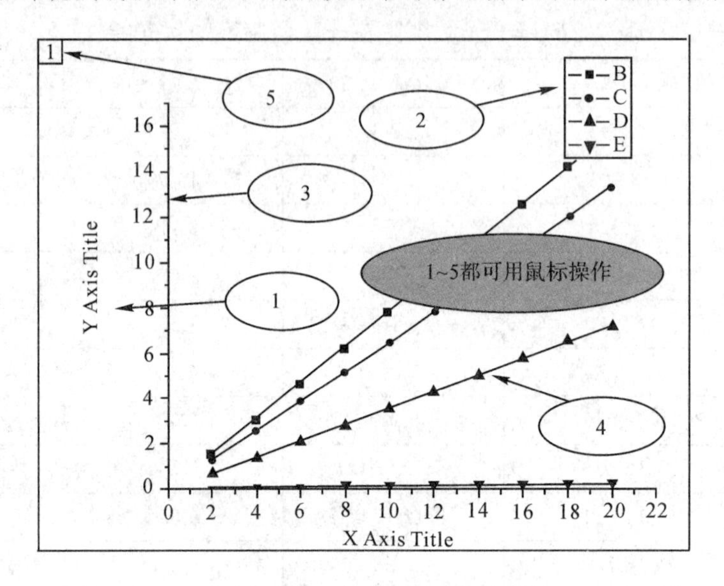

图 2-6-5　初步绘制的曲线图

1. 对坐标轴名称的操作

左击“Y Axis Title”，这时出现一个框套住要操作的区域，表示选中，左双击则进入这个框内，可直接在内部输入文字；如果右击，则出现一个菜单，选择“Properties…”可进入一个文本控制对话框，如图 2-6-6 所示。在这里，可完成对文本的各种操作。

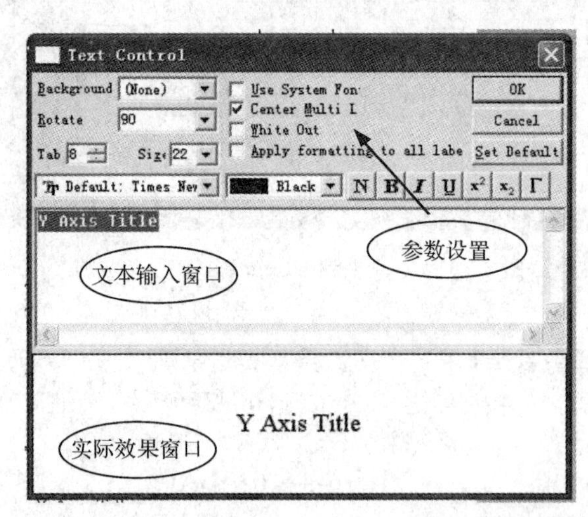

图 2-6-6　文本控制对话框

在此窗口输入“电流/mA”，并把字体设置为“Times New Roman”，字的尺寸设置为“22”。这样就完成了对 Y 坐标轴名的操作。对 X 坐标轴名也做同样的处理。同理，对文字的操作都可用这个对话框完成。

2. 对图例的操作

对准字母左击或左按拖动鼠标套住图例，这时图例框四周出现 8 个方形小黑块，表示整个图例可以移动。我们把它拖到左上方，对准字母双击可进入直接编辑，或右击再选择“Properties…”进入一个文本控制对话框，则出现与坐标轴名称操作类似的画面。其后的操作也是一样的。在这里分别把 B～E 改为 0°、30°、60°、90°，见图 2-6-7 中左上方。

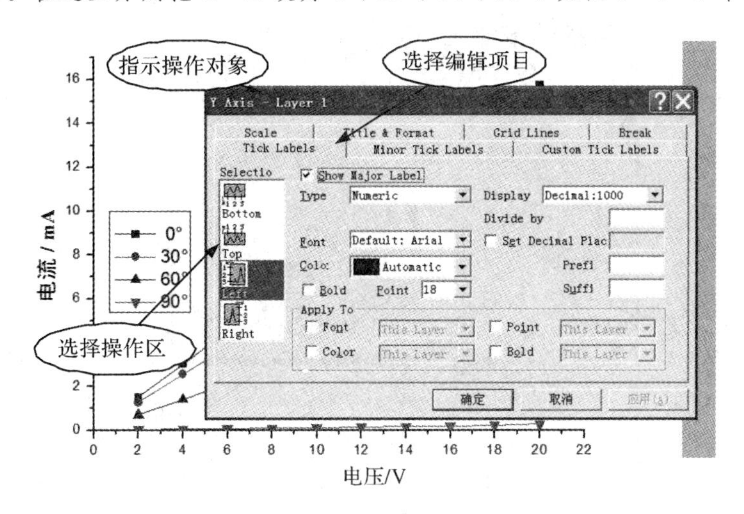

图 2-6-7 对坐标轴进行编辑

对准某个图标双击可出现一个绘图参数编辑对话框“Plot Details”，可对绘图特性进行各种参数的设定。这里分三个级别，第一个是整个绘图板参数“Graph”设定，第二个是图层参数“Layer”的设定，第三个是数据参数“Data”的设定。前面两个一般不用改变，第三个可以修改线型、标记的形状、大小以及相互关系，使得图形更符合自己的要求。注意，这些参数只与显示有关。

对准某个图标右击和在整个制图框(X-Y 坐标轴套住的区域)内右击的效果是一样的，也会有一个菜单出现，其中也有绘图编辑对话框“Plot Details”。

3. 对坐标轴的操作

对准 Y 坐标(或对 Y 坐标轴)，这时出现一个有关 Y 坐标(或 Y 坐标轴)参数编辑的对话框，如图 2-6-7 所示。在图中标出了对话框的各部分作用。因为可编辑的参数较多，所以只选与物理实验作图有关的介绍，可在此基础上进一步操作。注意，有关坐标的所有操作可以在这里一次完成。

“Tick Labels”：此栏是对坐标文字特性的编辑。需要编辑的参数在右半边。“Display”为选择数的表示方法，如科学记数法、工程记数法等。“Divide by”是把坐标除以某个数。再下面 3 个操作分别是小数点后要显示的位数设置、坐标的前缀、坐标的后缀。只要试着把数值或文字(可以是中文)输入后再按右下方的“应用”按钮，就可以看到结果。

“Scale”：此栏是对坐标轴特性的编辑。一般需要编辑的参数是：范围“From”“To”、坐标轴刻度形式“Type”、主标尺增量“Increment”、次主标尺增量“Minor”等。其他可由 Origin 自动设定。在本例图中可看到，因为 90°的数据较小，所以曲线几乎贴到 X 轴上。而 0°最大值小于 16。所以我们可以把 Y 轴的范围定为－1～16。另外还有“Title & Format”、“Grid Lines”等设置。在坐标轴对话框的左侧 Selection 栏中选中“Bottom”，这时对话框的标题就会变为“X Axis”。这说明当前的操作转到对 X 轴，同样按我们的要求进行设置就可以了。

这样，一张图就初步完成了。我们还可以在上面加上说明，如图名、班级、作者等。只要点击图标“T”，在适当位置输入文字即可。文字编辑的方法与对坐标轴名称操作的方法是一样的。完成后选中“说明”和“图例”，用“左对齐”功能键使两图左对齐。如图2-6-8所示，最后的结果见图2-6-9。

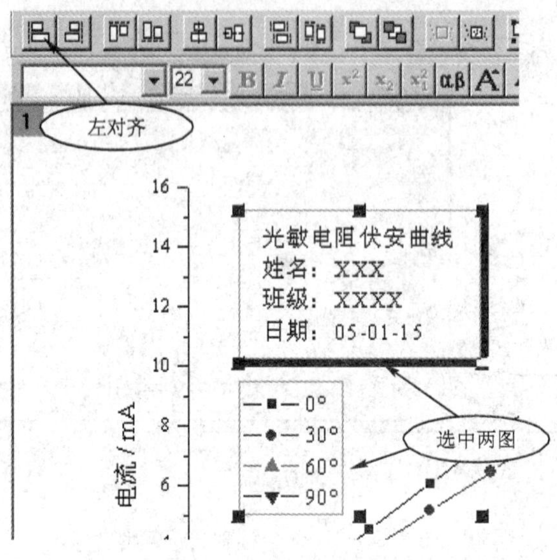

图2-6-8　对齐部件位置

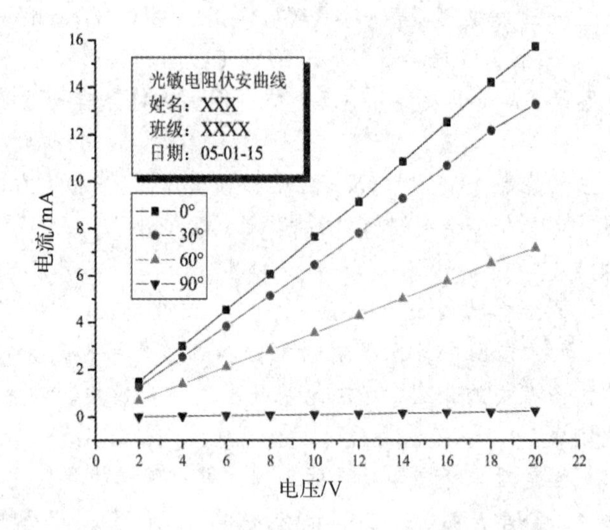

图2-6-9　需要进一步修饰

4. 对曲线的操作

对曲线的操作与对图例的操作类似，就不另外叙述了。

5. 绘图层特性的编辑

前面是在数据表中把数据选中后再选择图例，然后生成一张图。这种方法虽然快捷，但却不灵活。如果我们已经初步绘好了一张图，现在要增加/删除一条曲线呢？或者要对数据重新选择X-Y轴呢？这时就要进入绘图层特性编辑的菜单中。这里有两个菜单选项是在修改绘图时比较常用的选项：“Plot Setup…”功能，可以用来加入、删除曲线，修改、编辑已存在的曲线与数据表中数据的依存关系，也可以设置线形，如图2-6-10所示；

“Layer Contents…”功能，用来在一张绘图层中加入/删除曲线。

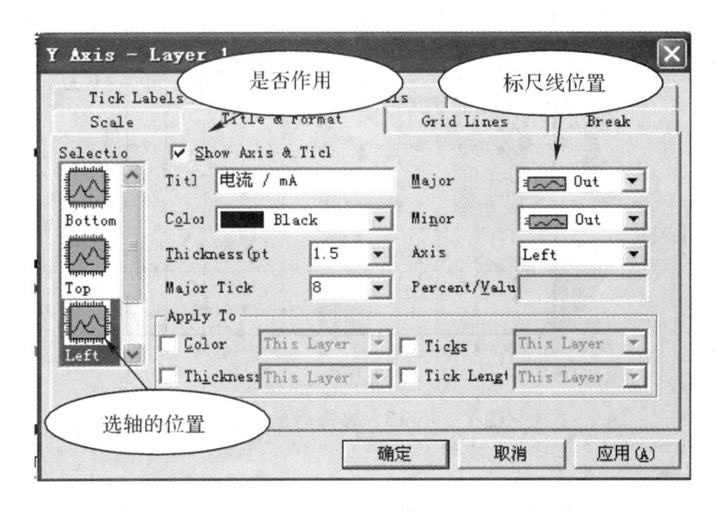

图 2-6-10 绘图设置

三、输出

我们可以把绘制的图形输出成为某种格式的图形文件，以备其他程序调用。打开“File”菜单，点击“Export Page …”，再在“保存类型”下拉菜单中选择图形格式。对于 Word 程序，最好选用与 Word 程序兼容性好的 EMF 格式。

四、进一步修饰

将图 2-6-9 与书中常见的插图形式进行比较，右边和上边缺少了边框，可能还缺少若干标尺线。这个问题都可以在对坐标轴的操作中解决。再次打开 Y 坐标轴编辑对话框，选中“Title & Format”栏，如图 2-6-11 所示，对主次标尺线选择“In”，再选择轴的位置为“Top”，在“Show Axis & Tick”方框中打钩，再次选主次标尺线为“In”。对“Right”、“Bottom”也做同样处理。如果在图中要显示标尺线，则可在“Grid Lines”栏中编辑。最后的效果如图 2-6-12 所示。

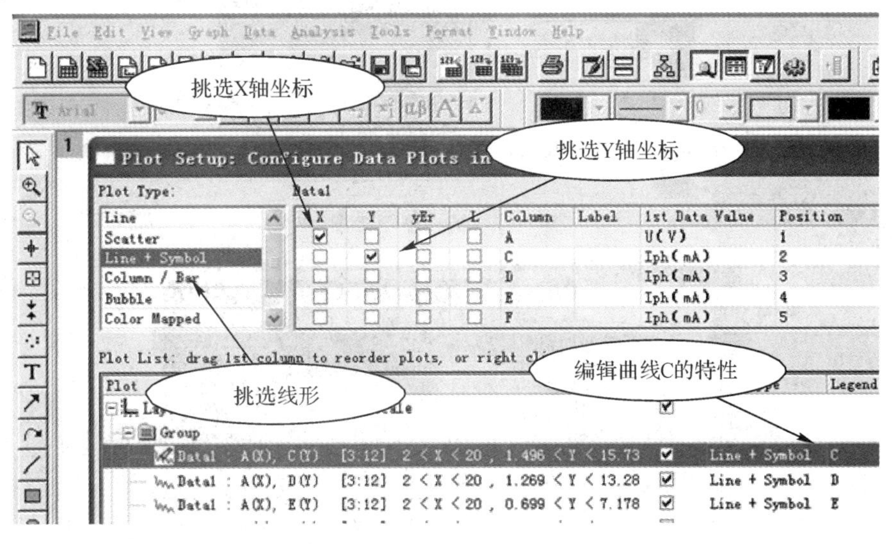

图 2-6-11 进一步修饰

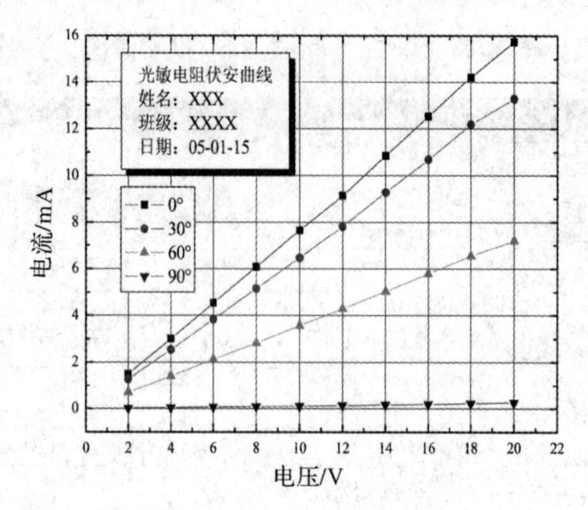

图 2-6-12　修饰后的效果

五、显示两个相关的曲线

有时要在同一自变量中显示两条不同应变量的曲线，比如不同电压下光敏电阻的功率，这时必须在另一绘图层(layer)上作图，对于这一特性的理解是很重要的。在计算机的绘图软件中，都毫无例外地应用了这一概念，正是这一做法使得计算机的“绘图”功能强大而又灵活。我们可以把绘图层看成是一张张的透明纸，操作就在这些透明纸上操作。这些层面是可以叠加在一起的，而我们正好是在透视它们。

打开菜单“Tools”，选择“Layer”，在“Add”栏中选中加“右 Y 轴”，如图 2-6-13 所示。这时可注意到图的左上角出现数字“2”。右击它，选中“ Layer　Contents…”。在这里，我们给出的 Y 的数据是电压乘以电流，即功率。这个计算可在数据表中右击数据栏选择“Set Colum Values…”操作。我们把相应的 4 条功率曲线选入 layer2 的图层中，然后再进入“Plot Setup…”中编辑，如图 2-6-14 所示。完成后的效果如图 2-6-15 所示。

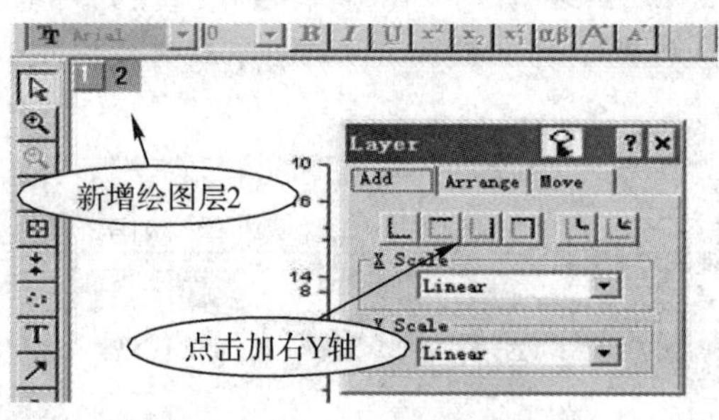

图 2-6-13　新增绘图

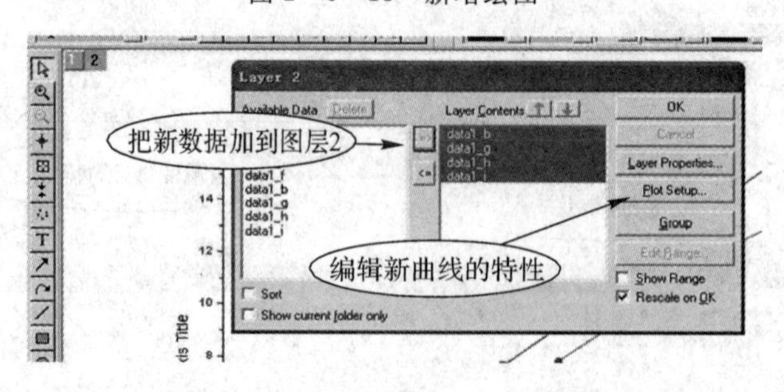

图 2-6-14　在新图层中加入数据

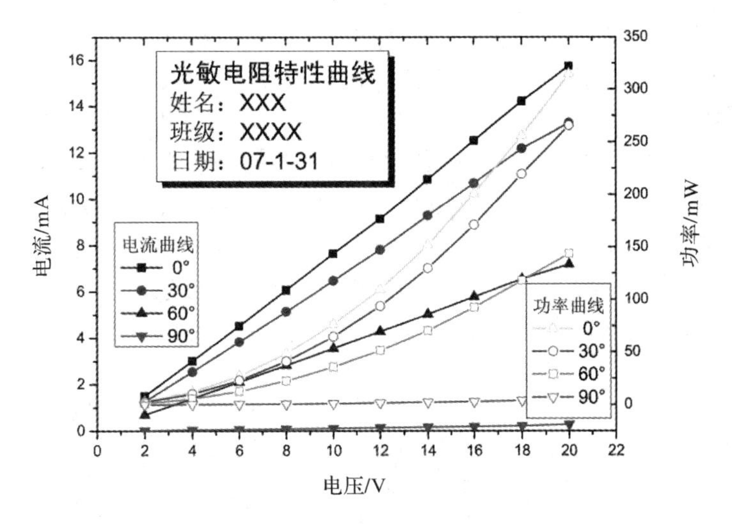

图 2-6-15　两种曲线在同一图表中

六、数据的处理

Origin 里也带有数据处理的功能，可以做统计，如线性回归、多项式拟合等。简单的处理可由 Origin 完成，但一般这类工作在 Excel 中做更好。在这里，我们以 α=30°和 60°两条曲线为例作线性回归，请注意它们的区别。

右击图例中的图标或左上角的标号“1”，选中要线性回归的数据，然后在菜单“Analysis”中点击“Fit Linear”，Origin 就会给出 α=30°的数据的线性回归，并给出了有关统计结果。注意到这根直线并没有过零。这显然不对，曲线应过零。

我们再选择 α=60°的数据操作，这次我们在菜单“Tools”中点击“Linear Fit”，这时会跳出一个对话框，我们在“Through Zero”方框中打钩，再点击“Fit”，结果见图2-6-16。

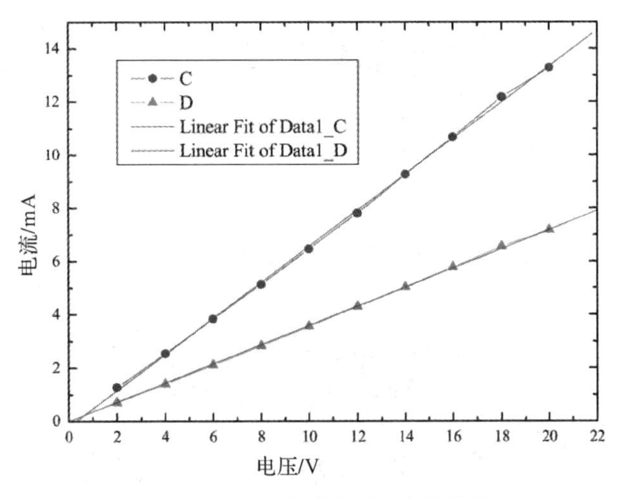

图 2-6-16　两种线形回归的结果

七、屏蔽

在进行拟合时，有些数据点不能计入在内，但又不能把它人为地去掉，比如在非线性伏安特性测量中，我们要求曲线的直线部分的斜率，起始的弯曲部分不考虑。这时最好能把弯曲部分的数据点屏蔽掉。Origin 提供了这个功能。

图 2-6-17 是一个非线性元件的伏安曲线，我们要取其直线部分的数据作直线拟合。打开屏蔽工具条，需要注意的是，“Mask”工具条的按钮是状态开关键，按第一次表示进入“Mask”操作状态，这时可以进行“Mask”功能的操作，再按一次表示确认操作并退出。点击“Mask Range”按钮，屏蔽工具条见图 2-6-18，这时曲线两个端点会出现一对相向的竖直箭头，这表明这时“Mask”的范围是整条曲线，同时鼠标也变成了一个方框。改变屏蔽范围的方法是用方框套住箭头，按下鼠标左键拖动到另一个数据点上，完成数据的屏蔽如图 2-6-19 所示。

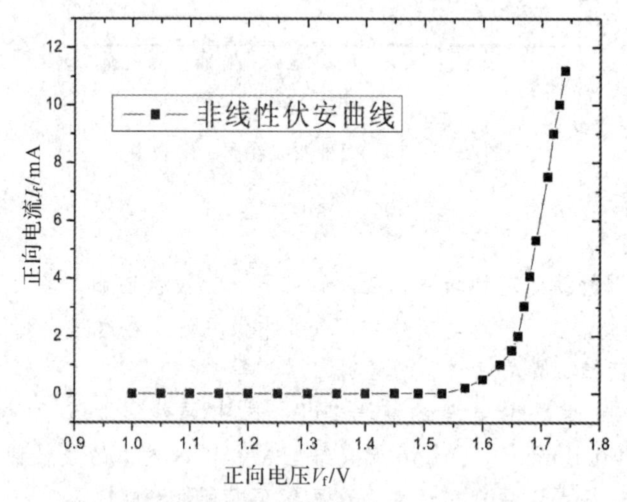

图 2-6-17　非线性元件的伏安曲线

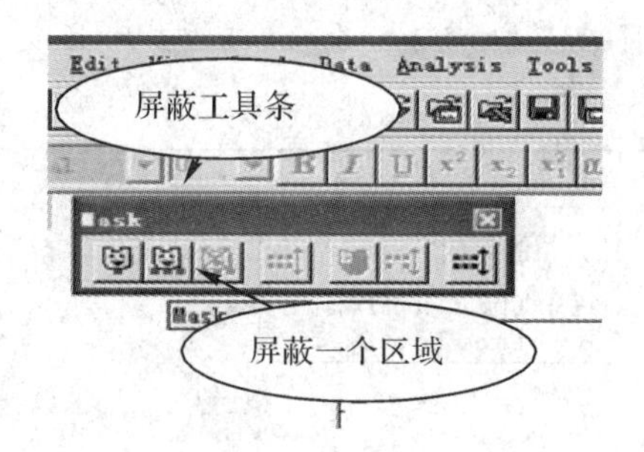

图 2-6-18　屏蔽工具条

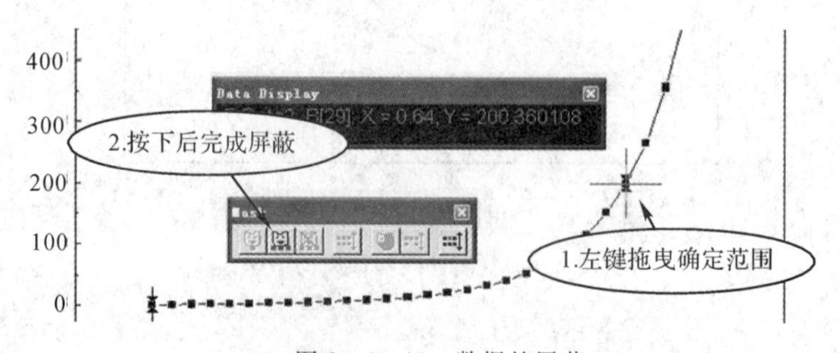

图 2-6-19　数据的屏蔽

八、模板

Origin带有模板保存的功能。打开"File"菜单，选择"Save Template As…"，设置好名称、位置等参数就可把作好的图作为模板存起来。下次遇到类似的作图就直接可以引用了，如图2-6-20所示。

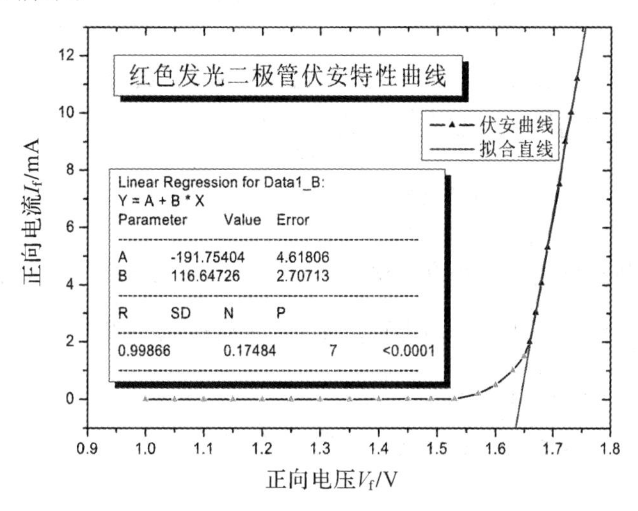

图2-6-20 对部分数据点进行线性回归模板图

****

3. 逐差法

逐差法是针对自变量等间隔变化时，所测得有序数据等间隔相减后取其逐差平均值得到的结果。其优点是充分利用了测量数据，具有对数据取平均的效果，可及时发现差错及时纠正，或容易发现总结数据的分布规律。逐差法是物理实验中处理数据常用的一种方法。

1）适用条件

（1）一元函数多项式：$y=a_0+a_1x+a_2x^2+\cdots$；

（2）自变量连续等值变化。

2）分类

（1）逐项逐差法：自变量等值变化，测得一组数据为y_1，y_2，…。用数据项的后项减前项，用来验证多项式。

若一次逐项逐差$y_{i+1}-y_i=(\delta y)_i$为常数，则函数式是一次函数；若一次逐差不为常数，则可再进行二次逐项逐差。

若二次逐项逐差$(\delta y)_{i+1}-(\delta y)_i=\delta(\delta y)_i$为常数，则函数式是二次函数。

（2）隔项逐差法：自变量等值变化，测得偶数个值，如y_1，y_2，…，y_8。将所测数据项从中间一分为二，计算$y_{i+4}-y_i(\delta y)_i$，再求出平均值。用此法来求物理量，仅适于线性关系。

例9 下面表格中列出了在杨氏模量实验中，钢丝承受砝码（自变量）连续增值1000 g变化时，钢丝伸长量的放大量n_i以及隔项逐差的值$(\delta n)_i$。试用逐项逐差法计算钢丝每承受1000 g载荷时的平均伸长放大量$\overline{\delta n}$。

i	1	2	3	4	5	6	7	8
m_i/g	1000	2000	3000	4000	5000	6000	7000	8000
n_i/cm	1.42	3.15	4.75	6.35	7.88	9.46	10.94	12.45
$(\delta n)_i = n_{i+4} - n_i$/cm	6.46	6.31	6.19	6.10				

解

$$\overline{\delta n} = \frac{(n_5 - n_1) + (n_6 - n_2) + (n_7 - n_3) + (n_8 - n_4)}{4 \times 4}$$

$$= \frac{6.46 + 6.31 + 6.19 + 6.10}{16} = 1.57\ \text{cm}$$

该方法的优点是充分利用了测量数据。对自变量等值变化的测量数据，若用算术平均值公式 $\bar{x} = \frac{1}{n}\sum_{i=1}^{n} x_i$ 计算测量结果，则在本例中是每后项减前项，结果只用了 n_1 和 n_8 两个数据，其余数据均在数据处理中丢失：

$$\overline{\delta n} = \frac{(n_2 - n_1) + (n_3 - n_2) + (n_4 - n_3) + (n_5 - n_4) + (n_6 - n_5) + (n_7 - n_6) + (n_8 - n_7)}{7}$$

$$= \frac{n_8 - n_1}{7}$$

4. 最小二乘法线性拟合

我们知道，用作图法求出直线的斜率 a 和截距 b，可以确定这条直线所对应的经验公式，但用作图法拟合直线时，由于作图连线有较大的随意性，尤其在测量数据比较分散时，对同一组测量数据，不同的人去处理，所得结果有差异，因此是一种粗略的数据处理方法，求出的 a 和 b 误差较大。用最小二乘法拟合直线处理数据时，任何人去处理同一组数据，只要处理过程没有计算错误，得到的斜率 a 和截距 b 就是相同的。

1) a、b 的确定

最小二乘法就是将一组符合 $y = a + bx$ 关系的测量数据，用计算的方法求出最佳的 a 和 b。

设直线方程的表达式为

$$y = a + bx \tag{2-6-1}$$

要根据测量数据求出最佳的 a 和 b。对满足线性关系的一组等精度测量数据(x_i, y_i)，假定自变量 x_i 的误差可以忽略，则在同一 x_i 下，测量点 y_i 和直线上的点 $a + bx_i$ 的偏差 d_i 如下：

$$d_1 = y_1 - a - bx_1$$

$$d_2 = y_2 - a - bx_2$$

$$\vdots$$

$$d_n = y_n - a - bx_n$$

显然最好测量点都在直线上(即 $d_1 = d_2 = \cdots = d_n = 0$)，求出的 a 和 b 是最理想的，但实际测量点不可能都在直线上，因此只有考虑 d_1，d_2，…，d_n 为最小，即考虑 $d_1 + d_2 + \cdots + d_n$ 为最小，但因 d_1，d_2，…，d_n 有正有负，相加可能相互抵消，因此直接相加不可取；而 $|d_1| + |d_2| + \cdots + |d_n|$ 又不好解方程，因而不可行。现在采取一种等效方法：当 $d_1^2 +$

$d_2^2+\cdots+d_n{}^2$对 a 和 b 为最小时，d_1，d_2，…，d_n也为最小。令 $d_1^2+d_2^2+\cdots+d_n^2$为最小值，求 a 和 b 的方法叫做最小二乘法。

令

$$D=\sum_{i=1}^{n}d_i^2=D=\sum_{i=1}^{n}d_i^2=\sum_{i=1}^{n}[y_i-a-b_i]^2 \tag{2-6-2}$$

D 对 a 和 b 分别求一阶偏导数为

$$\frac{\partial D}{\partial a}=-2\left[\sum_{i=1}^{n}y_i-na-b\sum_{i=1}^{n}x_i\right]$$

$$\frac{\partial D}{\partial b}=-2\left[\sum_{i=1}^{n}x_iy_i-a\sum_{i=1}^{n}x_i-b\sum_{i=1}^{n}x_i^2\right]$$

再求二阶偏导数：

$$\frac{\partial^2 D}{\partial a^2}=2n,\quad \frac{\partial^2 D}{\partial b^2}=2\sum_{i=1}^{n}x_i^2$$

显然，有

$$\frac{\partial^2 D}{\partial a^2}=2n\geqslant 0,\quad \frac{\partial^2 D}{\partial b^2}=2\sum_{i=1}^{n}x_i^2\geqslant 0$$

满足最小值条件，令一阶偏导数为零：

$$\sum_{i=1}^{n}y_i-na-b\sum_{i=1}^{n}x_i=0 \tag{2-6-3}$$

$$\sum_{i=1}^{n}x_iy_i-a\sum_{i=1}^{n}x_i-b\sum_{i=1}^{n}x_i^2=0 \tag{2-6-4}$$

引入平均值：

$$\bar{x}=\frac{1}{n}\sum_{i=1}^{n}x_i,\quad \bar{y}=\frac{1}{n}\sum_{i=1}^{n}y_i$$

$$\overline{x^2}=\frac{1}{n}\sum_{i=1}^{n}x_i^2,\quad \overline{xy}=\frac{1}{n}\sum_{i=1}^{n}x_iy_i$$

则

$$\bar{y}-a-b\bar{x}=0$$

$$\overline{xy}-a\bar{x}-b\overline{x^2}=0 \tag{2-6-5}$$

解得

$$a=\bar{y}-b\bar{x} \tag{2-6-6}$$

$$b=\frac{\overline{xy}-\bar{x}\bar{y}}{\overline{x^2}-\bar{x}^2} \tag{2-6-7}$$

将 a、b 代入线性方程 $y=a+bx$，即可得到回归直线方程。

2) y、a、b 的标准差

在最小二乘法中，假定自变量误差可以忽略不计，是为了方便推导回归方程。操作中函数 y 的误差大于自变量 x 的误差即可认为满足假定。实际上两者均是变量，都有误差，从而导致结果 y、a、b 的标准差($n\geqslant6$)如下：

$$\sigma_y=\sqrt{\frac{\sum_{i=1}^{n}d_i^2}{n-2}}=\sqrt{\frac{\sum_{i=1}^{n}(y_i-bx_i-a)^2}{n-2}} \tag{2-6-8}$$

式中，根式的分母为 $n-2$ 是因为有两个变量。

$$\sigma_a=\sqrt{\frac{\sum_{i=1}^{n}x_i^2}{n\sum_{i=1}^{n}x_i^2-\left(\sum_{i=1}^{n}x_i\right)^2}}\sigma_y=\sqrt{\frac{\overline{x^2}}{n(\overline{x^2}-\bar{x}^2)}}\sigma_y \tag{2-6-9}$$

$$\sigma_b=\sqrt{\frac{n}{n\sum_{i=1}^{n}x_i^2-\left(\sum_{i=1}^{n}x_i\right)^2}}\sigma_y=\sqrt{\frac{1}{n(\overline{x^2}-\bar{x}^2)}}\sigma_y \tag{2-6-10}$$

3）相关系数

相关系数是衡量一组测量数据 x_i、y_i 线性相关程度的参量，其定义为

$$r=\frac{\overline{xy}-\bar{x}\bar{y}}{\sqrt{(\overline{x^2}-\bar{x}^2)(\overline{y^2}-\bar{y}^2)}} \tag{2-6-11}$$

r 值在 $0<|r|\leqslant 1$ 范围内。$|r|$越接近于 1，x、y 之间的线性关系越好；r 为正，直线斜率为正，称为正相关；r 为负，直线斜率为负，称为负相关。$|r|$接近于 0，则测量数据点分散或 x_i、y_i之间为非线性。不论测量数据好坏都能求出 a 和 b(硬拟合)，所以我们必须有一种判断测量数据好坏的方法，用来判断什么样的测量数据不宜拟合。判断的方法是：$|r|<r_0$时，测量数据是非线性的。r_0称为相关系数的起码值，仅与测量次数 n 有关，如表 2-6-3 所示。

表 2-6-3　相关系数起码值 r_0

n	r_0	n	r_0	n	r_0
3	1.000	9	0.798	15	0.641
4	0.990	10	0.765	16	0.623
5	0.959	11	0.735	17	0.606
6	0.917	12	0.708	18	0.590
7	0.874	13	0.684	19	0.575
8	0.834	14	0.661	20	0.561

最小二乘法线性拟合步骤总结如下：

(1) 在进行一元线性回归之前，应根据测量数据的精度高低(有效位数多少)选择合适的自变量 x(精度高，有效位数多)和因变量 y(精度低，有效位数少)；

(2) 计算五个相关的平均值 $\bar{x}$、$\bar{y}$、$\overline{x^2}$、$\overline{y^2}$、$\overline{xy}$；

(3) 根据式(2-6-11)计算 r 值；

(4) 将 r 与 r_0比较，若$|r|>r_0$，则 x 和 y 之间具有线性关系，利用式(2-6-6)和式(2-6-7)即可求回归直线斜率 b 和截距 a；否则就不能进行线性拟合，测量数据可能是另外的非线性函数关系，可进行曲线变直，再进行线性拟合。

例 10　在测定金属导体电阻温度系数的实验中，测量数据如下：

n	1	2	3	4	5	6	7	8	9	10	11	12
T/℃	24.8	37.0	40.9	45.2	49.0	56.1	61.0	65.8	70.0	74.9	80.6	85.4
R/Ω	38.83	40.83	41.42	42.26	42.63	43.74	44.44	45.10	45.79	46.45	47.44	48.11

已知金属导体的电阻与温度的关系为 $R=R_0(1+\alpha t)$，式中 R_0 是0℃时的电阻，α 是电阻温度系数，试用最小二乘法求出直线方程(即求 R_0 和 α 的值)。

解 从测量数据可以看出，R 有4位有效数字，T 有3位有效数字，R 的测量准确度较高，据回归分析的假定要求，R 应作为自变量，上面的关系式改写为

$$t=-\frac{1}{\alpha}+\frac{1}{\alpha R_0}R$$

用 x_i、y_i 分别表示 R_i、T_i 的测量值，计算的各平均值分别为

$$\overline{x^2}=1936\ \Omega^2,\quad \bar{x}=43.92\ \Omega$$

$$\bar{y}=57.56℃,\quad \overline{y^2}=3633℃,\quad \overline{xy}=2576\ \Omega\cdot℃$$

$$r=\frac{\overline{xy}-\bar{x}\cdot\bar{y}}{\sqrt{(\overline{x^2}-\bar{x}^2)(\overline{y^2}-\bar{y}^2)}}=\frac{2576-43.92\times57.56}{\sqrt{(1936-43.92^2)\times(3633-57.56^2)}}=0.9995$$

由表2-6-2可查出，$r_0(12)=0.708$，因为 $r>r_0$，故可以进行线性拟和。

根据式(2-6-6)和式(2-6-7)，有

$$\frac{1}{\alpha R_0}=\frac{\bar{x}\cdot\bar{y}-\overline{xy}}{\bar{x}^2-\overline{x^2}}=\frac{43.92\times57.56-2576}{43.92^2-1936}=6.819℃$$

$$-\frac{1}{\alpha}=\bar{y}-\left(\frac{1}{\alpha R_0}\right)\cdot\bar{x}=57.56-6.819\times43.92=-241.9\ ℃/\Omega$$

可求得

$$\alpha=4.13\times10^{-3}\ ℃,\quad R_0=\frac{241.9}{6.819}=35.47\ \Omega$$

可得直线方程为

$$R=35.47\times(1+4.13\times10^{-3}t)\quad 或\quad t=-241.9+6.819R$$

习 题

1. 指出下列测量结果的有效数字：

(1) $I=5010$ mA

(2) $C=2.99792458\times10^8$ m/s

2. 按“四舍五入修约法”，将下列数据只保留3位有效数字：

(1) 1.005 (2) 979.499 (3) 980.501 (4) 6.275 (5) 3.134

3. 单位变换：

(1) $m=3.162\pm0.002$ kg=__________g=__________mg=__________T

(2) $\theta=(59.8\pm0.1)^\circ$=(__________)′

(3) $L=98.96\pm0.04$ cm=__________m=__________mm=__________μm

4. 改错并且将一般表达式改写成科学表达式：

(1) $Y=(1.96\times10^{11}\pm5.78\times10^{9})\ \text{N/m}^2$

(2) $L=(160000\pm100)\ \text{m}$

5. 按有效数字运算规则计算下列各式：

(1) $1000^{-5}=$ ________

(2) $3.2\times10^{3}+3.2=$ ____________

(3) $\tan30°5'=$ ____________

(4) $\dfrac{100.325+100.125}{100.325-100.125}=$ ____________

(5) $e^{1.359}=$ ____________

(6) $\lg25.284=$ ____________

(7) $R_1=5.10\ \text{k}\Omega$，$R_2=5.10\times10^{2}\ \Omega$，$R_3=51\ \Omega$。$R=R_1+R_2+R_3=$ __________ Ω

(8) $L=1.674\ \text{m}-8.00\ \text{cm}=$ ________

6. 求下列公式的不确定度：

(1) $\rho=\dfrac{4m}{\pi d^2 h}$　　(2) $N=\dfrac{x}{2}-\dfrac{y^3}{2}$　　(3) $L=h+\dfrac{d}{3}$　　(4) $Z=\dfrac{x-y}{x+y}$

7. 用分度值为 1 mm 的米尺测量一物体长度 L，测得数据为 98.98 cm、98.96 cm、98.97 cm、98.94 cm、99.00 cm、98.95 cm、98.97 cm，试求 $\bar{L}$、ΔL，并写出测量结果表达式 $\bar{L}\pm\Delta L$。

8. 测量出一个铅圆柱体的直径 $d=(2.040\pm0.001)$ cm，高度 $h=(4.120\pm0.001)$ cm，质量 $m=(149.10\pm0.05)$ g，试计算 $\bar{\rho}$、$\Delta\rho$，并表示测量结果。

9. 某同学测量弹簧倔强系数的数据如下：

F/g	2.00	4.00	6.00	8.00	10.00	12.00	14.00	16.00	18.00
y/cm	6.90	10.00	13.05	15.95	19.00	22.05	25.10	28.16	31.27

其中 F 为弹簧所受的作用力，y 为弹簧的长度，已知 $y-y_0=\left(\dfrac{1}{k}\right)F$，试用作图法求弹簧的倔强系数 k 及弹簧的原来长度 y_0。

10. 用伏安法测电阻时，测出的数据如下：

I/mA	2.00	4.00	6.00	8.00	10.00	12.00	14.00	16.00	18.00	20.00
U/V	1.00	2.01	3.05	4.00	5.01	5.99	6.98	8.00	9.00	9.96

试分别用作图法、逐差法、线性回归法求出函数关系式及电阻值。

11. 用双臂电桥对某一电阻作多次等精度测量，测得数据如下：

$R(\Omega)$：12.06　12.10　12.12　12.15　12.16　12.17　12.19　12.21　12.22
12.25　12.26　12.35　12.42　12.83

试用 3σ 准则判断该测量列中是否有坏值，计算出检验后的算术平均值及平均值的标准差，正确表达测量结果。

Ⅲ　基础实验

实验1　长度与体积的测量

长度、质量和时间是三个最基本的物理量，对这三个基本量的测量是对其他物理量测量的基础。常用的长度测量仪器有米尺、游标卡尺、千分尺和测量显微镜等。长度测量仪器的规格一般用其量程和分度值表示。量程是指仪器的测量范围，分度值是指该仪器一个最小格所代表的物理量的值(或相邻两刻线所代表的量值之差)。一般分度值越小，仪器精度越高。当测量 10^{-4} mm 以下的微小长度时，需要用更先进的测量方法或更精密的仪器。

一、实验目的

(1) 理解不同长度测量仪器的测量原理和方法。

(2) 掌握利用米尺、游标卡尺、螺旋测微计和测量显微镜测量长度。

(3) 学习间接测量量不确定度的计算方法。

(4) 拓展长度测量技术在工件长度和角度精密测量、录像磁头、大规模集成电路线宽以及机械制造等领域的应用。

二、实验原理

1. 米尺

米尺是以厘米和毫米为测量单位的尺子，它的最小分度为 1 mm，是测量长度最简单的仪器。实验室中常用的米尺有直尺和钢卷尺，它们的允许误差如表 3-1-1 所示。

表 3-1-1　米尺的允许误差

mm

量具名称	任意刻线由始至末刻线间距	全 长	每毫米	每厘米
直　尺	300 以下	±0.10	±0.05	±0.08
	大于 300 小于等于 500	±0.15		
	大于 500 小于等于 1000	±0.20		
钢卷尺	大于 1000	±0.8	±0.2	±0.3
	大于 1000 小于等于 2000	±1.2		

使用米尺测量长度时，可精确读到毫米位，并要估读到分度值的 1/10(即 0.1 mm)。使用米尺时应注意两点：

(1) 减小视差。测量时，应使米尺刻线紧贴待测物体。读数时，视线应垂直于所读刻线，如图 3-1-1(a)所示。若待测物体与米尺刻度线之间有了间隙或视线不垂直于刻度线，将会产生视差而引进读数误差，如图 3-1-1(b)所示。

(2) 由于米尺两端容易磨损，因此测量时常用米尺中间部分。选择某一刻度线作为起点，读取该物体两端所对的刻度值，两个读数之差就是待测物体的长度，如图 3-1-1(a)所示。

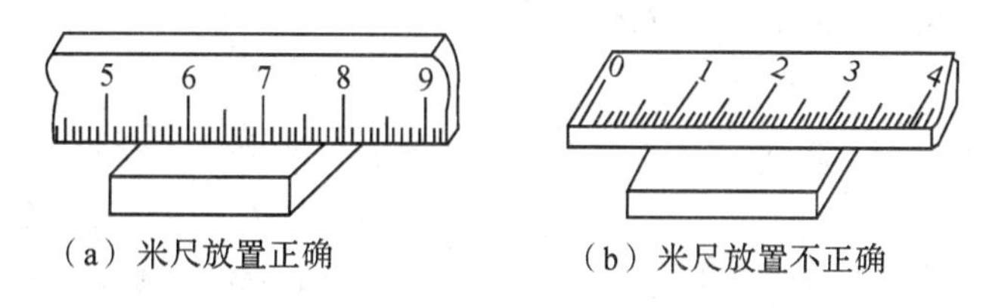

（a）米尺放置正确　　（b）米尺放置不正确

图 3-1-1　米尺的放置

2. 游标卡尺

游标卡尺的测量精度高于米尺，使用游标卡尺测量长度时，不用估读就可以准确地读出最小分度的 1/10、1/20 和 1/50 等。游标卡尺是在主尺(毫米分度尺)上装一个可沿主尺滑动的副尺(称为游标)，构成游标卡尺。

1）游标卡尺结构

游标卡尺的结构如图 3-1-2 所示，一对外量爪用来测量物体的长度、外径，一对内量爪用来测量内径、槽宽等，深度尺 C 可测量孔或槽的深度。

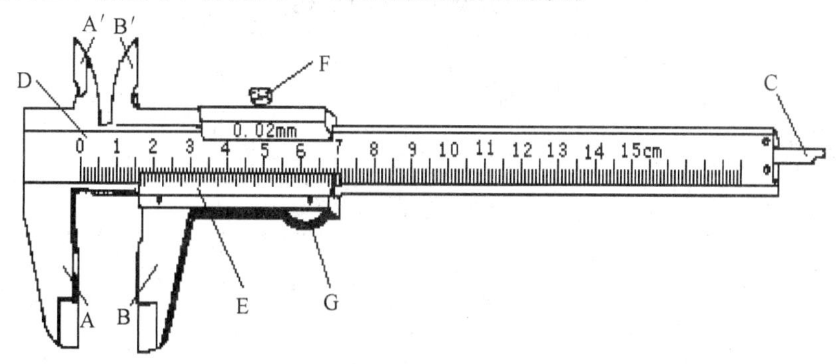

A、B—外量爪；A′、B′—内量爪；D—主尺；E—游标；C—深度尺；
F—紧固螺钉；G—凸起

图 3-1-2　游标卡尺的结构

2）游标卡尺的使用方法

游标卡尺是最常用的精密量具，使用时应注意爱护。使用游标卡尺时应左手拿待测物体，右手握尺，用拇指按着游标上凸起部位 G，或推或拉，推拉游标时不要用力过大。把物体轻轻卡在量爪间即可读数，如图 3-1-3 所示。不要把被夹紧的物体在量爪间扭动，以免磨损量爪。使用游标卡尺测量前，要先检查并记录游标卡尺的零点读数。读数前，可先用紧固螺钉 F 将游标锁定，然后再读数据。游标卡尺用完后，应先松开紧固螺钉 F，再松开

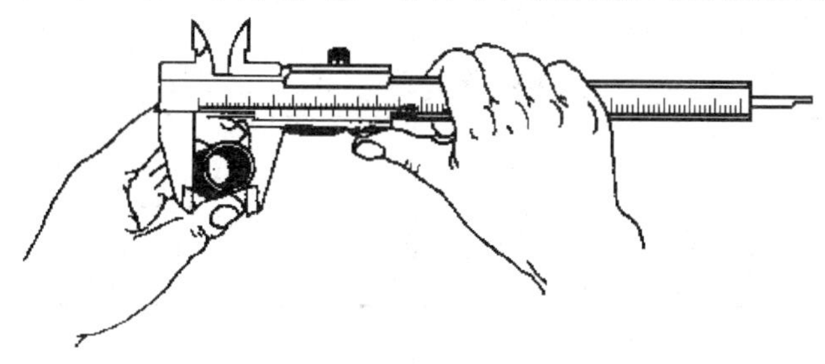

图 3-1-3　游标卡尺的使用方法

量爪，最后取出被测物体，以免损坏量爪。

3）*游标原理*

游标卡尺的游标有10分度、20分度和50分度等几种类型，它们的原理和读数方法都是一样的。如果用 a 表示主尺分度值，n 表示游标的分度数，b 表示游标分度值，则 n 个游标分度与主尺上 $Mn-1$ 个分度的长度相等，其中 M（称为游标系数）等于1或2，因此每一个游标分度值 b 为

$$b=\frac{(Mn-1)a}{n} \tag{3-1-1}$$

这样主尺上 M 个分度值 Ma 与游标上一个分度值 b 之差为

$$h=Ma-b=Ma-\frac{(Mn-1)a}{n}=\frac{a}{n} \tag{3-1-2}$$

h 就是游标卡尺的分度值，它等于主尺分度值的 $1/n$。表3-1-2和表3-1-3是几种常见游标卡尺的规格及示值误差。

表3-1-2　几种常见游标卡尺的规格

游标尺分度值 h/mm	主尺分度值 a/mm	游标分度值 b/mm	游标分度数 n	游标系数 M	游标总长度 nb/mm
0.1	1	0.9	10	1	9
	1	1.9	10	2	19
0.05	1	0.95	20	1	19
	1	1.95	20	2	39
	0.5	0.45	10	1	4.5
0.02	1	0.98	50	1	49
	0.5	0.48	25	1	12

表3-1-3　游标卡尺的示值误差

测量范围/mm	分度值/mm		
	0.02	0.05	0.1
	示值误差/mm		
0～300	±0.02	±0.05	±0.1
300～500	±0.04	±0.05	±0.1
500～700	±0.05	±0.075	±0.1
700～900	±0.06	±0.10	±0.15
900～1000	±0.07	±0.125	±0.15

4）*游标卡尺的读数方法*

游标卡尺的分度值一般都刻在副尺上，使用10分度、20分度和50分度的游标卡尺，可分别读到0.1 mm、0.05 mm和0.02 mm，不允许估读。当测量物体的长度时，应先读主

尺，再读游标(找到游标上哪一根刻线与主尺上的刻线对齐，比如第 k 根游标刻线与主尺某根刻线对齐，那么 $\Delta L = kh$)，二者相加为物体的长度，即

$$L = L_0 + \Delta L = L_0 + kh \tag{3-1-3}$$

本实验中使用50分度的游标卡尺，分度值为0.02 mm。图3-1-4是一个读数示例，图中游标零线前主尺的毫米整数是22 mm，游标第44刻线与主尺刻线正好对齐，所以被测物体的长度 L=22 mm +44×0.02 mm =22.88 mm。

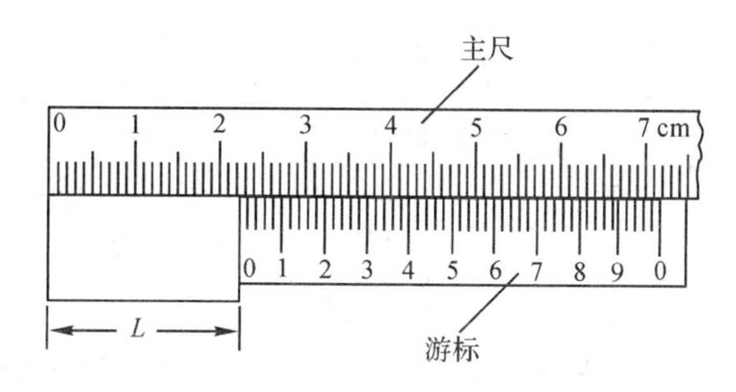

图3-1-4 游标卡尺的读数示例

3. 螺旋测微计

螺旋测微计又称千分尺，是一种比游标卡尺更精密的长度测量仪，可以用来测量25 mm以下的精密零件尺寸。譬如测量小球的直径、金属线直径和薄板的厚度等。

1) 螺旋测微计的原理及其结构

常见的千分尺如图3-1-5所示，其量程为25 mm，分度值为0.01 mm。千分尺的测微螺杆的螺距0.5 mm，螺杆后端与微分套筒、棘轮(测力装置)相连接。当微分套筒旋转(测微螺杆也随之旋转)一周时，测微螺杆沿轴线方向运动一个螺距(0.5 mm)。微分套筒前沿上一周刻有50个等分格线，因此微分套筒每转过一格，螺杆沿轴线方向运动0.01 mm (0.5/50 mm)。

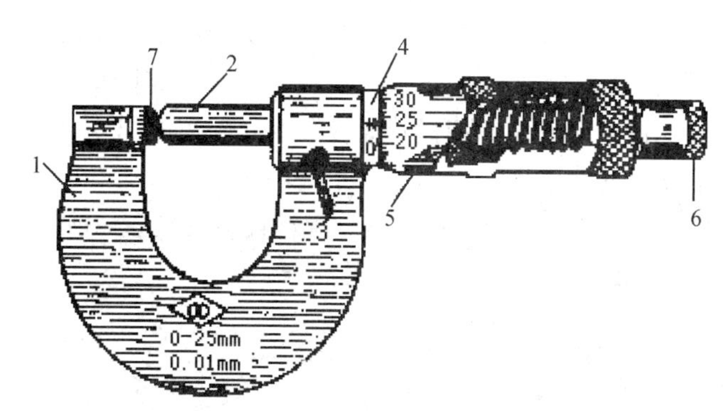

1—U形架；2—测微螺杆；3—制动栓；4—固定套管；5—微分套筒；
6—棘轮转柄；7—测砧

图3-1-5 千分尺外形与构造

2) 螺旋测微计的使用方法

使用千分尺测量前应检查千分尺零点，方法是转动棘轮转柄使测微螺杆和测砧直接接触，当棘轮发出1～2声咔、咔响声时，停止旋转棘轮，此时微分套筒前沿应与固定套管尺

上“0”线重合，同时，微分套筒上的零刻度线应该和固定套管尺上的基准线(长横线)对齐，如图3-1-6(a)所示；否则，应记下零点读数，并对测量时的读数进行修正。应注意零点读数有正有负，如图3-1-6(b)所示的零点读数为正值(+0.002 mm)，如图3-1-6(c)所示的零点读数为负值(-0.007 mm)，所以，待测物体的实际长度就等于测量时的读数减去这个零点读数。

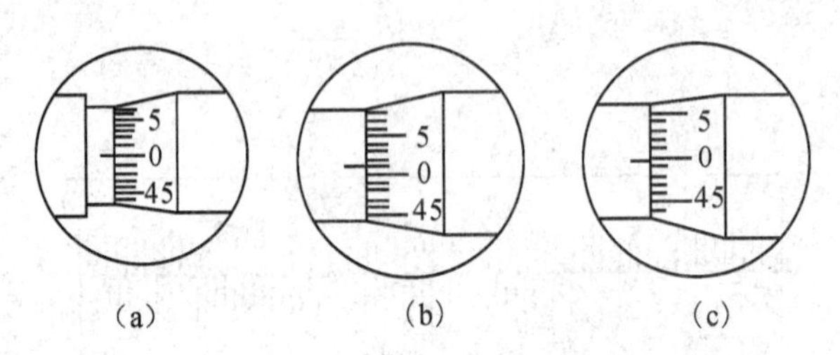

图3-1-6　千分尺零点读数

测量时，把被测物体放于螺杆和测砧的测量面之间，先转动微分套筒，当测微螺杆测量面快接近测砧和待测物表面时，再慢慢转动棘轮手柄，使两测量面和待测物体接触，当棘轮发出1～2声咔、咔响声时，此时微分套筒不再转动，测微螺杆也停止前进，此时两测量面已经和被测物体紧密接触，可以读数据。读数时，先拨动制动栓，固定测微螺杆。

注意　为了保持测量面和被测物体间的接触压力微小和均匀，也为了爱护螺旋测微计，在校正零点和测量时，当测微螺杆测量面快接近测砧和待测物表面时，改为轻轻旋转棘轮，直到棘轮发出1～2声咔、咔响声，千万不要一直转动微分套筒。测量完毕后，应使螺杆和测砧间留有一定空隙，以免因热膨胀而损坏螺纹。

3）*螺旋测微计的读数方法*

千分尺的固定套管上沿轴向刻有一条细线，在其下方刻有25分格，每分格1 mm，在其上方，与下方“0”线错开0.5 mm处开始，每隔1 mm刻有一条线，这就使得主尺的分度值为0.5 mm。读数时，先将主尺上没有被微分套筒前端遮住的刻度读出，再读出固定套管横线所对准的微分套筒上的读数，还要估读一位，即读到0.001 mm。把主尺上读出的整数部分($n\times0.5$ mm)和从微分套筒上读出的小于0.5 mm的数相加，即是测量值。

图3-1-7是千分尺的读数示例。图3-1-7(a)中的读数是5.385 mm，图3-1-7(b)中的读数是5.885 mm。二者的差别就在于微分套筒前端的位置，前者没有露出5.5 mm刻线，而后者完全露出了5.5 mm刻线。

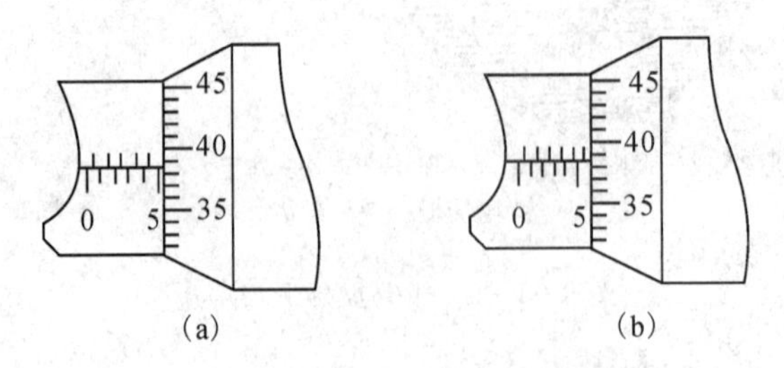

图3-1-7　螺旋测微计读数示例

千分尺按国家标准规定，分零级和一级两类。实验中使用的是一级千分尺，其示值误差如表 3-1-4 所示。

表 3-1-4　一级千分尺的示值误差　　　mm

测量范围	0～100	100～150	150～200	200～300	300～400	400～500
示值误差	±0.004	±0.005	±0.006	±0.007	±0.008	±0.010

注：零级千分尺示值误差为上表所列示值误差的一半。

4. 15J 测量显微镜

1）测量显微镜的原理

测量显微镜是最常用的助视光学仪器之一，它用于观测微小物体。测量显微镜是由短焦距的物镜和长焦距的目镜组成的，其光路图如图 3-1-8 所示。将被观测物 AB 放在物镜焦距之外且接近焦点 F_1 处，物体通过物镜成一放大的倒立实像 $A'B'$，$A'B'$ 在目镜的焦点 F_2 以内，经过目镜放大成一虚像 $A''B''$，且位于眼睛的明视距离处。测量显微镜是在显微镜的目镜筒内紧靠物镜焦平面处装上作为测量标记的十字分划线，可以把它调节在物镜所成实像的位置，当它和被测物体的实像同时看得清楚时，即可对待测物体进行读数测量。

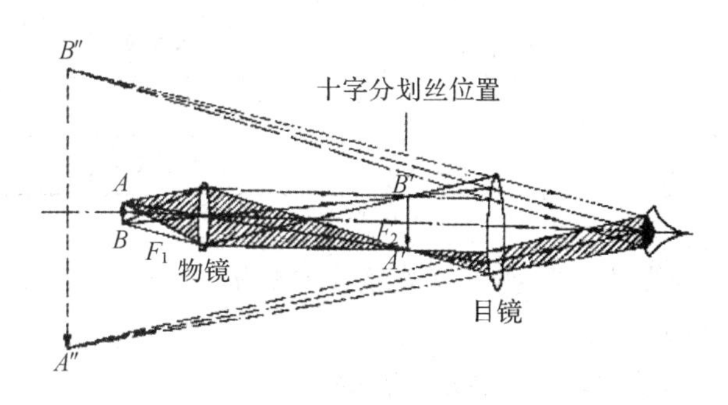

图 3-1-8　测量显微镜的光路图

2）测量显微镜的结构

如图 3-1-9 所示为 15J 测量显微镜的结构。该测量显微镜的主要部分为有放大功能的显微镜和读数功能的 $X-Y$ 轴测微器。显微镜由物镜、目镜和十字线组成。目镜 1 装在目镜筒内，目镜下方装有黑色十字刻线，松开止动螺丝 2 可以转动十字刻线改变其方位向。物镜 4 直接装在镜筒内，通过调焦手轮 3 可使显微镜上下移动进行物镜调焦。手轮 9、10 可以固定显微镜架和载物台。反光镜 8 装在工作台下的底座上，可根据光源方向转动得到明亮的视场。使用测量显微镜时，被测量的物体放在工作台上，用压片固定。

测量工作台分别装有沿 X 和 Y 两个方向移动的测微螺旋。旋转 X 轴测微鼓轮 7，可使工作台沿 X 轴方向移动。测微鼓轮上刻有 100 分度，螺距为 1 mm，每转一个分度相当于工作台移动 0.01 mm。Y 轴测微器螺旋上有 50 分度，每分度也为 0.01 mm，螺距为 0.5 mm。X 轴测量范围是 50 mm，Y 轴测量范围是 13 mm。测量工作台圆周刻有角度，分度值为 1 度，它可绕垂直轴旋转，转角可通过角游标读出，角游标分度值为 6 分。

15J 测量显微镜光学系统规格如表 3-1-5 所示。

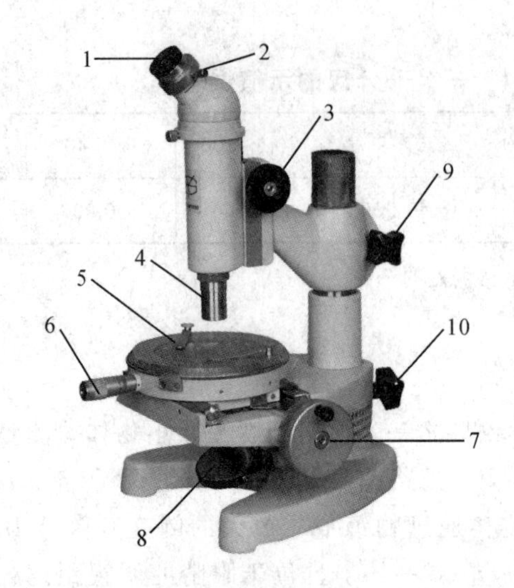

1—目镜;
2—十字刻线止动螺丝;
3—调焦手轮;
4—物镜;
5—测量工作台;
6—Y 轴测微器;
7—X 轴测微鼓轮;
8—反光镜;
9、10—手轮

图 3-1-9　15J 测量显微镜结构

表 3-1-5　15J 测量显微镜光学系统规格

物　镜		目　镜		显微镜放大倍数	工作距离/mm	视场距离/mm
放大倍数	焦距/mm	放大倍数	焦距/mm			
25×/0.08	43.40	10×	25.00	25×	58.84	5.6
10×/0.25	17.13			100×	7.81	1.4

3）测量显微镜的调节和使用

（1）视度调节：调节显微镜底座下反光镜或者测量工作台放一张大小合适的白纸，使目镜中视场达到最明亮为止。

（2）目镜调节：转动目镜，使十字刻线看得最清楚。

（3）物镜调焦：将被观测物体牢靠地安放在测量工作台上，转动调焦手轮，先将镜筒下降，使物镜离观察对象很近时，再逐渐上升镜筒，直至眼睛在目镜处能看到最清楚的物像为止。同时左右上下移动眼睛，观察十字线与物像之间有无视差。此时可以用白纸上的数字、字母或曲线作为观察对象，体会显微镜成像原理。

（4）十字线调节：调节十字线方位使其与测量工作台的 $X-Y$ 轴重合，并用止动螺线固定十字线的方位。检查二者是否重合的方法是首先使十字线对准置于工作台上的一平行于 $X(Y)$ 轴的一直线 AB，然后，当沿 $X(Y)$ 轴方向移动工作台时，十字线横轴（纵轴）始终保持与直线 AB 重合。注意，调试中的关键是 AB 直线一定要严格平行于工作台的 $X(Y)$ 方向。

（5）使用测量显微镜测量长度：十字线调节好以后，将待测缝恰当地置于工作台上，使缝隙的长边和十字线的横轴平行或者重合，然后移动工作台，使目镜中的十字线与被测物体的基准（包括点、线、面）相重合，记下此时 $X(Y)$ 轴的示值，作为初始读数 $X_0(Y_0)$，然后旋转测微器螺旋，移动工作台，使视场中的十字线与所求距离的另一基准（包括点、线、面）重合，记下此时 $X(Y)$ 轴的示值，作为测量读数 $X_1(Y_1)$，则所测距离 L_X（X 轴方向）和 L_Y（Y 轴方向）分别为 $L_X=|X_1-X_0|$ 和 $L_Y=|Y_1-Y_0|$。

4）测量显微镜的读数方法

如图 3－1－10 所示为显微镜横向（X）测微计读数实例，图 3－1－10(a)所示的固定主尺读数为 22 mm，图 3－1－10(b)所示的测微鼓轮读数为 14.6×0.01 mm＝0.146 mm，所以横向测微计的读数为 22.146 mm。

图 3－1－11 为纵向（Y）测微计读数实例，固定主尺的读数为 7 mm，测微套筒上的读数为 28.8×0.01 mm＝0.288 mm，所以纵向测微计的读数为 7.288 mm。

(a) 主尺

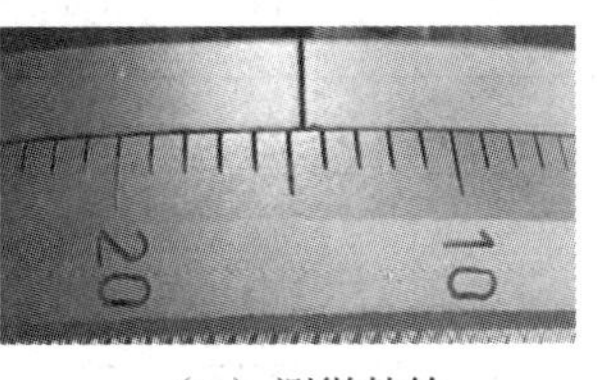

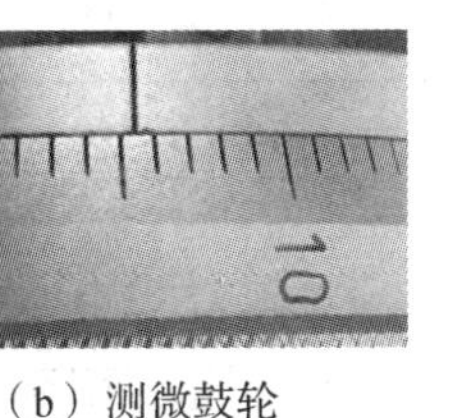

(b) 测微鼓轮

图 3－1－10 15J 测量显微镜横向测微器读数实例

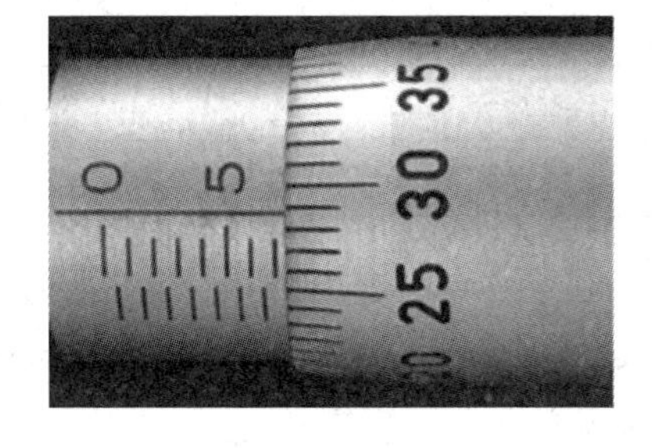

图 3－1－11 15J 测量显微镜纵向测微器读数实例

5）注意事项

(1) 使用测量显微镜测量时，以免因产生空回误差影响精度，测微鼓轮（螺旋）应朝同一方向转动，中途不可倒退。如果稍有倒转，全部数据应立即作废，必须重新开始测量。

(2) 为了防止被测物体表面与物镜接触，甚至损坏物镜，调焦时应先将镜筒降至显微镜工作距离稍小一点位置，然后逐渐上升。

(3) 若被测物为透明物，而且体积很小，不能充满整个视场时，测量时应避免直射光线，并且用适当亮度的视场，以免发生耀光影响测量精度。

(4) 工作地点偏暗用灯光照明时，光源须先经过磨砂玻璃滤过，并尽量使光线对物体垂直照明，以免有阴影影响测量精度。

(5) 显微镜架在立柱上必须用旋手紧紧固定，防止使用不慎时下降，使仪器受损。

(6) 为了防止局部螺纹经常使用受到磨损，对一些固定的尺寸进行测量时，应该在测微螺杆上分段使用。

(7) 测量显微镜无论使用或存放时，应避免灰尘、潮湿、过冷、过热及被含有酸碱性的蒸汽沾污。

三、实验仪器

米尺、游标卡尺、螺旋测微计、15J 测量显微镜及待测对象。

四、实验内容

(1) 用直尺测量金属板的长和宽各 1 次。

(2) 用游标卡尺测量金属板上的圆孔直径 5 次。

(3) 用千分尺测量金属板厚度 5 次。

(4) 正确调节测量显微镜，用测量显微镜测量金属板上的缝长和缝宽各 5 次。

五、数据记录与处理

1. 数据记录

将实验数据填入表 3-1-6 中。

表 3-1-6　长度测量数据记录表

螺旋测微器零点读数 d_0=________mm；游标卡尺零点读数 D_0=__________mm

测量内容\次数		1	2	3	4	5
板长 L/mm			——	——	——	——
板宽 W/mm			——	——	——	——
孔径 D/mm						
板厚 d/mm						
缝长 L_X/mm	X_0					
	X_1					
缝宽 L_Y/mm	Y_0					
	Y_1					

2. 数据处理

(1) 计算板长、板宽及其测量不确定度。

(2) 计算孔径及其测量不确定度。

(3) 计算金属板厚度及其测量不确定度。

(4) 计算缝长、缝宽及其测量不确定度。

(5) 计算板体积、圆孔体积、缝体积及其测量不确定度。

(6) 计算金属体积及其不确定度。

六、参考文献

[1]　吴百诗. 大学物理(下)[M]. 西安：西安交通大学出版社，2009.

[2]　李平舟，武颖丽，吴兴林. 基础物理实验[M].西安：西安电子科技大学出版社，2012.

[3]　刘俊星. 大学物理实验实用教程 [M]. 北京：清华大学出版社，2012.

[4]　吕斯骅，段家忯. 基础物理实验[M]. 北京：北京大学出版社，2002.

实验2 单线扭摆实验

转动惯量(Moment of Inertia)是刚体绕轴转动时惯性(回转物体保持其匀速圆周运动或静止的特性)的量度，它只取决于刚体的形状、质量分布和转轴的位置。转动惯量在旋转动力学中的角色相当于线性动力学中的质量，可形式地理解为一个物体对于旋转运动的惯性，用于建立角动量、角速度、力矩和角加速度等数个物理量之间的关系。

切变模量是指材料在弹性变形阶段内，剪切应力与对应剪切应变的比值，是材料的力学性能指标之一，切变模量的倒数称为剪切柔量，是单位剪切力作用下发生切应变的度量，可表示材料剪切变形的难易程度。

材料常数是剪切应力与应变的比值，又称切变模量或刚性模量，是材料在剪切应力作用下，在弹性变形比例极限范围内，切应力与切应变的比值，它表征材料抵抗切应变的能力，模量大，则表示材料的刚性强。

一、实验目的

(1) 学习用扭摆法测转动惯量；

(2) 学习转动模量及切变模量的测量方法；

(3) 学习任意物体对任意轴的转动惯量测量；

(4) 拓展学习转动模量及切变模量在工程力学和材料力学领域的应用。

二、实验原理

扭摆装置如图3-2-1所示，在悬臂梁末端，固定一段长度为l的钢丝，其直径为d，钢丝的下端悬空固定一载物圆台。

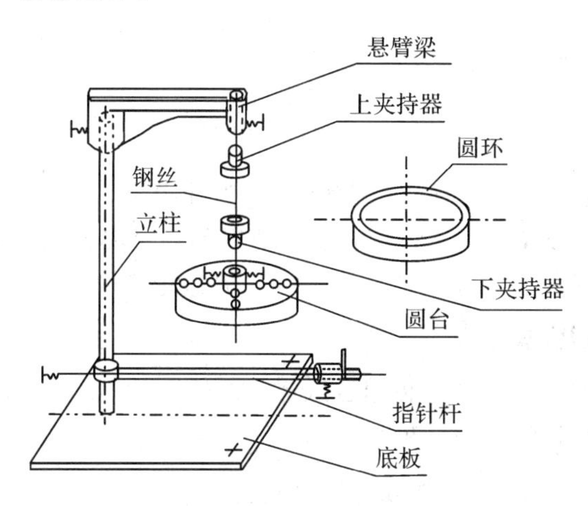

图3-2-1 扭摆装置组成示意图

对圆台施以扭转力矩得转角θ，然后放手。由于钢丝的弹性，圆台将沿反方向向平衡原点($\theta=0$)运动，到原点时，由于转动惯性，圆盘继续转动，直至扭转弹性势能抵消完动能为止。继而往复扭摆，摆幅因摩擦的耗能而逐渐减小至0。

设钢丝的(弹性)扭转模量为 F，(弹性恢复)作用力矩为 M，按 F 的定义有

$$M = F \cdot \theta \tag{3-2-1}$$

设钢丝和载物圆台沿轴心的转动惯量为 J。按转动定理有

$$M = -J_0 \cdot \ddot{\theta} \tag{3-2-2}$$

式(3-2-2)中负号为恢复力矩，始终与 $\ddot{\theta}$ 反向。

将式(3-2-1)代入式(3-2-2)可得

$$\ddot{\theta} = -\frac{F}{J_0}\theta \tag{3-2-3}$$

可见，圆台将围绕 $\theta=0$ 的点作简谐扭转摆动，解微分方程式(3-2-3)可得其扭转运动周期 T_0 为

$$T_0 = 2\pi\sqrt{\frac{J_0}{F}} \tag{3-2-4}$$

由此，可求出转动惯量：

$$J_0 = \frac{F \cdot T_0^2}{4\pi^2} \tag{3-2-5}$$

T 可直接测出，而扭转模量 F 可由弹簧钢丝的切变模量 G 计算出(推导过程见附录)：

$$F = \frac{\pi \cdot d^4}{32l}G \tag{3-2-6}$$

由于(转动)惯量遵从叠加原理，故可用载物圆台扭摆测其它物体的转动惯量。

1. 圆环绕中心轴的转动惯量 J_1

将圆环同心地置于圆台上，测得系统的扭振周期为 T，可得系统的转动惯量 J 为

$$J = \frac{F \cdot T^2}{4\pi^2} \tag{3-2-7}$$

圆环的转动惯量 J_1 为

$$J_1 = J - J_0 \tag{3-2-8}$$

圆环的转动惯量的理论计算值为

$$J'_1 = \frac{1}{2}m(R_1^2 + R_2^2) \tag{3-2-9}$$

式中：m 为圆环的质量，R_1 为圆环的内半径，R_2 为外半径。

两相比较，若 J_1 与式(3-2-9)相符合，则它不仅是测出了圆环的转动惯量(对中心轴)，而且还证明了 G 值是 $J'_1 J_0$ 的和，式(3-2-6)是正确的。

2. 转动模量 F 及切变模量 G

若先由 J_1 的理论计算值出发，再结合式(3-2-5)、式(3-2-7)、式(3-2-8)，则根据已测知的 T、T_0 即可计算出扭转模量 F：

$$F = \frac{4\pi^2}{T^2 - T_0^2}J'_1 \tag{3-2-10}$$

进而利用式(3-2-6)可间接测量出钢丝的切变模量 G。

3. 任意形状的物体对任何转轴的转动惯量

测量的必要条件：① 必须是两个相同的物体；② 载物圆台须能放置下，否则还须将圆

台加大。将两个物体仿照前述移轴砝码的办法放置，即可测出。

三、实验仪器

扭摆 1 台、金属圆环 1 个、米尺、卡尺、千分尺、秒表等。

四、实验内容

(1) 调整钢丝处于摆盘的中心，使摆盘处于水平状态；
(2) 测量摆盘往复振动 20 次的时间，计算振动周期 T_0；
(3) 在摆盘上放置惯性圆环(已预放于悬臂上)，再测定振动周期 T；
(4) 用米尺测出扭丝长度 l；
(5) 用游标卡尺测出圆环的内、外径(R_1、R_2)；
(6) 用千分尺测出扭丝直径 d。

五、数据记录与处理

将实验数据填入表 3-2-1 和表 3-2-2 中。

表 3-2-1 振动周期测量 s

振动时间(20 次)	测量 1	测量 2	测量 3	测量 4	测量 5	平均值	周期
摆盘							
摆盘+圆环							

表 3-2-2 弹簧钢丝(扭丝)测量

长度：$l=$__________ mm； 直径：$d=$__________ mm

	上部	中部	下部	平均值 /mm
横向				
纵向				

3. 圆环内外径测量

$R_1=$__________ mm； $R_2=$________ mm

计算圆环的转动惯量及相对误差(与理论值比较)：

$J_1=$__________ kg·m^2

$E=$__________

注：圆环质量 $m=475$ g，钢丝的切变模量 $G=7.9\times10^{10}$ N·m。

六、问题讨论

1. 扭摆在摆动过程中受到哪些阻尼？它的周期是否会随时间而变？
2. 扭摆启动时为什么要采用大角度摆动？
3. 实验中，对悬丝有何要求？

七、参考文献

[1] 吴百诗. 大学物理(下)[M]. 西安：西安交通大学出版社，2009.

[2] 赵玉凯，卢志辉，黄俊兰. 一种测量转动惯量工装机构的创新设计. 机械设计，2009.

[3] 黄德东，吴斌，刘建平. 扭摆法测量导弹转动惯量的误差分析. 弹箭与制导学报，2009. 29(5).

附*************************************

切变模量关系式的推导

$F=\dfrac{\pi\cdot d^4}{32l}G$ 的推导过程如下：

如图 3-2-2 所示，在外力(偶)矩(M)的作用下，悬丝底断面上不同的半径处所承受的应力是不一样的。设 τ 为悬丝边沿 r 的切应力，半径 $\rho(\rho<r)$ 的切应力为 τ_ρ，由杠杆原理可知：

$$\frac{\tau_\rho}{\tau}=\frac{\rho}{r} \tag{3-2-11}$$

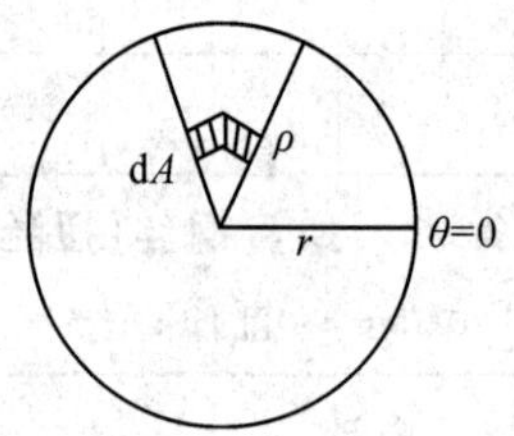

图 3-2-2　悬丝底断面图

现在计算悬丝底断面上各点所合成的扭转应力矩 M：考虑 $r\left(=\dfrac{d}{2}\right)$ 内半径为 $\rho\rightarrow\rho+\mathrm{d}\rho$，$\theta\rightarrow\theta+\mathrm{d}\theta$ 的面元 $\mathrm{d}A=\mathrm{d}\rho\cdot(\rho\mathrm{d}\theta)$ 的微应力矩 $\mathrm{d}M$ 为

$$\mathrm{d}M=\tau_\rho\cdot\rho\cdot\mathrm{d}A=\frac{\rho\cdot\tau}{r}\cdot\rho\cdot(\rho\cdot\mathrm{d}\rho\cdot\mathrm{d}\theta) \tag{3-2-12}$$

所以，有

$$M=\frac{\tau}{r}\int_0^{\frac{d}{2}}\int_0^{2\pi}\rho^3\mathrm{d}\rho\cdot\mathrm{d}\theta=\frac{\pi\cdot\tau\cdot d^4}{32\cdot r}\left(\text{或}=\frac{\pi\tau d^3}{16}\right) \tag{3-2-13}$$

$$\tau=\frac{32\cdot r\cdot M}{\pi\cdot d^4} \tag{3-2-14}$$

由剪切胡克定律得

$$G=\frac{\tau}{\gamma} \tag{3-2-15}$$

式中：γ 为切应变。

$$\gamma=\frac{r\cdot\varphi}{L} \tag{3-2-16}$$

将式(3－2－16)、式(3－2－14)代入式(3－2－15)，得

$$G=\frac{\frac{32r\cdot M}{\pi d^4}}{\frac{\varphi r}{L}}=\left(\frac{\frac{32L}{\pi d^4}}{\varphi}\right)\cdot M \tag{3-2-17}$$

或

$$M=\frac{\pi d^4}{32\cdot L}\cdot G\cdot\varphi \tag{3-2-18}$$

比较式(3－2－17)与式(3－2－11)知：

$$F=\frac{\pi\cdot d^4}{32l}G \tag{3-2-19}$$

上述推导的适用条件：① 显含胡克定律的条件，即在扭转弹性的线性变化区域内；② 隐含的条件，即 $L\gg\varphi\cdot r$，例如 $r=0.3\times10^{-3}$ m，$\varphi=12$ arc，由于 $L=0.5$ m，$0.5\ \text{m}\gg3.6\times10^{-3}$ m，所以满足 $L\gg\varphi\cdot r$。

****

实验3　重力加速度的测量

重力加速度(Gravitational Acceleration)是一个物体在受重力作用的情况下所具有的加速度，也叫自由落体加速度，常用 g 表示。

重力是万有引力的一个分力，由于地球有自转，所以略微呈椭球形，在一般情况下，重力加速度的方向不通过地心。在地球表面附近重力约等于物体所受地球的万有引力，方向近似竖直地面向下，大小与纬度有关系。在月球、其他行星或星体表面附近物体的下落加速度，则分别称月球重力加速度、某行星或星体重力加速度。

重力加速度的测定，对物理学、地球物理学、重力探矿、空间科学等都具有重要意义。

重力加速度的大小由多种方法可测定：用弹簧秤和已知质量的钩码测量、用滴水法测量、用单摆法测量、用圆锥摆测量、用斜槽法测量、用打点计时器测量、用旋转液体测量等等。本实验采用物理摆(复摆)法进行测量。

一、实验目的

(1) 通过实验深刻理解重力及重力加速度的含义，掌握重力加速度的多种测量方法；

(2) 理解并掌握刚体转动惯量的定义及刚体的转动定律；

(3) 学习掌握对长度和时间的较精确的测量并学习用作图法处理、分析数据；

(4) 拓展研究工程中飞机涡轮、发动机曲轴的转动惯量测量及应用。

二、实验原理

1. 物理摆

一个可绕固定轴摆动的刚体称为复摆或物理摆。如图3-3-1所示，设物理摆的质心为 C，质量为 M，悬点为 O，绕 O 点在铅直面内转动的转动惯量为 J_0，OC 距离为 h，在重力作用下，由刚体绕定轴转动的转动定律可得微分方程为

$$J_0\frac{\mathrm{d}^2\theta}{\mathrm{d}t^2}=-Mgh\sin\theta \qquad (3-3-1)$$

令

$$\omega^2=\frac{Mgh}{J_0} \qquad (3-3-2)$$

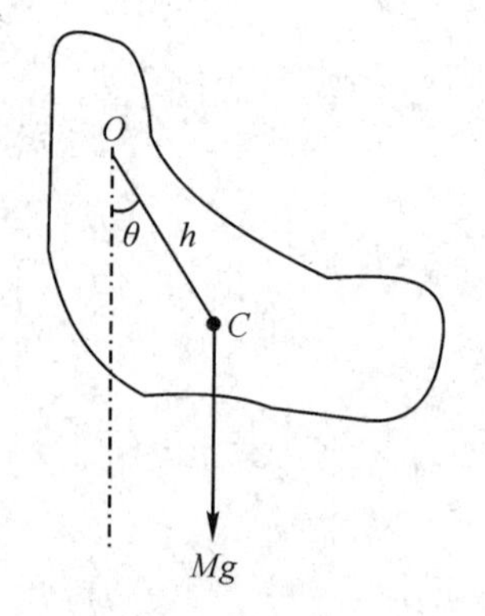

图3-3-1　物理摆(复摆)

仿单摆，在 θ 很小时，式(3-3-1)的解为

$$\theta=\theta\sin(\omega t+\alpha) \qquad (3-3-3)$$

$$T=2\pi\sqrt{\frac{J_0}{Mgh}} \qquad (3-3-4)$$

设摆体沿过质心 C 的转动惯量为 J_C，由平行轴定理可知：

$$J_0=J_C+Mh^2 \qquad (3-3-5)$$

将式(3-3-5)代入式(3-3-4)可得

$$T = 2\pi\sqrt{\frac{J_C}{Mgh} + \frac{h}{g}} \tag{3-3-6}$$

即物理摆的自由摆动周期 T。实验就是围绕式(3-3-6)而展开的。

因为对任何 J_C 都有 $J_C \propto M$，因此式(3-3-7)的 T 与 M 无关，仅与 M 的分布相关。

令 $J = Ma^2$，a 称为回转半径，则有

$$T = \sqrt{\frac{a^2}{gh} + \frac{h}{g}} \tag{3-3-7}$$

1）一次法测重力加速度 g

由式(3-3-6)可得

$$g = \frac{4\pi^2(J_C + Mh^2)}{MhT^2} \tag{3-3-8}$$

测出式(3-3-8)右端各量即可得 g：摆动周期 T 可用数字计时器直接测出，M 可用天平称出，C 点可用杠杆平衡原理等方法求出，对于形状等规则的摆，J_C 可以计算出。

2）二次法测重力加速度 g

一次法测重力加速度 g 虽然简捷，但有很大的局限性，特别是对于不规则物理摆，J_C 就难以确定，为此采用“二次法”。

当 M 及其分布(C 点)确定以后，改变 h 值，作两次测量 T 的实验，由式(3-3-7)有

$$T_1^2 = 4\pi^2\,\frac{J_C + Mh_1^2}{Mgh_1}$$

$$T_2^2 = 4\pi^2\,\frac{J_C + Mh_2^2}{Mgh_2}$$

即

$$Mgh_1T_1^2 - 4\pi^2J_C - 4\pi^2Mh_1^2 = 0 \tag{3-3-9}$$

$$Mgh_2T_2^2 - 4\pi^2J_C - 4\pi^2Mh_2^2 = 0 \tag{3-3-10}$$

联立解式(3-3-9)和式(3-3-10)，可得

$$g = 4\pi^2 \cdot \frac{h_1^2 - h_2^2}{h_1T_1^2 - h_2T_2^2} \tag{3-3-11}$$

这样就消去了 J_C，所以式(3-3-11)测量 g 具有广泛的适用性，而且可十分明确地看到 T 与 M 的无关性。

虽然，任意两组(h_1，T_1)、(h_2，T_2)实测值，都可以由式(3-3-11)算出 g；但是，对于一个确定的“物理摆”应选取怎样的两组(h，T)数据，才能得出最精确的 g 的实测结果呢？为此必须研究 T 与 h 的关系。

将式(3-3-8)平方，可得

$$\frac{T^2}{4\pi^2} = \frac{J_C}{Mgh} + \frac{h}{g} \tag{3-3-12}$$

可以看出 T^2 与 h 的关系大体为一变形的双曲线型图线：当 h 趋于0时 $T\to\infty$，当 $h\to\infty$ 时 T 亦趋于 ∞；可见在 h 的某一处一定有一个凹形极小值。为此，对式(3-3-12)作一次求导并令其为0，即由 $\mathrm{d}T/\mathrm{d}h = 0$，可得

$$-\frac{J_C}{Mgh^2} + \frac{1}{g} = 0 \tag{3-3-13}$$

$$Mh^2 = J_C = Ma^2 \tag{3-3-14}$$

即移动摆轴所增加的转动惯量恰为质心处的转动惯量，$h=a$ 处对应的 T 为极小值(为什么?)。

注意 体会 a 称为回转半径的含义。

为研究 T 与 h 的关系，特在 0.6 m 长的扁平摆杆上，间隔 2 cm 均匀钻出直径为 1 cm 的 28 个孔以作为与点的 H_i 值($i=\pm1, \pm2, \pm3, \cdots, \pm14$)，于是可得出如图 3-3-2 所示的曲线。

在共轭的 A、B 极小 T 值点以上，沿任一 T_h 画一条直线，交图线于 C、D、E、F 四点，皆为等 T 值点，错落的两对等 T 值间的距离 $h_D+h_E=h_C+h_F$ 被称为等值单摆长。为理解这一点，将式(3-3-11)的 T_1 与 T_E(或 T_D)对应，T_2 与 T_F(或 T_C)对应，h_1 为与 T_1 对应的 h_E，h_2 为与 T_2 对应的 h_F，并将式(3-3-11)改为

$$\frac{4\pi^2}{g} = \frac{T_1^2 + T_2^2}{2(h_1+h_2)} + \frac{T_1^2 - T_2^2}{2(h_1-h_2)} \tag{3-3-15}$$

式(3-3-15)与式(3-3-11)的等同性可用代数关系式验证。从式(3-3-15)可知，当 $T_1=T_2(=T)$ 时，即化为单摆形式的公式，故称 h_E+h_F、h_C+h_D 为等值单摆长。

从图 3-3-2 可知，A、B 共轭点为 $T(h)$ 的极小值点，若在它附近取两个 h 值来计算 g 则将引起较大的误差。所以欲取得精确的 g 的测量值，就只能取最大的 F 点和相应的 E 点。因孔的非连续性，E 只能取 T_E 近乎于 T_F 的点代入式(3-3-15)。经常也取略大、略小的两组值都计算出 T 再取平均值。

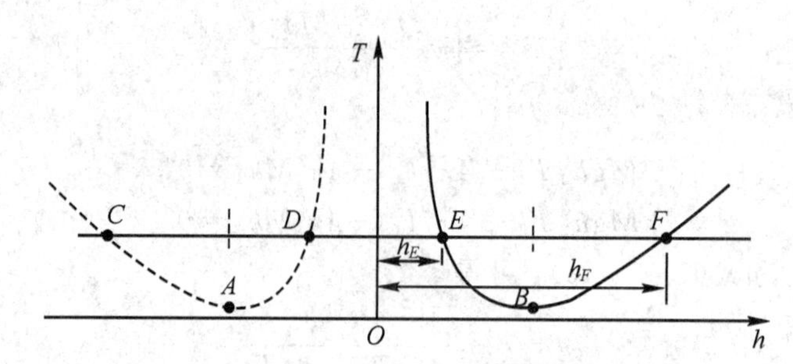

图 3-3-2 摆动周期 T 与摆轴离中心距离 h 的关系

A 或 B 在实验上虽然不利于测量出较精确的 g，但运行在 T_B(或 T_A)值下的摆，其性能最稳定。

2. 可倒摆

为提高测 g 的精度，历史上在对称结构的物理摆的摆杆上，加两个形体相同而密度不同的两个摆锤对称地放置。于是质心 C 点随即被改变，图 3-3-2 中的曲线也随之改变，特别是 T_C(即 T_1)、T_F(即 T_2)所相应的 h_C(即 h_1)、h_F(即 h_2)也随之改变，但曲线的形状依旧。

所以，用此时的 $T(=T_F=T_C)$ 和 $h_1(=h_C)$，$h_2(=h_F)$ 按式(3-3-15)可计算出 g。

当然，由于摆杆孔的非连续性，所以仅能用 $T_C \approx T_F$ 的实测值，这时式(3-3-15)右端的第 2 项仅为很小的值。所以 T_1-T_2 很小，而 h_1-h_2 较大。

所以实验须先在重铁锤的摆杆的下端测出 T_1 后，将摆倒置过来，从远端测出大于 T_1

的值然后逐渐减 h_2 直至 T_2 小于 T_1 为止。

将加有二摆锤的摆叫做可倒摆(或称为开特氏摆)，式(3－3－15)就称为可倒摆计算式。

摆锤用两个而不是用一个，而且形体作成相同，是因为倒置以后在摆动过程中，摆的空气阻尼等对摆的运动的影响可消除。

由物理摆的理论可知，可倒摆(开特摆)仅是物理摆的特例。

三、实验仪器

JD－2 物理摆、光电计时器等。

四、实验内容

(1) 调节好物理摆，摆放好光电计时器。

(2) 测出两个加摆锤的 $T_1(h)$、$T_2(h)$ 的关系；两摆锤的形状、尺寸须相同，而质量不同。

(3) 按原理所述，进行数据处理，绘制摆动周期 T 与摆轴离中心距离 h 的关系图。

(4) 计算重力加速度 g，并与本地标准值进行比较。

注意事项：

(1) 摆幅 A 须小于 $1°$，若按 $R=0.3\ \text{m}\left(\frac{1}{2}\text{摆杆}\right)+0.03\ \text{m}(\text{摆针})=330\ \text{mm}$，则摆下端幅度 $\frac{2\pi\times 330\ \text{mm}}{360°}\times 1°\leqslant 10\ \text{mm}$；

(2) 摆的悬挂处的孔和刀口间须密切接触，不密切则调底脚螺钉，否则影响实验测量；

(3) 周期 T 的测量建议以 $t=10T$ 为宜，即 $T=t/10$。

五、数据记录与处理

将实验数据填入表 3－3－1 中。

表 3－3－1

	第 1 孔	第 2 孔	第 3 孔	第 4 孔	第 5 孔	第 6 孔	第 7 孔	第 8 孔	第 9 孔
支点位置									
10 周期									
10 周期									
10 周期									
10 周期									
10 周期									
10 周期									
10 周期									
10 周期									
单周期平均									
h/cm									

质心位置：______ cm。

根据测量数据，作摆动周期 T 与摆轴离中心距离 h 的关系图。

西安地区重力加速度精确值为 $g_0=9.797\ \mathrm{m/s^2}$，计算相对误差。

六、问题讨论

1. 试证明二次法测 g 的公式(3-3-11)等效于卡特公式(3-3-15)。

2. 为什么不能用图 3-3-2 的 C 点的(T_1，h_1)值和 F 点的(T_2，h_2)值来计算重力加速度 g 值，而须用(F，D)或(F，E)来计算。

3. 试述用摆动法测量任意形状物体对任一指定轴的转动惯量的实验步骤(设当地的重力加速度 g 已知)。

七、参考文献

[1] 吴百诗. 大学物理(上)[M]. 西安：西安交通大学出版社，2009.

[2] 刘俊星. 大学物理实验实用教程[M]. 北京：清华大学出版社，2012.

[3] 吕斯骅，段家忯. 基础物理实验[M]. 北京：北京大学出版社，2002.

[4] 侯文，郑宾，杨瑞峰. 基于复摆运动相平面分析的转动惯量测量新方法. 应用基础与工程科学学报，2003. 11(3)：323-328.

实验4 刚体转动惯量的测量

转动惯量(Moment of Inertia)是刚体转动时惯性的量度，其量值取决于物体的形状、质量分布及转轴的位置。刚体的转动惯量有着重要的物理意义，在科学实验、工程技术、航天、电力、机械、仪表等工业领域也是一个重要参量。电磁系仪表的指示系统，因线圈的转动惯量不同，可分别用于测量微小电流(检流计)或电量(冲击电流计)。在发动机叶片、飞轮、陀螺以及人造卫星的外形设计上，精确地测定转动惯量，都是十分必要的。

对于质量分布均匀、外形不复杂的刚体，测出其外形尺寸及质量，就可以计算出其转动惯量；而对于外形复杂、质量分布不均匀的刚体，其转动惯量就难以计算，通常利用转动实验来测定。测定刚体转动惯量的方法很多，常用的有三线摆、扭摆、复摆等。

本实验采用三线摆测量物体的转动惯量，其特点是物理图像清楚、操作简便易行、适合各种形状的物体，如机械零件、电机转子、枪炮弹丸、电风扇的风叶等的转动惯量都可用三线摆测定。这种实验方法在理论和技术上有一定的实际意义。

一、实验目的

(1) 通过实验深刻理解刚体转动惯量及转动定律理论；

(2) 学会正确测量长度、质量和时间；

(3) 学习计算并用三线摆测量圆盘和圆环绕对称轴的转动惯量；

(4) 拓展研究工程测量中三线摆测量机械齿轮、涡轮叶片转动惯量的方法。

二、实验原理

图3-4-1是三线摆实验装置示意图。三线摆由上、下两个匀质圆盘，用三条等长的摆线(摆线为不易拉伸的细线)连接而成。上、下圆盘的系线点构成等边三角形，下盘处于悬挂状态，并可绕 OO' 轴线作扭转摆动，称为摆盘。由于三线摆的摆动周期与摆盘的转动惯量有一定关系，所以把待测样品放在摆盘上后，三线摆系统的摆动周期就要相应地随之改变。这样，根据摆动周期、摆动质量以及有关的参量，就能求出摆盘系统的转动惯量。

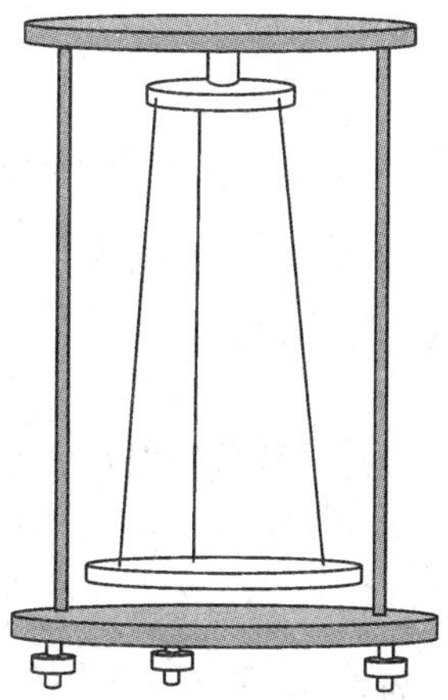

图3-4-1 三线摆实验装置

设下圆盘质量为 m_0，当它绕 OO' 扭转的最大角位移为 θ_0 时，圆盘的中心位置升高 h，这时圆盘的动能全部转变为重力势能，有

$$E_P = m_0 g h \qquad (g \text{ 为重力加速度})$$

当下盘重新回到平衡位置时，重心降到最低点，这时最大角速度为 ω_0，重力势能全部转变为动能，有

$$E_K = \frac{1}{2} I_0 \omega_0^2$$

式中：I_0 是下圆盘对于通过其重心且垂直于盘面的 OO' 轴的转动惯量。

如果忽略摩擦力，根据机械能守恒定律可得

$$m_0 gh=\frac{1}{2}I_0\omega_0^2 \tag{3-4-1}$$

设悬线长度为 l，下圆盘悬线距圆心为 R_0，当下圆盘转过一角度 θ_0 时，从上圆盘 B 点作下圆盘垂线，与升高 h 前、后下圆盘分别交于 C 和 C_1，如图 3-4-2所示，则

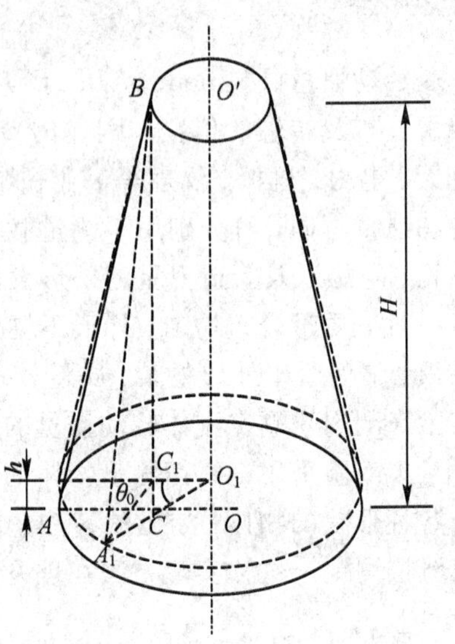

图 3-4-2　三线摆实验原理图

$$h=BC-BC_1=\frac{(BC)^2-(BC_1)^2}{BC+BC_1}$$

因为

$$(BC_1)^2=(A_1B)^2-(A_1C_1)^2=l^2-(R^2+r^2-2Rr\cos\theta_0)$$

$$(BC)^2=(AB)^2-(AC)^2=l^2-(R-r)^2$$

所以

$$h=\frac{2Rr(1-\cos\theta_0)}{BC+BC_1}=\frac{4Rr\sin^2\dfrac{\theta_0}{2}}{BC+BC_1}$$

在扭转角 θ_0 很小，摆长 l 很长时，$\sin\dfrac{\theta_0}{2}\approx\dfrac{\theta_0}{2}$，而 $BC+BC_1\approx 2H$，其中：

$$H=\sqrt{l^2-(R-r)^2}$$

式中：H 为上下两盘之间的垂直距离，则

$$h=\frac{Rr\theta_0^2}{2H} \tag{3-4-2}$$

由于下盘的扭转角度 θ_0 很小(一般在5°以内)，摆动可看做是简谐振动，则圆盘的角位移与时间的关系是

$$\theta=\theta_0\sin\frac{2\pi}{T_0}t$$

式中：θ 是圆盘在时间 t 时的角位移，θ_0 是角振幅，T_0 是振动周期，若认为振动初位相是零，则角速度为

$$\omega=\frac{\mathrm{d}\theta}{\mathrm{d}t}=\frac{2\pi\theta_0}{T_0}\cos\frac{2\pi}{T_0}t$$

经过平衡位置时，$t=0$，$\frac{1}{2}T_0$，T_0，$\frac{3}{2}T_0$…的最大角速度为

$$\omega_0=\frac{2\pi}{T_0}\theta_0 \tag{3-4-3}$$

将式(3-4-2)、式(3-4-3)代入式(3-4-1)可得

$$I_0=\frac{m_0 gRr}{4\pi^2 H}T_0^2 \tag{3-4-4}$$

实验时，测出 m_0、R、r、H 及 T_0，由式(3-4-4)可求出圆盘的转动惯量 I_0。在下盘放上另一个质量为 m、转动惯量为 I(对 OO' 轴)的物体时，测出周期为 T，则有

$$I + I_0 = \frac{(m + m_0)gRr}{4\pi^2 H}T^2 \qquad (3-4-5)$$

从式(3－4－5)减去式(3－4－4)得到被测物体的转动惯量 I 为

$$I = \frac{gRr}{4\pi^2 H}[(m + m_0)T^2 - m_0 T_0^2] \qquad (3-4-6)$$

在理论上，对于质量为 m 且内、外直径分别为 d、D 的均匀圆环，通过其中心垂直轴线的转动惯量为

$$I = \frac{1}{2}m\left[\left(\frac{d}{2}\right)^2 + \left(\frac{D}{2}\right)^2\right] = \frac{1}{8}m(d^2 + D^2)$$

而对于质量为 m_0、直径为 D_0 的圆盘，相对于中心轴的转动惯量为

$$I_0 = \frac{1}{8}m_0 D_0^2$$

三、实验仪器

三线摆仪、米尺、游标卡尺、数字毫秒计、气泡水平仪、物理天平和待测圆环等。

四、实验内容

测量下盘和圆环对中心轴的转动惯量，步骤如下：

(1) 调节上盘绕线螺丝，使三根线等长(60 cm 左右)；调节底脚螺丝，使上、下盘处于水平状态(水平仪放于下圆盘中心)。

(2) 等待三线摆静止后，用手轻轻扭转上盘 5°左右随即退回原处，使下盘绕仪器中心轴作小角度扭转摆动(不应伴有晃动)。用数字毫秒计测出 50 次完全振动的时间 t_0，重复测量 5 次求平均值$\overline{t_0}$，计算出下盘空载时的振动周期 T_0。

(3) 将待测圆环放在下盘上，使它们的中心轴重合。再用数字毫秒计测出 50 次完全振动的时间 t，重复测量 5 次求平均值，算出此时的振动周期 T。

(4) 测出圆环质量(m)、内外直径(d、D)及仪器有关参量(m_0、R、r 和 H 等)。

因下盘对称悬挂，使三悬点正好连成一正三角形(见图 3－4－3)。若测得两悬点间的距离为 L，则圆盘的有效半径 R(圆心到悬点的距离)等于 $L/\sqrt{3}$。

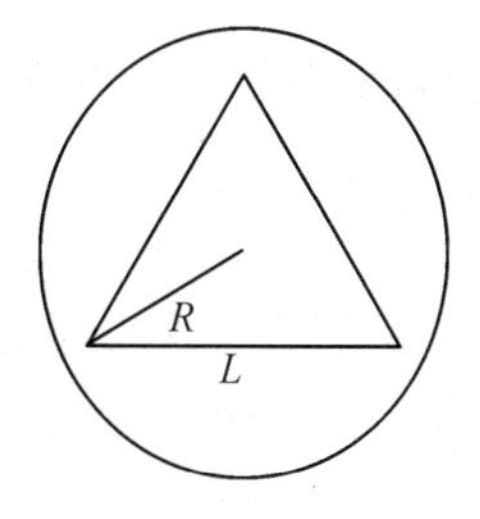

图 3－4－3　圆盘的有效半径测量

(5) 将实验数据填入表 3－4－1 中。先由式(3－4－4)推出 I_0 的相对不确定度公式，算出 I_0 的相对不确定度、绝对不确定度，并写出 I_0 的测量结果。再由式(3－4－6)算出圆环对中心轴的转动惯量 I，并与理论值比较，计算出绝对不确定度、相对不确定度，写出 I 的

测量结果。

五、数据记录与处理

1. 数据记录

表 3-4-1 实验数据

下盘质量 $m_0=$______ g；　　圆环质量 $m=$______ g

待测物体	待测量	测量次数					平均值
		1	2	3	4	5	
上　盘	半径 r/cm						
下　盘	有效半径 R/cm						
	周期 $T=\frac{t}{50}$ /s						
上、下盘	垂直距离 H/cm						
圆　环	内径 d/ cm						
	外径 D/cm						
下盘加圆环	周期 $T=\frac{t}{50}$ /s						

2. 数据处理

圆盘转动惯量：计算 $I_0=\frac{m_0 gRr}{4\pi^2 H}T_0^2$

$\frac{\Delta I_{\text{盘}}}{\Delta I_{\text{盘}}}=$

$\Delta m=0.5\text{g}$

计算 Δr、ΔR、ΔH、ΔT，代入上式求出 $\Delta I_{\text{盘}}$

正确表示测量结果：$I_0=\bar{I}_0+\Delta\bar{I}_0=$______________。

计算圆环转动惯量：$\bar{I}=\frac{gRr}{4\pi^2 H}[(m+m_0)T^2-m_0 T_0^2]$

计算 $\Delta\bar{I}=|\bar{I}-I_{\text{理论}}|$，正确表示测量结果：$I=\bar{I}+\Delta\bar{I}=$______________。

六、问题讨论

1. 实验中计算转动惯量公式中 R 是否为下圆盘半径？其值如何测量？
2. 当待测物体的转动惯量比下圆盘的转动惯量小得多时，为何不宜采用三线摆测量？

七、参考文献

[1]　吴百诗. 大学物理(上)[M]. 西安：西安交通大学出版社，2009.
[2]　刘俊星. 大学物理实验实用教程[M]. 北京：清华大学出版社，2012.
[3]　吕斯骅，段家忯. 基础物理实验[M]. 北京：北京大学出版社，2002.

实验5 音叉振动频率的测量

音叉(Tuning Fork)是呈“Y”形的钢质或铝合金发声器，音叉因其质量和叉臂长短、粗细不同而在振动时发出不同频率的纯音。音叉检查在鉴别耳聋性质——传音性聋或感音性聋方面，是一种简便可靠的常用诊查方法。用音叉取“标准音”是钢琴调律过程中十分重要的环节之一，它的重要性在于关系到一台钢琴各键音处在什么音高位置上。

敲击音叉，采集声波波形图。实验发现：轻敲音叉，音叉振幅小，波形图的幅度小，这时音叉发出的声音也小；重敲音叉，音叉的振幅大，波形图的幅度大，这时音叉发出的声音也大。这说明响度跟音叉振动的振幅有关，振幅越大，响度越大；振幅越小，响度越小。

音叉拥有一固定的共振频率，受到敲击时则震动，在等待初始时的泛音列过去后，音叉发出的音响就具有固定的音高。一个音叉所发出的音高由其分叉部分的长度决定。测量音叉振动频率的方法有：① 将音叉与压电陶瓷相连，再将压电陶瓷连接到频率计上进行测量；② 将音叉发出的声音使用话筒进行采样，然后对采样的信号进行傅立叶分析；③ 将音叉发出的声音使用话筒进行采样，然后将采样的信号导入音频处理系统中，然后在播放的时候使用频谱仪采集处理。然而后两种方法得到的不只是只有一个频率，音叉的频谱相对电子元件产生的频率信号比较宽，主频率却只有一个。本实验利用驻波测量音叉振动频率。

一、实验目的

(1) 理解驻波理论及应用；

(2) 掌握利用驻波法测量音叉振动频率的系统设计、数据测量与处理方法；

(3) 学习以电动音叉产生弦振动的系统设计、调节和测量技能；

(4) 拓展研究弦振动在构件应力测量、弦乐器加工、参数共振(二分频现象)实现等领域的相关应用。

二、实验原理

1. 驻波的形成及其特点

两列波的振幅、振动方向和频率都相同，且有恒定的位相差，当它们在媒质内沿一条直线相向传播时，将产生一种特殊的干涉现象——驻波。

图 3-5-1 所示为驻波形成的波形示意图。在图中画出了两列波在 $T=0$、$T/4$、$T/2$ 时刻的波形，细实线表示向右传播的波，虚线表示向左传播的波，粗实线表示合成波。

如果取入射波和反射波的振动相位始终相同的点作为坐标原点，且在 $X=0$ 处，振动点向上到达最大位移时开始计时，则它们的波动方程分别为

$$y_1=A\cos 2\pi\left(f\cdot t-\frac{x}{\lambda}\right) \tag{3-5-1}$$

$$y_2=A\cos 2\pi\left(f\cdot t+\frac{x}{\lambda}\right) \tag{3-5-2}$$

式中：A 为波的振幅，f 为频率，λ 为波长，x 为弦线上各个质点的位置坐标。

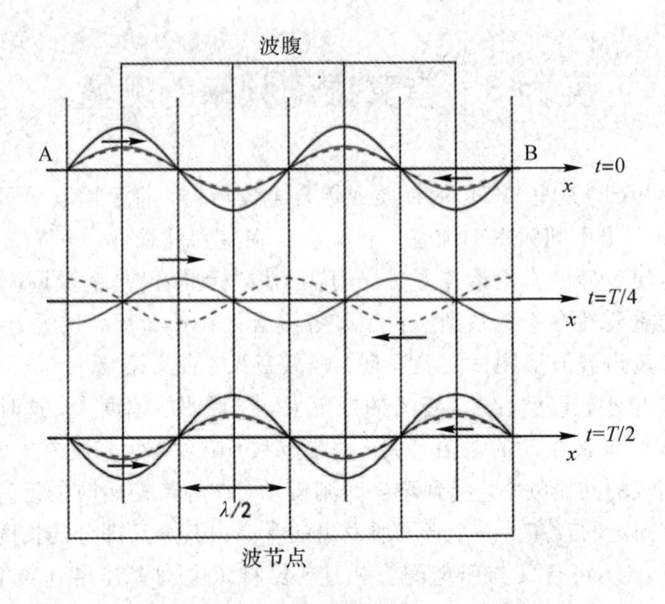

图 3-5-1　驻波形成的波形示意图

两波叠加后的合成波为驻波，其方程为

$$y=y_1+y_2=2A\cos 2\pi\frac{x}{\lambda}\cos 2\pi ft \qquad (3-5-3)$$

式中：y 为各个质点相对自己的平衡位置的位移。

由式(3-5-3)可知，入射波与反射波合成后，弦线上各点都在做频率相同的简谐振动，振幅为 $\left|2A\cos 2\pi\frac{x}{\lambda}\right|$，即驻波的振幅与时间无关，而与质点的位置 x 有关。

当 $\left|\cos 2\pi\frac{x}{\lambda}\right|=0$ 时，有

$$2\pi\frac{x}{\lambda}=(2k+1)\frac{\pi}{2} \quad (k=0,1,2\cdots)$$

即

$$x=(2k+1)\frac{\lambda}{4} \qquad (3-5-4)$$

在这些点处，各点静止不动，振幅为零，称为驻波波节。

当 $\left|\cos 2\pi\frac{x}{\lambda}\right|=1$ 时，有

$$2\pi\frac{x}{\lambda}=k\pi \quad (k=0,1,2\cdots)$$

即

$$x=k\cdot\frac{\lambda}{2} \qquad (3-5-5)$$

在这些点处，各点振幅最大，称为驻波波腹。

由以上讨论可知，波节处振动的振幅为零，始终处于静止；波腹处振动的振幅最大；其他各点处振动的振幅在零与最大之间。两个相邻波节或两相邻波腹之间的距离为 $\lambda/2$，波

腹和波节交替作等距离排列。相邻两波腹(或波节)间距离是半个波长。因此，只要测得相邻两波节(或波腹)间的距离，就能确定该波的波长。

2. 音叉弦振动仪

音叉弦振动仪的组成如图3-5-2所示。在音叉一臂的末端A系一根水平弦线，弦线的另一端通过滑轮系一质量为m的砝码，使弦线因紧绷而产生张力。接通电源调节螺钉使音叉起振，音叉带动弦线A端振动，由A端振动产生的波沿弦线向右传播，称为入射波。当波动传播至劈形挡板B点时，波动被反射并沿弦线向左传播，称为反射波。这两列波满足相干条件，在弦线上叠加后，将会相互干涉。当B点移动到适当位置时，弦线上就会形成稳定的驻波：弦线上有些点始终不动，形成驻波的波节；而有些点振动最强，形成驻波的波腹。

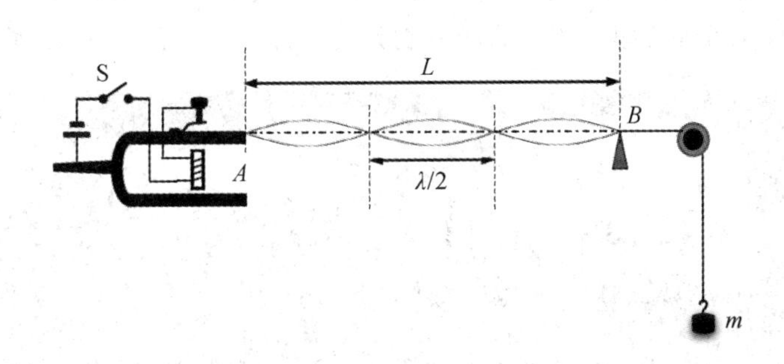

图3-5-2 音叉弦振动仪上驻波的产生

要在弦线上得到振幅最大且稳定的驻波，可采取两种方法：第一种方法是固定弦线长度，改变张力；第二种方法是固定张力，改变弦线长度，使A、B间的距离等于驻波半波长的整数倍。

当使弦线从音叉末端A点到劈形挡板B的距离L等于半波长的整数倍时，即

$$L=\frac{n\lambda}{2}\quad (n=1,\ 2\cdots) \tag{3-5-6}$$

就得到了振幅最大且稳定的驻波，且A、B两点均为波节。式(3-5-6)中n为正整数，等于波腹的总个数。

显然，由式(3-5-6)可得到沿弦线传播的横波波长为

$$\lambda=\frac{2L}{n} \tag{3-5-7}$$

当横波沿弦线传播时，在弦线张力T不变的情况下，根据波动理论得到，横波的传播速度u、张力T和弦线的线密度ρ(单位长度的质量)之间有如下关系：

$$u=\sqrt{\frac{T}{\rho}} \tag{3-5-8}$$

设弦线的振动频率为f，弦线上传播的横波波长为λ，则根据$u=f\cdot\lambda$可得

$$\lambda=\frac{\sqrt{T/\rho}}{f}=\frac{1}{f}\sqrt{\frac{mg}{\rho}} \tag{3-5-9}$$

式(3-5-9)为弦线上驻波波长与张力和线密度之间的关系式。

如果音叉起振，则弦线上各点将在音叉的带动下以同样于音叉的振动频率振动，因此

弦线的振动频率 f 就是音叉振动频率。这样，在音叉振动频率和弦线密度确定的情况下，波长 λ 仅是张力 T 的函数，因此有

$$f=\frac{u}{\lambda}=\frac{n}{2L}\sqrt{\frac{T}{\rho}}=\frac{n}{2L}\sqrt{\frac{mg}{\rho}} \tag{3-5-10}$$

式中：L、T、ρ 均可由实验直接测得。利用式(3-5-10)可以求得弦线的振动频率，即音叉的频率。

三、实验仪器

实验中使用的电动音叉如图3-5-3所示，主要包括音叉(铁质)及音叉臂间的通电线圈、整流器、电路接线柱、调节音叉振动的螺栓。接通电源，调节螺栓与音叉臂弹簧片接触(出现电火花)，音叉开始振动，当音叉声音稳定时，将螺栓位置固定(旋紧螺母)。

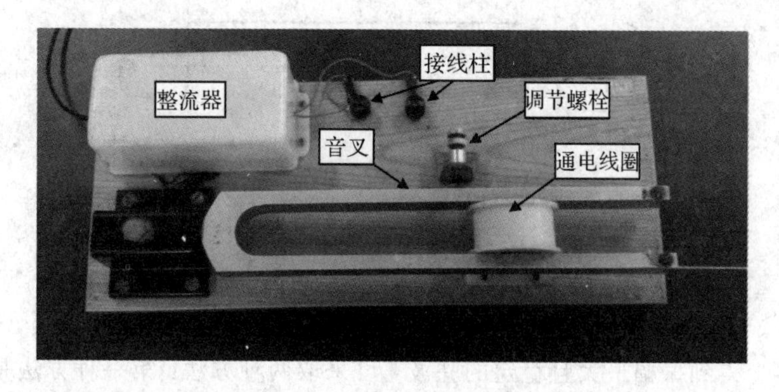

图3-5-3　电动音叉实物图

四、实验内容

(1) 弦线一端悬挂钩码(25 g)，绕过定滑轮，并调节定滑轮高低，使弦线与桌面平行(水平)；

(2) 接通电源，调节音叉电路连通点(音叉臂上弹簧片与螺栓尖端的接触状态)，使音叉起振并稳定振动，旋紧螺母保证音叉持续稳定工作；

(3) 保持音叉臂与弦线平行，左右移动音叉(板)，观察弦线上的振动现象，同时避免悬挂的钩码摆动；

(4) 调整弦线长度合适，按测试条件使弦线上出现包含有一定数目波腹的驻波(波节点明显，波腹振幅稳定不随时间发生变化)；

(5) 利用钢卷尺，测量并记录弦线上波节点间距离，记录音叉上的频率标准值；

(6) 代入公式，计算弦线上弦振动的波长与波速，将计算得到的音叉振动频率与标准值进行对比；

(7) 利用作图法处理，计算得到音叉的振动频率，并与标准值进行对比。

五、数据记录与处理

1. 数据记录

音叉频率标准值：$f_0=$______ Hz；弦线线密度：$\rho=3.56\times10^{-3}$ g/cm

表 3-5-1 电动音叉振动频率测量数据表

序号	钩码质量/g	波腹数 n	弦线长度 L/m	波长 λ/cm	波速 v/(m/s)	频率 f /Hz
1	25	6				
2	50	5				
3	75	4				
4	125	3				
5	175	2				

$\bar{f}=$ ________ Hz；$\Delta f=|\bar{f}-f_0|=$ ________ Hz

音叉频率测量结果：$f=\bar{f}\pm\Delta f=$ __________ Hz

2. 数据处理

(1) 公式计算法：根据式(3-5-7)～式(3-5-10)和测量数据 L，计算出不同张力下的波长、波速、频率，求出音叉振动频率 f 的平均值，并和音叉上的标称值 f_0 进行对比。

(2) 作图法：以 $\sqrt{m}$ 为横轴、波长 λ 为纵轴，根据表 3-5-1 中的测量绘图。由波长计算公式可知，$\sqrt{m}$ 和波长 λ 满足线性关系，比例系数即直线斜率为 $\sqrt{\dfrac{g/\rho}{f}}$，由直线斜率求出音叉振动频率值。

六、问题讨论

1. 本实验中，产生驻波的条件是什么？
2. 为了减小测量波长的误差，弦线形成的驻波波节数不能太少，为什么？
3. 弦线的粗细和弹性对于实验有什么影响？

七、参考文献

[1] 吴百诗.大学物理(上)[M]. 西安：西安交通大学出版社，2009.
[2] 刘俊星. 大学物理实验实用教程[M]. 北京：清华大学出版社，2012.
[3] 吕斯骅，段家慨. 基础物理实验[M]. 北京：北京大学出版社，2002.
[4] 黄涛，丁顶贤. 弦振动实验中有关问题的研究[J]. 物理实验，1990(1)：9-12.
[5] 吴海彬，朴承凤，等. 运用弦振动法测大型构件的应力[J]. 辽宁工程技术大学学报，1999(2)：169-172.
[6] 邓小伟，余征跃，姚卫平，等. 古筝弦振动及琴码的动力学分析[J]. 振动与冲击，2015，34(18)：166-170.
[7] 马惠英，余守宪. 弦振动和弦乐器——物理与音乐专题之二[J]. 物理通报，2004(3)：43-46.

实验6 声速的测量

在弹性介质中，由频率为20 Hz～20 kHz的振动所激起的机械波称为声波；高于20 kHz，称为超声波，超声波是频率为$2\times10^4\sim10^9$ Hz的机械波。

测量声速的传统方法就是测距离和时间(或回音法)，但误差较大。我们在实验室中最简单的方法之一就是利用声速与振动频率f和波长λ之间的关系(即$v=f\lambda$)求出声速。声速是描述声波在媒质中传播特性的一个基本物理量，与波源频率无关，只与介质有关。本实验利用超声波具有波长短、易于定向发射等特点，测量空气和水中超声波的传播速度，所以应用非常广泛。

一、实验目的

(1) 掌握简谐振动的定义及振动合成的基本规律，加强对驻波理论的理解。

(2) 学习使用示波器和信号发生器，掌握共振频率的选择规则。

(3) 学会用共振干涉法和位相法测量超声波在空气中的传播速度。

(4) 扩展学习超声波在医用B超、超声洗牙机、超声探测器、超声碎石机、超声驱蚊机、超声测距仪等领域的应用。

二、实验原理

用共振干涉法和位相比较法，测量频率f和波长λ来计算声速。

1. 实验装置

声速测量仪主要由支架、游标卡尺和两只超声波压电换能器组成，如图3-6-1所示。两只超声波压电换能器的位置分别与游标卡尺的主尺和游标相对定位，所以两只超声波压电换能器相对位置间距离的变化量可在游标卡尺上直接读出；两只超声波压电换能器，一只为发射超声波换能器(电声转换)，另一只为接收超声波换能器(声电转换)，其结构完全

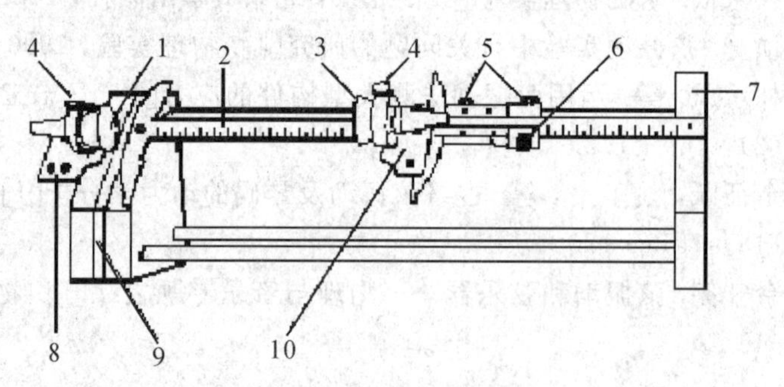

1—发射超声波换能器；2—游标卡尺主尺；3—接收超声波换能器；4—换能器固定螺丝；5—游标锁定螺丝；6—游标细调螺丝；7—支架；8—信号输入插孔；9—减振片；10—信号输出插孔

图3-6-1 声速测量仪结构简图

相同。发射器的平面端面用来产生平面超声波，接收器的平面端面则为超声波的接收面。超声波压电换能器工作在超声范围，能保持实验室安静，而且发射的是单方向的平面超声波，方向性强，超声波的声强随距离的增加衰减较小。

实验仪所用支架的结构采用了减震措施，能有效隔离两只超声波压电换能器间通过支架而产生的机械振动耦合，从而避免了由于超声波在支架中传播而引起的测量误差。

2. 共振干涉法(驻波法)

实验装置如图 3－6－2 所示。实验时将信号发生器输出的正弦电压信号接到发射超声波换能器上，发射超声波换能器通过电声转换，将电压信号变为超声波，以超声波形式发射出去。接收超声波换能器通过声电转换，将声波信号变为电压信号后，送入示波器观察。

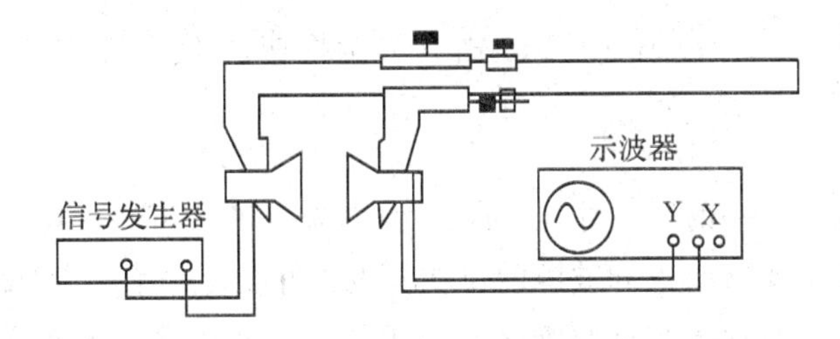

图 3－6－2 共振干涉法实验线路图

由声波传播理论可知，从发射超声波换能器发出一定频率的平面声波，经过空气传播，到达接收超声波换能器。如果接收面和发射面严格平行，即入射波在接收面上垂直反射，则入射波与反射波相互干涉形成驻波。此时，两只换能器之间的距离恰好等于其声波半波长的整数倍。

在声驻波中，波腹处声压最小，波节处声压最大。接收换能器的反射界面处为波节，声压效应最大。所以可从接收超声波换能器端面声压的变化来判断超声波驻波是否形成。移动卡尺游标，改变两只换能器端面的距离，在一系列特定的距离上，媒质中将出现稳定的驻波共振现象。此时，l 等于半波长的整数倍，只要我们监测接收超声波换能器输出电压幅度的变化，记录下相邻两次出现最大电压数值时卡尺的读数(两读数之差的绝对值等于超声波波长的 1/2)，则根据公式 $v=\lambda f$ 就可算出超声波在空气中的传播速度。其中超声波的频率由信号发生器直接读得。为提高测量精度，应充分使用整个卡尺行程，尽可能多地取得产生驻波时的卡尺读数，然后将所得的数据用逐差法进行处理，最后得到更为准确的声波波长。

3. 位相比较法(行波法)

位相比较法接线如图 3－6－3 所示，声波波源振动时，将带动周围的空气质点振动。发射面向前运动时，使得前面的空气变得稠密；发射面向后运动时，使前面的空气变得稀疏。通过空气质点间的相互作用，这种疏密状态由声波波源向外传播，形成波动过程。在声波传播方向上，所有质点的振动位相逐一落后，各点的振动位相又随时间变化，但它们的振动频率与声源相同。因此，声场中任一点与声源间的位相差不随时间变化。声波波源和接收点存在着位相差，而这位相差则可以通过比较接收换能器输出的电信号与发射换能器输入的正弦交变电压信号的位相关系中得出，并可利用示波器的李萨如图形来观察。位

相差 φ 和角频率 ω、传播时间 t 之间有如下关系：

$$\varphi=\omega\cdot t \tag{3-6-1}$$

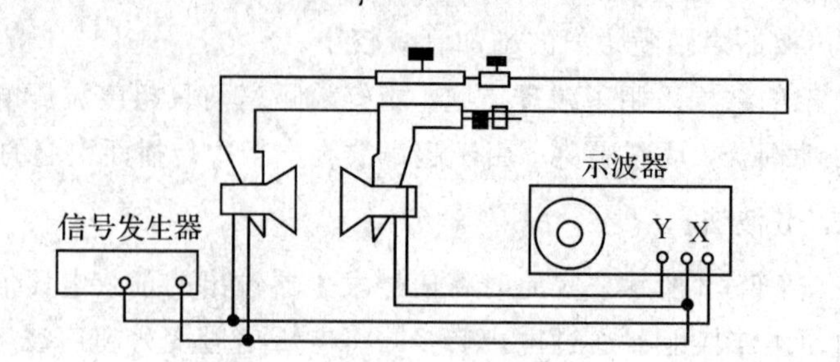

图 3-6-3 位相比较法实验线路图

同时有，$\omega=2\pi/T$，$t=l/v$，$\lambda=Tv$(式中 T 为周期)，代入式(3-6-1)得

$$\varphi=\frac{2\pi l}{\lambda} \tag{3-6-2}$$

当 $l=n\lambda/2$ ($n=1, 2, 3\cdots$)时，可得 $\varphi=n\pi$。由式(3-6-2)可知：当接收点和波源的距离变化等于一个波长时，则接收点和波源的位相差也正好变化一个周期(即 $\Phi=2\pi$)。

实验时，通过改变发射器与接收器之间的距离，观察到位相的变化。当位相差改变 π 时，相应距离 l 的改变量即为半个波长。根据波长和频率即可求出波速。

三、实验仪器

声速测量仪、示波器、信号发生器等。

四、实验内容

1. 用共振干涉法测声速

(1) 首先调整两只换能器固定卡环上的紧固螺丝，使两只换能器的平面端面与卡尺游标滑动方向相垂直，保持换能器位置固定。按图 3-6-2 接好电路(注意：所有仪器一定要共地)。

(2) 调节信号发生器的输出电压和频率($f=35$ kHz 左右)，使换能器在谐振频率附近工作。调整时可通过观察屏上正弦波幅度的变化，微调信号发生器输出信号频率，直至屏上的正弦波幅度最大。调节示波器，使屏上正弦波幅度适中。

(3) 移动卡尺游标，逐渐加大两只换能器的间距，观察示波器屏上正弦波形幅度的周期性变化。每当出现一次波形幅度最大数值时，读取并记录卡尺指示数。为了准确得到接收声压最强的位置，可利用游标卡尺上的微动螺丝，仔细调整接收器位置。

(4) 将测量数据记录于表 3-6-1 和表 3-6-2 中并作数据处理。

2. 用位相比较法测声速

实验装置如图 3-6-3 所示。将两只换能器的正弦电压信号分别输入到示波器的 X 轴和 Y 轴，荧光屏上便显示出两个相同频率的垂直振动的合成图形。当接收器从发射器附近慢慢移开时，接收器与发射器间的位相差随移动的距离变化，荧光屏上的图形也相应地周期性变化(如图 3-6-4 所示)。在移动接收器的同时，注意观察屏上图形的变化。每当屏上出现斜直线图形时，从游标卡尺上直接读出反相点和同相点的位置。

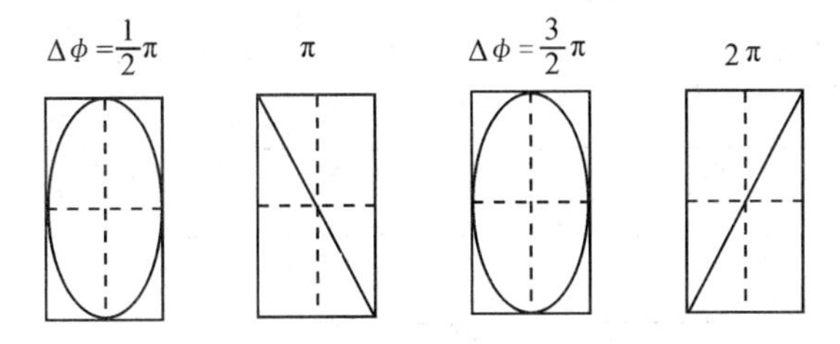

图 3-6-4 反相点和同相点的判断图形

(1) 由于发射端信号比接收端强，而一般示波器 Y 轴的灵敏度比 X 轴高，因此通常 Y 轴接接收端信号，X 轴接发射端信号。

(2) 将示波器“扫描范围”旋钮扳到“X-Y”位置。适当调节示波器，使荧光屏上的李萨如图形能便于观察。如果图形效果不好，可调节 X 轴和 Y 轴的衰减旋钮。

(3) 移动接收器，逐渐改变两只换能器的间距，观察荧光屏上李萨如图形的变化。每当屏上呈现出正、负斜率的直线图形时，从游标卡尺上读出该位置的数值并记录。

(4) 记下室温 t℃，根据声速的理论公式计算 t℃时声速的理论值：

$$v=v_0\sqrt{\frac{T}{T_0}}=v_0\sqrt{1+\frac{t}{273.15}}$$

式中：$T=(t+273.15)$K；$v_0=331.45$ m/s($T_0=273.15$ K 时的声速)。v 的单位为 m/s。

(5) 将测量数据记录于表 3-6-3 和表 3-6-4 中并作数据处理。

3. 注意事项

(1) 实验前应仔细阅读有关示波器和信号发生器的使用说明。

(2) 信号发生器的输出端严禁“短路”。

(3) 信号发生器的量程选用“100 k”挡。

(4) 水中声速的测量频率范围：36.000～38.500 kHz。

五、数据记录与处理

1. 用共振干涉法测声速

表 3-6-1 空气中声速测量数据表 $f=$______ kHz

i	L_i/mm	$\lambda_i=\frac{1}{3}\|L_{i+6}-L_i\|$/mm
1		
2		
3		
4		

续表

i	L_i/mm	$\lambda_i=\frac{1}{3}\mid L_{i+6}-L_i\mid$/mm
5		
6		
7		
8		
9		
10		
11		
12		

实验结果：$v=(\bar{v}\pm\Delta v)=$________m/s。

表 3-6-2　水中声速测量数据表　　$f=$________kHz

i	L_i/mm	$\lambda_i=\frac{2}{5}\mid L_{i+5}-L_i\mid$/mm
1		
2		
3		
4		
5		
6		
7		
8		
9		
10		

实验结果：$v=(\bar{v}\pm\Delta v)=$________m/s。

2. 用位相比较法测声速

表 3-6-3 空气中声速测量数据表

$f=$＿＿＿＿kHz；室温 $t=$＿＿＿＿℃ ；$v_{理论值}=$＿＿＿＿m/s

i	L_i/mm	$\lambda_i=\frac{1}{3}\lvert L_{i+6}-L_i\rvert$/mm
1		
2		
3		
4		
5		
6		
7		
8		
9		
10		
11		
12		

测量结果：$v=(\bar{v}\pm\Delta v)=$＿＿＿＿m/s。

相对误差：$E=\left|\frac{v-v_{实验值}}{v}\right|\times 100\%=$＿＿＿＿%(空气声速的测量)

表 3-6-4 水中声速测量数据表

$f=$＿＿＿＿kHz；室温 $t=$＿＿＿＿℃；$v_{理论值}=$＿＿＿＿m/s

i	L_i/mm	$\lambda_i=\frac{2}{5}\lvert L_{i+5}-L_i\rvert$/mm
1		
2		
3		
4		
5		

续表

i	L_i/mm	$\lambda_i=\frac{2}{5}\lvert L_{i+5}-L_i\rvert$ /mm
6		
7		
8		
9		
10		

测量结果：$v=(\bar{v}\pm\Delta v)=$ ________ m/s。

六、课后思考题

1. 用共振干涉法和位相比较法测声速有何相同和不同?

2. 声速测量试验中，定性分析共振法测量时声压振幅极大值随距离变大而减少的原因。

七、参考文献

[1] 毛杰健，杨建荣. 超声波波速测量装置中存在的三个问题. 上饶师范学院学报，2002，22(06)：38-39.

[2] 邓丽娟. SV4 型声速组合测定仪测声速三种方法的比较. 宁德师专学报：自然科学版，2008，20(04)：411-413.

[3] 杨建荣，毛杰健. 超声波波速测量中谐振频率的调试技巧. 大学物理实验，2002，15(1)：22-23.

[4] 孙向辉，周国辉，刘金来，等. 关于空气中声速测量实验的讨论. 大学物理，2001，20(5)：25-28.

实验7 薄透镜焦距的测量

在光学中，薄透镜(Thin Lenses)是指透镜的厚度(穿过光轴的两个镜子表面的距离)与焦距的长度比较时，可以被忽略不计的透镜。厚度不能被忽略的透镜称为厚透镜。薄透镜的主要参数有焦距、色差、球差、折射率等。

会聚透镜焦距的测定方法有三种：物距像距法、共轭法(二次成像法)和自准直法(平面镜)法。发散透镜(负透镜)焦距的测定方法有两种：虚物成实像(物距像距)法和平面镜辅助确定虚像位置法。

一、实验目的

(1) 通过实验深刻理解薄透镜的成像规律；

(2) 熟悉薄透镜焦距测量的方法；

(3) 学习和掌握光学系统调节过程中同轴等高的调节技巧、各类微调光学仪器的使用方法；

(4) 扩展学习用组合透镜组装显微镜、放大镜，并测量它们的放大倍数。

二、实验原理

透镜是组成各种光学仪器的基本光学元件，焦距则是透镜的一个重要参数。在不同的使用场合往往要选择合适的透镜或透镜组，这就需要测定透镜的焦距。本实验通过不同的实验方法来研究薄透镜的成像规律，并确定其焦距。

1. 薄透镜的分类与成像公式

透镜按其对光线的作用可以分为两类：凸透镜和凹透镜。

1) 凸透镜

凸透镜是中央较厚、边缘较薄的透镜。凸透镜具有会聚光线的作用，所以也叫"会聚透镜"、"正透镜"(可用于远视眼镜与老花镜)。此类透镜可分为以下几种：

(1) 双凸透镜：两面凸的透镜；

(2) 平凸透镜：一面凸、一面平的透镜；

(3) 凹凸透镜：一面凸、一面凹的透镜。

凸透镜成像规律是指物体放在焦点之外，在凸透镜另一侧成倒立的实像，实像有缩小、等大、放大三种。物距越小，像距越大，实像越大。物体放在焦点之内，在凸透镜同一侧成正立放大的虚像。物距越小，像距越小，虚像越小。在光学中，由实际光线会聚成的像，称为实像，能用光屏显示；反之，则称为虚像，只能由眼睛感受。

(a) 双凸透镜　(b) 平凸透镜　(c) 凹凸透镜

图 3-7-1　凸透镜光学元件

2）凹透镜

凹透镜亦称为负球透镜，镜片的中央薄，周边厚，呈凹形，所以又叫凹透镜。凹透镜对光有发散作用。平行光线通过凹球面透镜发生偏折后，光线发散，成为发散光线，不可能形成实性焦点，沿着散开光线的反向延长线，在投射光线的同一侧交于 F 点，形成的是一虚焦点。

（a）双凹透镜

（b）平凹透镜

图 3-7-2　凹透镜光学元件

凹透镜具有发散光线的作用，所以也叫"发散透镜"、"负透镜"(可用于近视眼镜)。此类透镜又可分为以下两种：

(1) 双凹透镜：两面凹的透镜；

(2) 平凹透镜：一面凹、一面平的透镜。

当透镜的厚度远比其焦距小得多时，这种透镜称为薄透镜。在近轴光线的条件下，薄透镜成像的规律可表示为

$$\frac{1}{u}+\frac{1}{v}=\frac{1}{f} \tag{3-7-1}$$

式中：u 表示物距，v 表示像距，f 表示透镜的焦距。u、v 和 f 均从透镜的光心 O 点算起，并且规定 u 恒取正值；当物和像在透镜异侧时，v 为正值；在透镜同侧时，v 为负值。对凸透镜，f 取正值；对凹透镜，f 取负值。

2. 凸透镜焦距的测定

1）自准法

如图 3-7-3 所示，将物 A 放在凸透镜的前焦面上，这时物上任一点发出的光束经透

镜后成为平行光，由平面镜反射后再经透镜会聚于透镜的前焦平面上，得到一个大小与原物相同的倒立实像 A'。此时，物屏到透镜之间的距离就等于透镜的焦距 f。

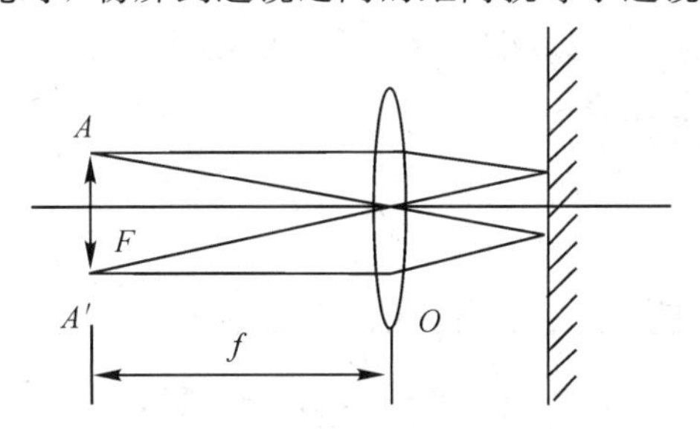

图 3-7-3 自准法测薄透镜焦距光路图

2）共轭法

如图 3-7-4 所示，固定物与像屏的间距为 $D(D>4f)$，当凸透镜在物与像屏之间移动时，像屏上可以成一个大像和一个小像，这就是物像共轭。根据透镜成像公式得知：$u_1=v_2$，$u_2=v_1$(因为透镜的焦距一定)。若透镜在两次成像时的位移为 d，则从图中可以看出 $D-d=u_1-v_2=2u_1$，故 $u=\frac{D-d}{2}$。

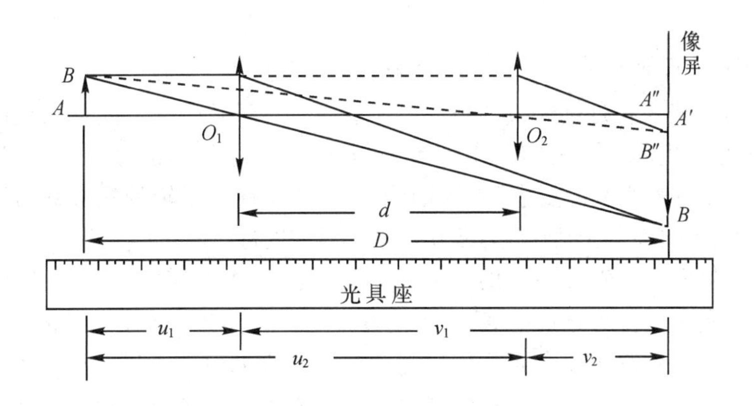

图 3-7-4 共轭法测凸透镜焦距

由

$$v_1=D-u_1=D-\frac{D-d}{2}=\frac{D+d}{2}$$

得

$$f=\frac{u_1v_1}{u_1+v_1}=\frac{D^2-d^2}{4D} \tag{3-7-2}$$

由式(3-7-2)可知，只要测出 D 和 d，就可计算出焦距 f。共轭法的优点是把焦距的测量归结为对于可以精确测量的量 D 和 d 的测量，避免了测量 u 和 v 时，由于估计透镜光心位置不准带来的误差。

3. 自准法测量凹透镜焦距

凹透镜是发散透镜，用透镜成像公式测量凹透镜的焦距时，凹透镜成的像为虚像，且虚像的位置在物和凹透镜之间，因而无法直接测量其焦距。在此用自准法来测量。

如图 3-7-5 所示，L_1为凸透镜，L_2为凹透镜，M 为平面反射镜，调节凹透镜的相对位置，直到物屏上出现和物大小相等的倒立实像，记下凹透镜的位置，再去掉凹透镜和平面镜，则物经凸透镜后在某点处成实像(此时物和凸透镜不能动)，记下这一点的位置，则凹透镜的焦距等于两个位置之差。

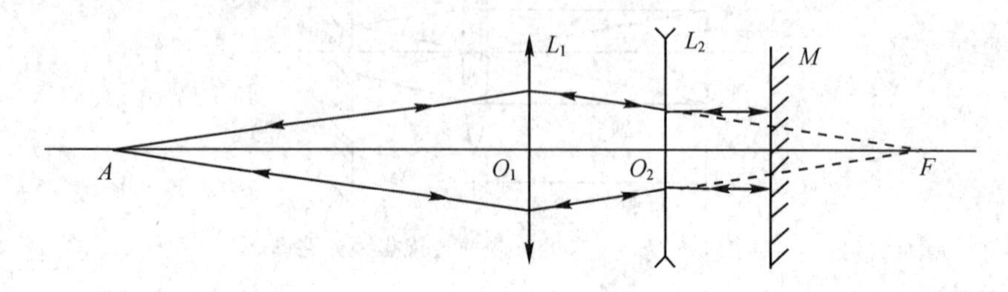

图 3-7-5　自准法测凹透镜焦距

三、实验仪器

光具座、薄透镜、光源、物屏、像屏和平面反射镜。

四、实验内容

1. 光学系统的共轴调节

薄透镜成像公式仅在近轴光线的条件下才成立。对于几个光学元件构成的光学系统进行共轴调节是光学测量的先决条件，对几个光学元件组成的光路，应使各光学元件的主光轴重合，才能满足近轴光线的要求。习惯上把各光学元件主光轴的重合称为同轴等高。本实验要求光轴与光具座的导轨平行，调节分如下两步进行：

(1) 粗调。将安装在光具座上的所有光学元件沿导轨靠拢在一起，用眼睛仔细观察，使各元件的中心等高，且与导轨垂直(尽量使每个光学元件都有上下调节的余量)。

(2) 细调。先对光源通过物屏后进行光路共轴等高调节，调节方法：将白屏由近及远推移的过程中，观察白屏上的物像变化规律，如果物像中心向上移动，则应微调光源向上移动，从而使得光路等高；如果物像向左移动，则应微调光源向左偏转，从而调节光路共轴。实验时，每增加一个光学器件，都进行类似的调节，使得物的中心、像的中心和透镜光心达到“同轴等高”要求，也可在透镜在移动过程中，观察大像中心和小像中心重合，就可以达到同轴等高的要求。

2. 测量凸透镜焦距

1) 自准法

搭建如图 3-7-6 所示的实验系统光路图，先对光学系统进行共轴调节，实验中，要求平面镜垂直于导轨。移动凸透镜(实验中为了便于找到成像位置，尽量使平面镜与凸透镜同时左右移动)，直至物屏上得到一个清晰倒立等大的实像，此时物屏与透镜间距就是透镜的焦距。为了判断成像是否清晰，可先让透镜自左向右逼近成像清晰的区间，待像清晰时，测量透镜焦距(透镜中心与物屏之间的距离)，再让透镜自右向左逼近，在像清晰时又一次测量透镜焦距，多次测量取平均值。重复测量 8 次，将数据填于表格 3-7-1 中，求出凸透镜焦距的平均值以及不确定度。

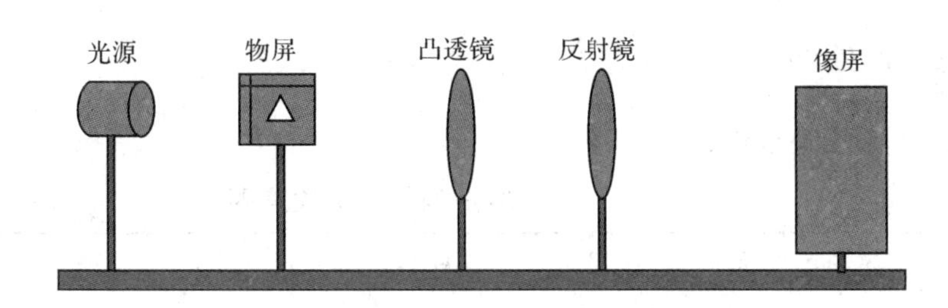

图 3-7-6 自准法测薄凸透镜焦距光路示意图

2）共轭法

如图 3-7-7 所示为采用共轭法测量凸透镜焦距光路。搭建光路时注意使物屏与像屏的距离 $D>4f$，记录物屏位置 X_0，记录像屏位置 X_3（将反射镜放置在物象屏之间的某一确定位置，以其为坐标原点即参考原点，记录位置时，在反射镜左边的位置数据值为负，反之为正），然后对光学系统进行共轴等高调节。移动凸透镜，当屏上成清晰的倒立放大实像时，记录凸透镜位置 X_1；移动凸透镜当屏上成清晰的倒立缩小实像时，记录凸透镜位置 X_2，则两次成像透镜移动的距离为 $d=|X_2-X_1|$。记算物屏和像屏之间的距离 D，根据公式求出 f，重复测量 3 次，将数据填于表格 3-7-2 中，求出 $\overline{f}$。

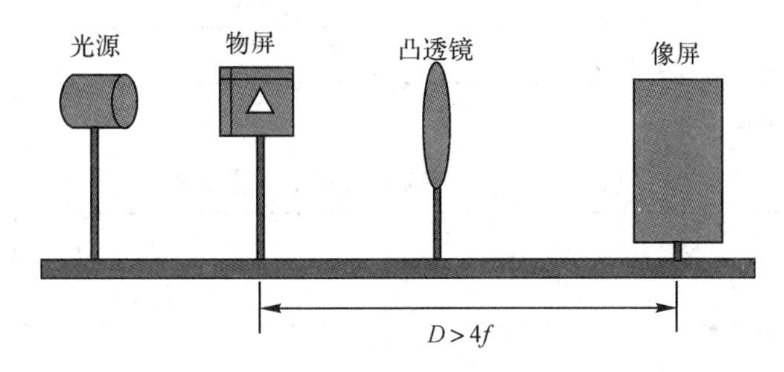

图 3-7-7 共轭法测凸透镜焦距光路示意图

3. 自准法测量凹透镜的焦距

如图 3-7-8 所示，先对光学系统进行共轴调节，然后把凸透镜放在稍大于两倍焦距处（实验中此条件务必满足）。移动凹透镜和平面反射镜，当物屏上出现与清晰的倒立等大实像时，记下凹透镜的位置读数 X_4（定义凸透镜所在位置为坐标原点）。然后去掉凹透镜和平面反射镜（注意确保物屏与凸透镜位置不动），放上像屏，用左右逼近法找到 F 点的位置 X_5（此时像屏上出现清晰的倒立缩小实像），重复测量，将数据填于表格 3-7-3 中，求出 $\overline{f}$。

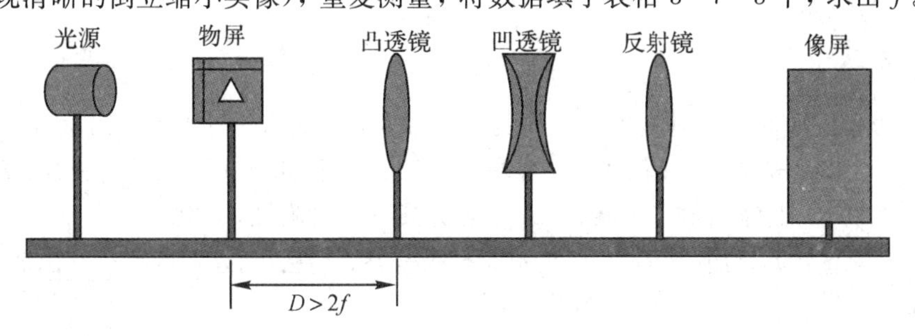

图 3-7-8 利用自准法测凹透镜焦距光路示意图

五、数据记录及处理

1. 自准法测量凸透镜焦距

表 3-7-1 自准法测量凸透镜焦距 cm

次数 n	1	2	3	4	5	6	7	8
f								
$\Delta f_A=$		$\Delta f_B=$		$\Delta f=\sqrt{\Delta f_A^2+\Delta f_B^2}=$				

$f=\bar{f}\pm\Delta f=$; $E_f=$

2. 共轭法测量凸透镜焦距

表 3-7-2 共轭法测凸透镜焦距 cm

次数 n	物屏位置 X_0	像屏位置 X_3	透镜位置 X_1	透镜位置 X_2	$D=\|X_3-X_0\|$	$d=\|X_2-X_1\|$	$f=(D^2-d^2)/4D$
1							
2							
3							
$\bar{f}=$							

3. 测量凹透镜焦距

表 3-7-3 自准法测凹透镜焦距 cm

次数 n	1	2	3	4	5	6	7	8
X_4								
X_5								
$f=-\|X_5-X_4\|$								

$f=\bar{f}\pm\Delta f=$; $E_f=$

六、问题讨论

1. 用共轭法测凸透镜焦距时，为什么必须使 $D>4f$？
2. 为什么要调节光学系统共轴？如何调节光学系统共轴？
3. 分析会聚透镜焦距的几种方法中哪种方法更为精确，如何减小实验中的系统误差？

七、参考文献

[1] 范希智，郜洪云，陈清明，等. 光学实验教程. 北京：清华大学出版社，2016.

[2] 李晓彤，岑兆丰. 几何光学. 像差. 光学设计. 杭州：浙江大学出版社，2003.

[3] 贺顺忠. 工程光学实验教程. 北京：机械工业出版社，2007.

[4] 陈家璧，苏显渝. 光学信息技术原理及应用. 2 版. 北京：高等教育出版社，2009.

实验8 衍射光强分布的测量

光强分布(Distribution of Luminous Intensity)是用曲线或表格表示光源或灯具在空间各方向的发光强度值。光强分布曲线一般有三种表示方法：极坐标法、直角坐标法和等光强曲线。测量光强常用的方法有照度计、光敏电阻、硅光电池等。利用硅光电池等光电器件测量光强的相对分布是一种常用的光强分布测量方法。

干涉和衍射都可以使光强在空间的分布发生改变。光波的波振面受到阻碍时，光绕过障碍物偏离直线而进入几何阴影区，并在屏幕上出现光强不均匀分布的现象叫做光的衍射。研究光的衍射不仅有助于进一步加深对光的波动性的理解，同时还有助于进一步学习近代光学实验技术，如光谱分析、晶体结构分析、全息照相、光信息处理等。

一、实验目的

（1）通过实验深刻理解光的衍射理论；

（2）掌握利用光具座设计、调节、观察并测量单缝缝宽；

（3）学习以光具座为系统的设计、调节、光路搭建技能；

（4）拓展研究单缝衍射在材料应变、高分子材料表面特征、纤维合成等领域的精密测量应用。

二、实验原理

光的衍射分为两类：一类是光源和观察屏与衍射屏的距离为有限远的衍射，称为菲涅尔衍射；另一类光源和观察屏与衍射屏的距离为无限远的衍射，即照射到衍射屏上的入射光和离开衍射屏的衍射光都是平行光的衍射，称为夫琅禾费衍射。

一束平行单色光通过一狭缝射到其后的观察屏上，如果狭缝宽度足够宽，观察屏上会出现狭缝的像；如果狭缝宽度足够小，屏上会出现一系列明暗相间的条纹。根据惠更斯-菲涅尔原理，观察屏上的这些明暗条纹是同一个波振面上发出的子波相干叠加的结果。为了满足夫琅禾费衍射条件，如图3-8-1所示，实验中一般利用透镜将光源变成平行光，垂直照射在单缝S'上，通过单缝衍射在透镜L_2的后焦平面上，呈现出单缝的衍射条纹。它是一组平行于狭缝的明暗相间的条纹。

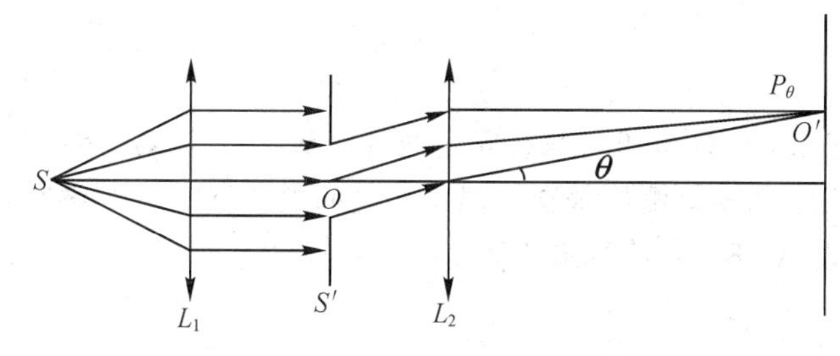

图3-8-1 夫琅禾费衍射光路图

与狭缝垂直的衍射光束汇聚于屏上O'处，是中央明纹的中心，光强最大，设为I_0。与

光轴方向成 θ 角的衍射光束会聚于屏上 P_θ 处，由惠更斯-菲涅尔原理可得 P_θ 处的光强 I_θ 为

$$I_\theta = I_0 \frac{\sin^2 u}{u^2}, \qquad u = \frac{\pi a \sin\theta}{\lambda} \tag{3-8-1}$$

式中：a 为狭缝的宽度，λ 为单色光的波长。当 $\theta=0$ 时，$u=0$，$\frac{\sin^2 u}{u^2}=1$，$I=I_0$，对应最大光强，称为中央主极大，主极大的强度取决于光强的强度和缝的宽度。当 $\sin\theta = \pm k\frac{\lambda}{a}$ 时，出现暗纹，其中 $k=\pm1, 2, 3\cdots$，在暗纹处 $I=0$。

除了主极大之外，两相邻暗纹之间都有一个次级大，由数学计算可得这些次级大的位置出现在位置 $u=\pm1.43\pi$，$u=\pm2.46\pi$，$u=\pm3.47\pi$，…，这些次级大的相对光强 I/I_0 依次为 0.047、0.016、0.008、…。夫琅禾费衍射的光强分布如图 3-8-2 所示。

用激光器作光源，由于激光器发散角小，可认为是近似平行光照射在单缝上，这样可以不用透镜 L_1；其次，单缝宽度 a 一般很小，远远小于单缝到观察屏之间的距离，衍射光可以看做平行光，则透镜 L_2 也可以不用。这样夫琅禾费单缝衍射装置就简化为图 3-8-3 所示。

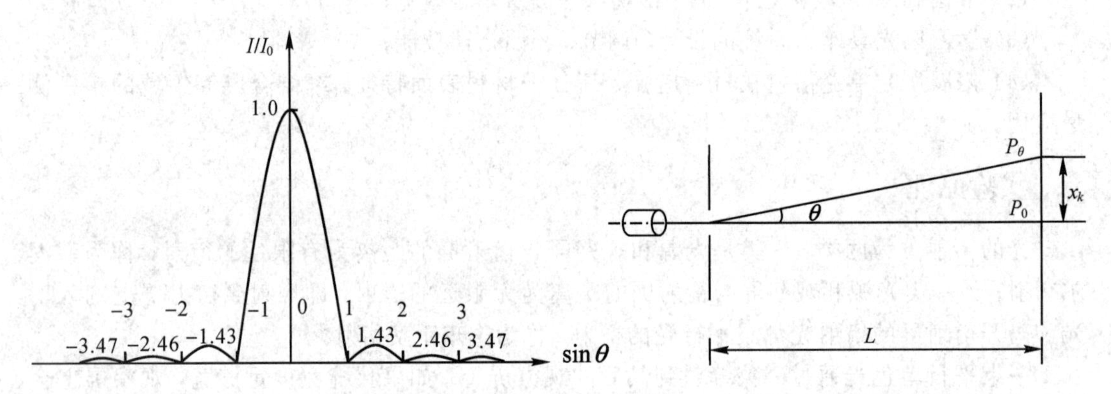

图 3-8-2　夫琅禾费单缝衍射光强分布曲线　　　图 3-8-3　夫琅禾费单缝衍射的简化装置

由于 θ 很小，因而各级暗条纹衍射角可写为

$$\sin\theta \approx \tan\theta = \frac{x_k}{L} \tag{3-8-2}$$

则单缝的宽度为

$$a = \frac{Lk\lambda}{x_k} \tag{3-8-3}$$

式中：k 是暗条纹级数，L 是单缝与观察屏之间的距离，x_k 是第 k 级暗纹距中央主极大的中心距离。若已知激光波长，测出单缝与观察屏之间的距离、第 k 级暗纹距中央主极大的中心距离，便可用式(3-8-3)计算出单缝宽度。

三、实验仪器

KF-WGZ 型光强分布测试仪的结构如图 3-8-4 所示，其中包括固体激光器($\lambda=650$ nm)、衍射屏、白屏、探测器、光信号分析仪和导轨。其中光具座的底座长度 120 cm，

分度值为 1 mm；探测器采用硅光电池，位于探测器正中央，其前面加有可调狭缝以减小背景光的影响，探测器鼓轮分度值为 0.01 mm。

图 3-8-4 KF-WGZ 型光强分布测试仪器图

四、实验内容

1. 调整光路

（1）各器件位置的调节：激光器和探测器底座尽可能靠近光具座两端，在不影响衍射屏调整的情况下衍射屏尽可能靠近激光器，白屏尽可能靠近探测器。固定紧各器件底座固定螺丝，旋转探测器鼓轮将探测器位置调整到毫米刻度尺中心。

（2）激光器的调节：拿掉衍射屏和探测器，将白屏放在探测器位置，调节激光器上下、前后角度调节螺丝，让激光照射到白屏上，轻微转动激光器前端透镜将激光束变成圆斑，观察激光斑的分布对称性，松开固定激光器螺丝，旋转激光器使光在白屏上前后对称，固定激光器，调节激光器前端透镜使白屏上的光斑变为最小光点，用钢板尺测量激光器出口的激光束高度，用钢板尺测量白屏前的激光束高度(同轴等高调节)，调节激光器上下角度调节螺丝使激光束水平，调节激光器前后角度调节螺丝使激光束在白屏前后中心。

（3）光强最大值的调节：拿掉白屏放上探测器(激光照射在探测器狭缝上下的中心)，调节激光器前后角度调节螺丝使激光束在探测器前后中心(此时光信号分析仪上显示为横杠，表示超量程)。

2. 衍射光强分布的调节与测量

（1）衍射光强分布的调节：按照图 3-8-4 所示的位置放好衍射屏和白屏，微调衍射屏支架上的上下前后调节螺丝，使激光对准衍射屏上 0.1 mm 的待测单缝中心(如图 3-8-4 所示)，使得在白屏上观察到的单缝衍射的光强分布左右对称。调节探测器与衍射屏之间的距离，使 $L>80$ cm，并记录 L 值。

（2）衍射光强分布的测量：拿掉白屏，将探测器上的狭缝移动到衍射条纹中负三级暗条纹的中心的外侧位置，转动探测器底座上的鼓轮，移动狭缝到衍射条纹中负三级暗条纹的中心，记录此处光强，将此处选作坐标原点，其位置为 0.000 mm；然后转动鼓轮将探测器向正三级暗条纹方向移动，鼓轮每转动 1 圈(探测器移动 1 mm)记录一组数据，直至测量到正三级暗条纹中心位置处结束。

（3）让激光照射到 0.1 mm 的待测单缝上，这时在观察屏上探测器处会看到清楚的衍射图样。移动探测器，从衍射条纹一侧的第三个暗纹中心开始，以此为测量起点，记下此时光信号仪读数。将探测器向另一侧三级暗纹方向移动，每移动 1 mm 读取一次光信号分析仪读数，一直测到另一侧的第三个暗纹中心。注意：移动中途不要改变方向。

3. 单缝宽度 a 的计算

将测得的 L、第 k 级暗条纹相对中央主极大之间的间距 x_k、激光波长 λ 代入 $a=LK\lambda/x_k$，计算出单缝宽度 a 的值。

五、数据记录与处理

(1) 测量数据记入表 3-8-1。

表 3-8-1　单缝衍射光强数据表

x/mm	0.000	1.000	2.000	3.000	4.000	5.000	6.000	7.000
I								
I/I_0								
x/mm	8.000	9.000	10.000	11.000	12.000	13.000	14.000	15.000
I								
I/I_0								
x/mm	16.000	17.000	18.000	19.000	20.000	21.000	22.000	23.000
I								
I/I_0								
x/mm	24.000	25.000	26.000	27.000	28.000	29.000	30.000	31.000
I								
I/I_0								
x/mm	32.000	33.000	34.000	35.000	36.000	37.000	38.000	39.000
I								
I/I_0								
x/mm	40.000	41.000						
I								
I/I_0								

(2) 将所测得的 I 值做归一化处理，即将所测的数据与中央主极大值做比较，计算相对光强 I/I_0，在直角坐标纸上描出 I/I_0-x 曲线。

(3) 由图中找出各次极大的位置与相对光强，分别与理论值进行比较。

(4) 单缝宽度的测量，从所描出的分布曲线上，确定 $k=\pm1$，±2，±3 时的暗纹位置 x_k，将 x_k 值与 L 值代入公式(3-8-3)，计算单缝宽度 a，并求出算术平均值，并与给定值比较。

六、问题讨论

1. 夫琅禾费衍射的条件是什么？实验中是如何满足的？

2. 如果激光器输出的单色光照射在一根头发丝上，将会产生怎样的衍射图样？

七、参考文献

[1] 吴百诗. 大学物理(下)[M]. 西安：西安交通大学出版社，2009.

[2] 刘俊星. 大学物理实验实用教程[M]. 北京：清华大学出版社，2012.

[3] 吕斯骅，段家低. 基础物理实验[M]. 北京：北京大学出版社，2002.

[4] 邵子文. 激光单缝衍射在测量上的应用[J]. 激光杂志，1981(A02)：112-113.

[5] 张凤林，卢岚. 激光衍射技术在精密测试中的应用[J]. 光学仪器，1990(2)：25-32.

实验9　三棱镜顶角的测量

三棱镜是光学棱镜中的一种形式，在外观上呈现几何的三角形，是光学棱镜中最常见、也是一般人所熟知的，但并不是最常用到的棱镜。三棱镜最常用于光线的色散，这是将光线分解成为不同的光谱成分。这种效应也被用来对棱镜物质进行高精密度的折射率测量。三棱镜顶角的测量方法有光的折射定律、最小偏向角法、自准法、平行光法。本实验使用分光计来测量三棱镜的顶角。

分光计是一种能精确测量角度的光学仪器。用它可以测定光线角度，如反射角、折射角、衍射角等，而不少光学量(如光波波长、折射率、光栅常数等)可通过测量相关角度来确定。了解分光计的结构，正确调节分光计，对减小测量误差、提高测量精度都是十分重要的。本实验通过测量三棱镜的顶角和玻璃的折射率来学习分光计的调节和使用，为今后使用更复杂的光学仪器打下基础。

一、实验目的

(1) 深刻理解光的折射定律；

(2) 了解分光计的结构，学习调节和使用分光计的方法；

(3) 掌握分光计测量三棱镜顶角的原理及测量方法；

(4) 以分光计为平台，拓展其在高精度角度测量及光谱研究方面的应用。

二、实验原理

1. 分光计的结构

分光计主要由平行光管、望远镜、载物台和读数装置四部分组成，其结构如图3-9-1所示。平行光管用来发射平行光，望远镜用来接收平行光，载物台用来放置三棱镜、平面镜、光栅等物体，读数装置用来测量角度。

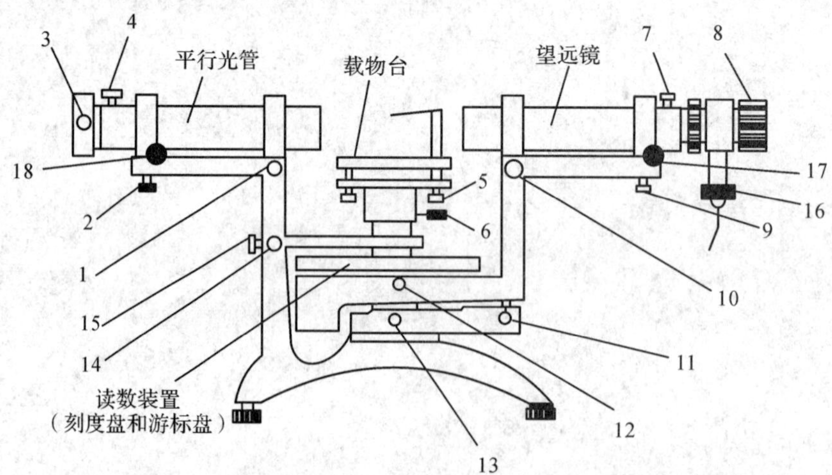

图3-9-1　分光计结构图

分光计上有许多调节螺丝，它们的代号、名称和功能如表 3-9-1 所示。

表 3-9-1 分光计调节螺丝的代号、名称及功能说明表

代号	名 称	功 能
1	平行光管光轴水平调节螺丝	调节平行光管光轴的水平方位(水平面上方位调节)
2	平行光管光轴高低调节螺丝	调节平行光管光轴的倾斜度(铅直面上方位调节)
3	狭缝宽度调节手轮	调节狭缝宽度(0.02～2.00 mm)
4	狭缝装置固定螺丝(在图后侧)	松开时，调平行光；调好后锁紧，以固定狭缝装置
5	载物台调平螺丝(3 只)	台面水平调节(本实验中，用来调平面镜和三棱镜折射面平行于中心轴)
6	载物台固定螺丝	松开时，载物台可单独转动、升降，锁紧后，使载物台与游标盘固联
7	叉丝套筒固定螺丝	松开时，叉丝套筒可自由伸缩、转动(物镜调焦)；调好后锁紧，以固定叉丝套筒
8	目镜视度调节手轮	目镜调焦用(调节 8，可使视场中叉丝清晰)
9	望远镜光轴高低调节螺丝	调节望远镜光轴的倾斜度(铅直面上方位调节)
10	望远镜光轴水平调节螺丝(在图后侧)	调节望远镜光轴的水平方位(水平面上方位调节)
11	望远镜微调螺丝(在图后侧)	在锁紧 13 后，调 11 可使望远镜绕中心轴缓慢转动
12	刻度盘与望远镜固联螺丝	松开 12，两者可相对转动；锁紧 12，两者固联，才能一起转动
13	望远镜止动螺丝(在图后侧)	松开 13，可用手大幅度转动望远镜；锁紧 13，微调螺丝 11 才起作用
14	游标盘微调螺丝	锁紧 15 后，调 14 可使游标盘作小幅度转动
15	游标盘止动螺丝	松开 15，游标盘能单独作大幅度转动；锁紧 15，微调螺丝 14 才起作用
16	望远镜照明灯筒	开关在电源线中部
17	叉丝套筒调节螺丝(在图后侧)	望远镜物镜调焦用(可使绿色十字像清晰)
18	平行光管套筒调节螺丝	平行光管物镜调焦用(可使白色狭缝像清晰)

分光计的读数装置由刻度盘和游标盘两部分组成。刻度盘分为 360°，最小分度为半度(30′)，半度以下的角度可借助游标准确读出。游标等分为 30 格，游标的这 30 小格正好跟刻度盘上的 29 小格对齐，因此游标上的 1 小格为 29′，游标上 1 小格与刻度盘上 1 小格两者之差为 1′，因此游标上 n 小格与刻度盘上 n 小格相差 n'。

角游标的读法与直游标(如游标卡尺)相似，以游标零线为基准，先读出大数(大于 30′ 的部分)，再利用游标读出小数(小于 30′的部分)，大数跟小数之和即为测量结果。读数示例如图 3-9-2 所示。

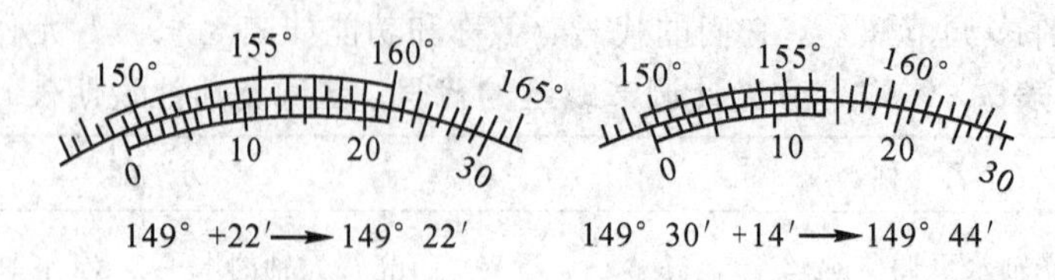

图 3-9-2　角游标读数示例

在生产分光计时，难以做到使望远镜、刻度盘的旋转轴线与分光计中心轴完全重合。为消除刻度盘与分光计中心轴偏心而引起的误差，在游标盘同一条直径的两端各装一个读数游标。测量时两个游标都应读数，然后分别算出每个游标两次读数之差，取其平均值作为测量结果。用双游标消除偏心误差的原理详见附注。

2. 分光计的调节

概括地说，分光计的调整要求是：使平行光管出射平行光；望远镜适合于接收平行光；平行光管和望远镜的光轴等高并与分光计中心轴垂直。

在正式调整前，先目测粗调：使望远镜和平行光管对直，并都对准分光计中心轴；将载物台、望远镜和平行光管大致调水平(实际要求与分光计中心轴垂直)。这一步很重要，只有做好粗调，才能按下列步骤进一步细调(否则细调难以进行)。

1）调整望远镜

望远镜是由物镜镜筒、叉丝套筒和目镜镜筒三部分组成的。叉丝到目镜和物镜的距离皆可调节。常用的阿贝目镜式望远镜的结构和视场如图 3-9-3 所示。

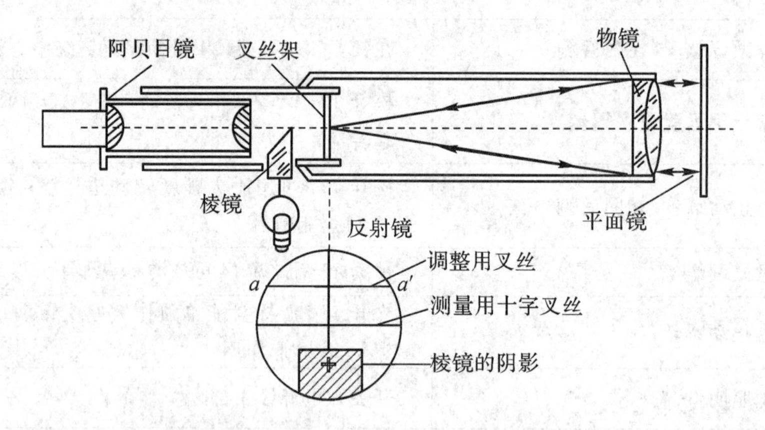

图 3-9-3　阿贝目镜式望远镜的结构和视场

调整望远镜使其达到下面两项要求：

(1) 用自准法调节望远镜，使其适合于接收平行光。点亮望远镜侧窗的照明灯将叉丝照亮，前后移动目镜使叉丝位于目镜焦平面上，此时叉丝看得很清楚。再按图 3-9-4 所示，将平面反射镜置于载物台上，转动载物台使镜面朝向望远镜。然后缓慢转动载物台，同时调节叉丝套筒调节螺丝 17(改变叉丝与物镜间距)，从望远镜中找到由平面镜反射回来的模糊光斑(如果找不到，则粗调没有达到要求，应重调)。找到光斑后进一步细调叉丝套筒，光斑逐渐变成清晰的“十”字像(它是叉丝平面上小黑“十”字的反射像)。当叉丝位于物镜焦平面上时，叉丝发出的光经过物镜后成为平行光，平行光经平面镜反射再次通过物镜后仍成像于叉丝平面。此时，从目镜中可同时看清叉丝与“十”字像，且两者无视差。至此，叉丝既落在目镜焦平面上又落在物镜焦平面上，望远镜已适合于接收平行光。各镜筒间的相对位置就不应改变了。

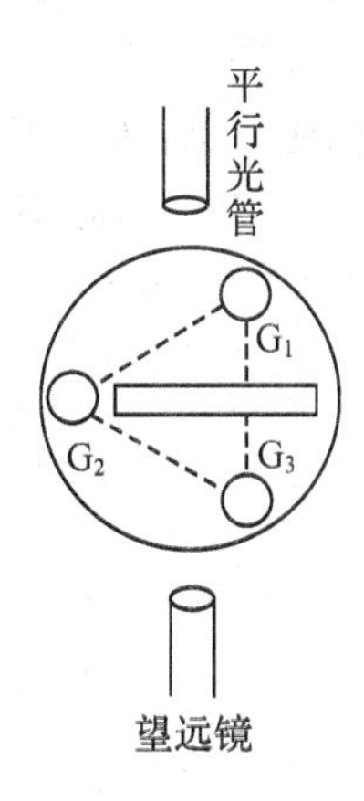

图 3-9-4 平面镜在载物台上的放置

注：叉丝套筒在调节过程中应做适当转动，使竖直叉丝平行于分光计中心轴(怎样鉴别是否已达到了这一要求?)。

(2) 使望远镜光轴垂直于分光计中心轴：测量中，平行光管和望远镜分别代表入射光和出射光方向。为保证测量精度，应使它们的光轴与刻度盘平行。由于制造仪器时刻度盘已与分光计中心轴垂直，所以只需调节它们的光轴与中心轴垂直就可以了。

望远镜调好焦后，从目镜中能同时看清叉丝和“十”字形像，且两者无视差。见图 3-9-3所示，但“十”字像一般不处于小黑“十”字的对称位置(aa'线)上。其原因可能是望远镜光轴未垂直中心轴，也可能是平面镜镜面与中心轴不平行，或者两者兼有。为使望远镜光轴垂直中心轴，调整方法如下：

首先检查平面镜正反两面分别正对望远镜时，视场中是否都能找到“十”字像(如果找不到或只找到一个，说明粗调不合格，应进一步调整)。然后用望远镜光轴高低调节螺丝 9 调节望远镜光轴倾斜度，使“十”字像到 aa'线的距离减小一半，再调载物台螺丝 G_1(或 G_3)使两者重合。该方法称为“各半调节法”。把载物台转 180°，使平面镜的反面正对望远镜，再次用“各半调节法”调节。如此反复，直到平面镜任一面正对望远镜时，视场中的“十”字像都落在调整叉丝 aa'上时为止。此时，望远镜光轴就与中心轴垂直了。

调节过程中，不必刻板地运用“各半调节法”。若发现正反两面的反射像纵向位移较大，说明平面镜镜面与中心轴明显不平行，就应侧重调节螺丝 G_1 或 G_3。如果纵向位移不大，但反射像都远离 aa'线，这表明望远镜光轴与中心轴明显不垂直，就该侧重调节望远镜光轴高低调节螺丝 9。

2) 调整平行光管

(1) 调整平行光管使其射出平行光：平行光管是由两个可以相对滑动的套筒组成的，外筒上装有一组消色差透镜，内筒外端装有一个宽度可调的狭缝。

调节时先取下载物台上的平面镜，点亮汞灯使之正照狭缝。然后一边调节平行光管上狭缝和透镜的间距，一边用调好焦的望远镜对准平行光管观察。当狭缝正好调到透镜焦平面上时，平行光管就出射平行光。由于望远镜已调节好，适合于接收平行光，因此平行光射入望远镜后将在叉丝平面成像。这时从望远镜中能看到清晰的与叉丝无视差的狭缝像。

这就是说，我们是以调好焦的望远镜视场中，能否产生清晰的、无视差的狭缝像作为判据，来判别平行光管射出的是否是平行光。

(2) 使平行光管光轴与分光计中心轴垂直：调节螺丝3(见图3-9-1)，使狭缝像宽约1 mm，再转动狭缝使狭缝像平行于竖直叉丝，然后调节平行光管光轴水平调节螺丝1和高低调节螺丝2，把狭缝像精确调到视场中心且被十字叉丝所等分。至此，平行光管与望远镜的光轴重合且与分光计中心轴垂直。

三、实验仪器

分光计、双面平面反射镜、三棱镜、汞灯等。

四、实验内容

1) 调整分光计

按分光计的调整要求和调节方法，正确调节分光计至正常工作状态。

2) 调节三棱镜

要使三棱镜两折射面与分光计中心轴平行(即与已调好的望远镜光轴垂直)。

(1) 将三棱镜按图3-9-5所示平放在载物台上。图中ABC表示三棱镜的横截面，AB、AC、BC是三棱镜的三个侧面。其中，AB、AC两个侧面是透光的光学表面(称为折射面)、侧面BC是毛玻璃面(称为底面)。三棱镜两折射面的夹角α称为顶角。放置三棱镜时，顶角要靠近载物台中央，折射面要与载物台下调平螺丝的连线垂直。

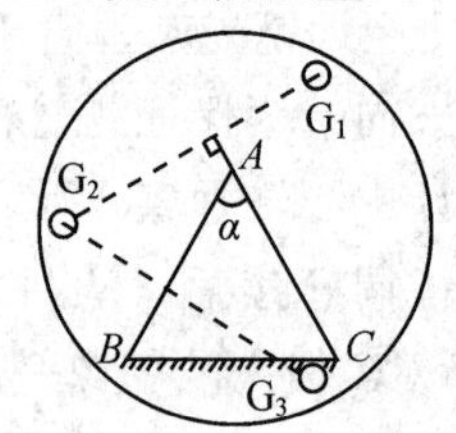

图3-9-5 三棱镜的放置图

(2) 转动载物台，使三棱镜的一个折射面正对望远镜。调节载物台调平螺丝，使“十”字形反射像落在调整叉丝aa'上。转动载物台使另一折射面正对望远镜，再按上述方法重新调节。来回反复调节几次，直到两个折射面都垂直于望远镜光轴为止。注意：调节过程中只能调节载物台下的调平螺丝，不能动望远镜下的方位调节螺丝。

3) 用反射法测三棱镜顶角

转动载物台，使三棱镜顶角对准平行光管，使平行光管射出的光束照在三棱镜的两个折射面上(见图3-9-6)。

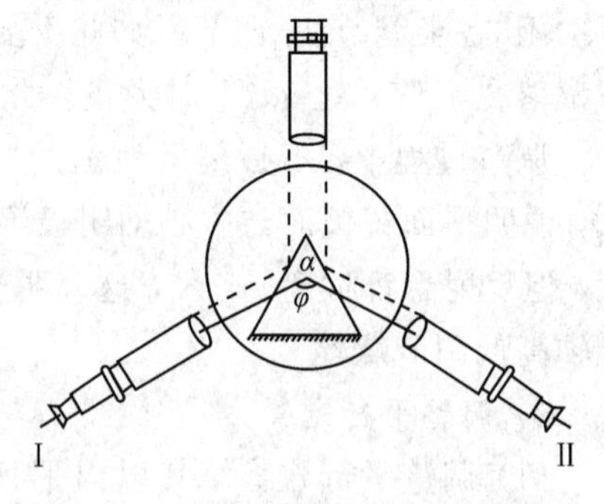

图3-9-6 用反射法测量三棱镜顶角

将望远镜转至Ⅰ处观测左侧反射光，调节望远镜微调螺丝11，使望远镜竖直叉丝对准狭缝像中心线，再分别从两个游标读出左侧反射光的方位角θ_A、θ_B；然后将望远镜转至Ⅱ处观测右侧反射光，相同方法读出右侧反射光的方位角θ'_A、θ'_B。由图3-9-6可以证明顶角为

$$\alpha=\frac{\varphi}{2}=\frac{1}{4}(|\theta_A-\theta'_A|+|\theta_B-\theta'_B|)$$

五、数据记录与处理

如表 3－9－2 所示，求 α 的平均值和不确定度。每次测量完后可以稍微改变载物台位置，再测下一组。

表 3－9－2　三棱镜顶角的测量数据表

n	θ_A	θ_B	θ'_A	θ'_B
1				
2				
3				
4				

注意事项：

(1) 三棱镜要轻拿轻放，要注意保护光学表面，不要用手触摸折射面。

(2) 用反射法测顶角时，三棱镜顶角应靠近载物台中央放置(即离平行光管远一些)，否则反射光不能进入望远镜。

(3) 在计算望远镜转角时，要注意望远镜从Ⅰ向Ⅱ转动过程中刻度盘零点是否经过游标零点，如经过，应在相应读数加上 360°(或大数据减去 360°)后再计算。

六、问题讨论

1. 在载物台上放置三棱镜时，为什么要使折射面垂直于载物台调平螺丝的连线？

2. 不使用汞灯和平行光管，利用望远镜自身产生的平行光来测三棱镜顶角的方法称为自准法。试用自准法测三棱镜顶角，并说明测量原理和方法。

附

双游标消除偏心误差原理

如图 3－9－7 所示，测量时，游标盘、载物台均与分光计整体固联，而望远镜与刻度盘固联并绕自身转轴 O 转动。当望远镜(刻度盘)绕 O 轴转过一个角度时，通过安装在游标盘对径上的两个游标分别测得转角为 φ_A 和 φ_B，而相对于分光计中心轴 O' 来说转角为 φ。由于轴 O 与 O' 不一定重合，一般情况下 $\varphi \neq \varphi_A \neq \varphi_B$。

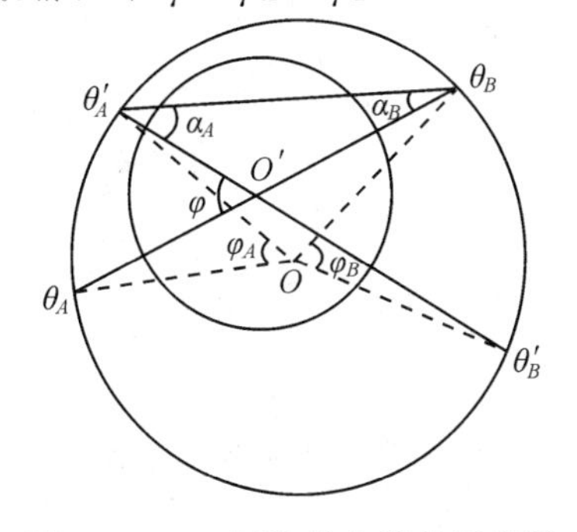

图 3－9－7　消除偏心误差原理图

但由几何原理可知：

$$\alpha_A=\frac{1}{2}\varphi_B, \quad \alpha_B=\frac{1}{2}\varphi_A$$

而

$$\varphi=\alpha_A+\alpha_B$$

故

$$\varphi=\frac{1}{2}(\varphi_A+\varphi_B)=\frac{1}{2}[|\theta'_A-\theta_A|+|\theta'_B-\theta_B|]$$

可见，两个游标所测转角的平均值即为望远镜(刻度盘)相对于中心轴实际转过的角度。因此，使用这种双游标读数装置可以消除偏心误差。

****

七、参考文献

[1] 吴百诗. 大学物理(下)[M]. 西安：西安交通大学出版社，2009.
[2] 刘俊星. 大学物理实验实用教程[M]. 北京：清华大学出版社，2012.
[3] 吕斯骅，段家忯. 基础物理实验[M]. 北京：北京大学出版社，2002.
[4] 李平舟，武颖丽，吴兴林，等. 基础物理实验[M]. 西安：西安电子科技大学出版社，2012.

实验 10　平凸透镜曲率半径的测量

凸透镜是中央较厚、边缘较薄的透镜，常见的凸透镜有双凸、平凸和凹凸(或正弯月形)等形式，凸透镜有会聚光线的作用故又称会聚透镜。平凸透镜和双凸透镜有一定的区别。双凸透镜，两面入射的光，折射率相同，焦距也一样；平凸透镜，两面入射的光，折射率稍有差别，所以两边的焦距也有所不同，使用时不能颠倒。凸透镜的焦距大小与透镜的曲率半径有关。

透镜曲率半径的测量方法有激光共焦法、自准直法、三维轮廓扫描法等。本实验采用光的干涉原理(牛顿环)来测量平凸透镜的曲率半径。

光的干涉是光的波动性的一种重要表现。日常生活中能见到诸如肥皂泡呈现的五颜六色，雨后路面上油膜的多彩图样等，都是光的干涉现象，都可以用光的波动性来解释。要产生光的干涉，两束光必须满足频率相同、振动方向相同、位相差恒定的相干条件。实验中获得相干光的方法一般有两种——分波阵面法和分振幅法。等厚干涉属于分振幅法产生的干涉现象。

一、实验目的

(1) 理解光的等厚干涉理论；

(2) 掌握测量显微镜的结构及读数原理；

(3) 利用测量显微镜测量平凸透镜的曲率半径；

(4) 拓展研究等厚干涉在薄膜光学、纳米精密测量、全息影像和光纤干涉传感器等领域的应用。

二、实验原理

1. 等厚干涉

如图 3-10-1 所示，玻璃板 A 和玻璃板 B 二者叠放起来，中间就会形成一层空气薄膜(即形成了空气劈尖)。设光线 1 垂直入射到厚度为 d 的空气薄膜上。入射光线在 A 板下表面和 B 板上表面分别产生反射光线 2 和 $2'$，二者在 A 板上方相遇，由于两束光线都是由光线 1 分出来的(分振幅法产生相干光)，故频率相同、相位差恒定(与该处空气厚度 d 有

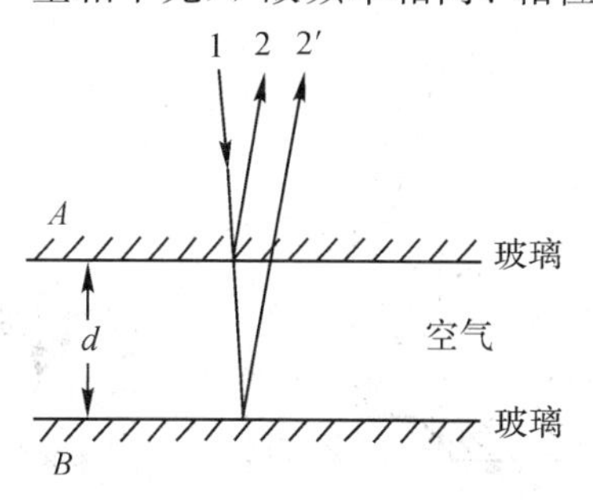

图 3-10-1　等厚干涉的形成

关)、振动方向相同，因而会产生干涉。我们现在考虑光线 2 和 2′的光程差与空气薄膜厚度的关系。显然光线 2′比光线 2 多传播了一段距离 $2d$。此外，由于反射光线 2′是由光密媒质(玻璃)向光疏媒质(空气)反射的，会产生半波损失。故总的光程差还应加上半个波长 $\lambda/2$，即 $\Delta=2d+\lambda/2$。

根据干涉条件，当光程差为波长的整数倍时相互加强，出现亮纹；为半波长的奇数倍时互相减弱，出现暗纹。因此有

$$\Delta=2d+\frac{\lambda}{2}=\begin{cases}2m+\dfrac{\lambda}{2} & (m=1,\ 2,\ 3,\ \cdots)\ \text{出现亮纹} \\ (2m+1)\cdot\dfrac{\lambda}{2} & (m=0,\ 1,\ 2,\ \cdots)\ \text{出现暗纹}\end{cases} \qquad (3-10-1)$$

光程差 Δ 取决于产生反射光的薄膜厚度 d，所以空气厚度相同的地方对应同一级干涉条纹，故称为等厚干涉。

2. 牛顿环

当一块曲率半径很大的平凸透镜的凸面放在一块光学平板玻璃上时，在透镜的凸面和平板玻璃间形成一个上表面是球面、下表面是平面的空气薄层，其厚度从中心接触点到边缘逐渐增加。离接触点等距离的地方，厚度相同，等厚膜的轨迹是以接触点为中心的圆。当用单色平行光垂直照射时，由于空气薄层上、下表面两反射光在平凸透镜的凸面相遇发生干涉，在空气薄层的上表面可以观察到以接触点为中心的明暗相间的同心环形条纹，这些明暗相间的环形条纹称为牛顿环，如图 3-10-2所示。因为同一环干涉条纹对应的薄膜厚度相等，所以称为等厚干涉。若用白光照射，则条纹呈彩色。

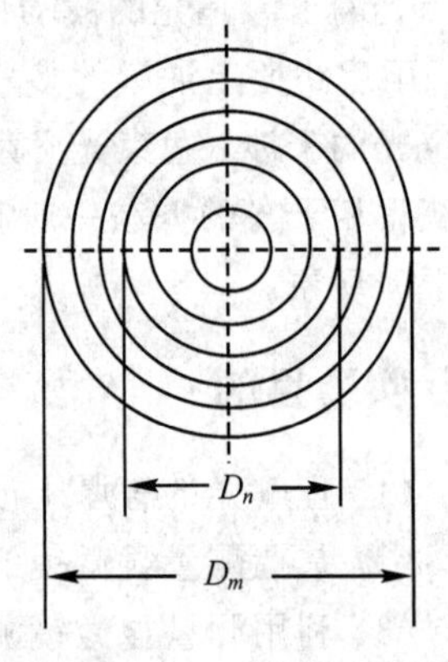

图 3-10-2　牛顿环条纹

如图 3-10-3 所示，当透镜凸面的曲率半径 R 很大时，在 P 点处相遇的两反射光线的几何程差为该处空气间隙厚度 d 的两倍，即 $2d$。又因这两条相干光线中一条光线来自光密媒质面上的反射，另一条光线来自光疏媒质上的反射，它们之间有一附加的半波损失，所以在 P 点处得两相干光的总光程差为

$$\Delta=2d+\frac{\lambda}{2} \qquad (3-10-2)$$

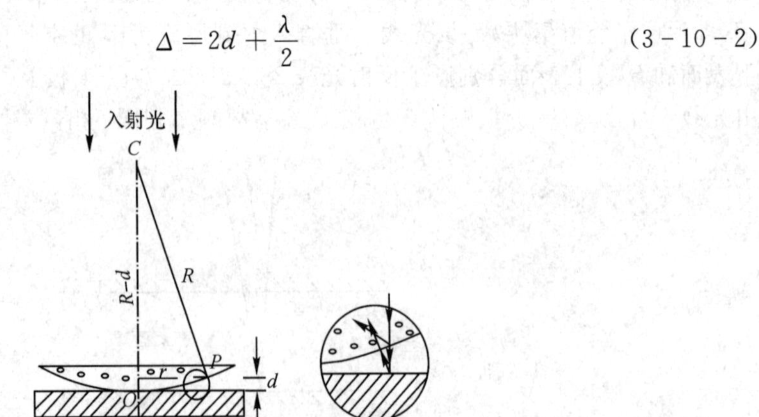

图 3-10-3　凸透镜干涉光路图

若光程差满足：

$$\Delta=(2m+1)\cdot\frac{\lambda}{2}\qquad(m=0,1,2\cdots)\text{ 暗条纹}$$

$$\Delta=2m\cdot\frac{\lambda}{2}\qquad(m=1,2,3\cdots)\text{ 明条纹}$$

设平凸透镜的曲率半径为 R，r 为环形干涉条纹的半径，且半径为 r 的环形条纹下面的空气厚度为 d，则由图 3-10-3 中的几何关系可知：

$$R^2=(R-d)^2+r^2=R^2-2Rd+d^2+r^2$$

因为 R 远大于 d，故可略去 d^2 项，由此可得

$$d=\frac{r^2}{2R}\tag{3-10-3}$$

这一结果表明：离中心越远，光程差增加愈快，所看到的牛顿环也变得愈来愈密。将式(3-10-3)代入式(3-10-2)得

$$\Delta=\frac{r^2}{R}+\frac{\lambda}{2}\tag{3-10-4}$$

根据牛顿环的明暗纹条件式(3-10-1)：

$$\Delta=\frac{r^2}{R}+\frac{\lambda}{2}=2m\cdot\frac{\lambda}{2}\qquad(m=1,2,3\cdots)\text{ 明纹}\tag{3-10-5}$$

$$\Delta=\frac{r^2}{R}+\frac{\lambda}{2}=(2m+1)\frac{\lambda}{2}\qquad(m=0,1,2\cdots)\text{ 暗纹}\tag{3-10-6}$$

由此可得，牛顿环的明、暗纹半径分别为

$$r_m=\sqrt{mR\lambda}\qquad(\text{暗纹})$$

$$r'_m=\sqrt{(2m-1)R\cdot\frac{\lambda}{2}}\qquad(\text{明纹})$$

式中：m 为干涉条纹的级数，r_m 为第 m 级暗纹的半径，r'_m 为第 m 级亮纹的半径。

以上两式表明，当 λ 已知时，只要测出第 m 级亮环(或暗环)的半径，就可计算出透镜的曲率半径 R；相反，当 R 已知时，即可算出 λ。

观察牛顿环时将会发现，牛顿环中心不是一理想的点，而是一个不甚清晰的或暗或亮的圆斑。其原因是透镜和平玻璃板接触时，由于接触压力引起形变，使接触处为一圆面；此外镜面上可能有微量灰尘等存在，从而引起附加的光程差，这些都会给测量带来较大的系统误差。

我们可以通过测量距中心较远的、比较清晰的两个暗环纹的半径的平方差来消除附加光程差带来的影响。假定附加厚度为 a，则光程差为

$$\Delta=2(d\pm a)+\frac{\lambda}{2}=(2m+1)\frac{\lambda}{2}$$

由此可得 $d=m\cdot\frac{\lambda}{2}\pm a$，将 d 代入式(3-10-2)并联合式(3-10-4)可得

$$r^2=mR\lambda\pm 2Ra$$

取第 m、n 级暗条纹，则对应的暗环半径为

$$\begin{cases}r_m^2=mR\lambda\pm 2R\lambda\\ r_n^2=nR\lambda\pm 2R\lambda\end{cases}\tag{3-10-7}$$

将两式相减，得 $r_m^2-r_n^2=(m-n)R\lambda$。由此可见，$r_m^2-r_n^2$ 与附加厚度 a 无关。

由于暗环圆心不易确定，故取暗环的直径替换，则透镜的曲率半径为

$$R=\frac{D_m^2-D_n^2}{4(m-n)\lambda} \tag{3-10-8}$$

式中：D_m 和 D_n 分别为 m 级和 n 级暗环直径，如图 3-10-2 所示。λ 为入射光波长，$m-n$为 m 级和 n 级暗环环数差。由式(3-10-8)可以看出，半径 R 与附加厚度无关，且有以下特点：

(1) R 与环数差 $m-n$ 有关。

(2) 对于 $D_m^2-D_n^2$，由几何关系可以证明，两同心圆直径平方差等于对应弦的平方差。因此，测量时无须确定环心位置，只要测出同心暗环对应的弦长即可。

本实验中，入射光是钠光，钠光波长 $\lambda=589.3$ nm；因此只要测出 D_m、D_n，就可求出透镜的曲率半径 R。

三、实验仪器

15J 测量显微镜、钠光灯、牛顿环装置。

1. 钠光光源

钠光灯的灯管内有两层玻璃泡，装有少量氩气和钠，通电时灯丝被加热，氩气即放出淡紫色光，钠受热后汽化，渐渐放出两条强谱线，通常称为钠双线，因两条谱线很接近，实验中可认为是比较好的单色光源，通常取平均值 589.3 nm 作为该单色光源的波长。

使用钠光灯时应注意：

(1) 钠光灯必须与低压稳压器一起使用。

(2) 灯点燃后，需等待一段时间才能正常发光和使用。

(3) 每开、关一次对钠灯的寿命都有影响，因此不要随易开、关。另外，在正常使用下也有消耗，使用寿命只有 500 h，因此应作好准备工作，使用时间集中。

(4) 开亮时应垂直放置，不得受冲击或振动，使用完毕，须等冷却后才能颠倒摇动，避免金属钠流动，影响它的性能。

2. 牛顿环装置

使用时，尽可能调节三个螺丝使凸透镜玻璃和两平板玻璃接触点大致处在圆形玻璃的圆心位置，且螺丝不宜过紧，以免压碎玻璃。

注意 牛顿环装置和显微镜的光学表面不清洁，要用专门的擦镜纸轻轻揩拭。

四、实验内容

1. 调节测量显微镜

(1) 视度调节 ：移动钠光灯的位置，使目镜视场达到最明亮为止。

(2) 目镜调节：转动目镜，使目镜中的十字丝看得最清楚。

(3) 物镜调焦：将被观测物体牢靠地安放在测量工作台上，转动调焦手轮，先将镜筒下降，使工作台离 45°反射镜大约 5 mm 时，再逐渐上升镜筒，直至眼睛能看到最清楚的物像为止。同时左右上下移动眼睛，观察十字线与物像之间有无视差。此时可以用数字或字母

或直线段作为观察对象，体会显微镜成像原理。

(4) 十字线调节：旋转十字线，使其与工作台的 $X-Y$ 轴重合。检查二者是否重合的方法是首先使十字线对准置于工作台上的一平行于 $X(Y)$ 轴的一直线 AB，然后，当沿 $X(Y)$ 轴方向移动工作台时，十字线横轴(纵轴)始终保持与直线 AB 重合。注意，调试中的关键是直线 AB 一定要严格平行于工作台的 $X(Y)$ 方向。

2. 测量牛顿环的直径

(1) 转动测微鼓轮移动工作台，使横向测微器主尺读数准线大致居中央位置。

(2) 放入牛顿环装置，调节调焦手轮，使牛顿环条纹看得最清晰。

(3) 调整牛顿环装置在工作台上的位置，使目镜中十字线处于牛顿环中央 0 级暗斑上。

(4) 旋转工作台的横向测微鼓轮，使十字线的交点由暗斑中心向一侧(右或左)移动，同时数出移过去的暗环环数(中心圆斑环序为 0)，当数到 25 级时，再反方向转动鼓轮，此时测量开始(注意：使用读数显微镜测量时，为了避免引起螺距差，测微鼓轮必须向同一方向旋转，中途不可倒退)，当移动到 20 暗环时，使十字线的纵轴与该暗环相切，并记下该暗环的位置读数 X_{20}，然后继续沿此方向慢慢转动测微鼓轮并用同样的方法依次记下 19～11 暗环的位置读数 $X_{19}\sim X_{11}$。继续朝同一个方向转动测微鼓轮，使十字线跨过牛顿环的中央 0 级暗斑到另一侧(左或右)的第 11 级暗环时，用和前面同样的方法依次记下 11～20 暗环的位置读数 $X'_{11}\sim X'_{20}$。

五、数据记录与处理

1. 数据记录

将测量数据记录在表 3-10-1 中。

表 3-10-1　实验数据表格

<table>
<tr><th rowspan="2">暗环</th><th colspan="2">读　数/mm</th><th rowspan="2">D_m/mm</th><th rowspan="2">D_m^2/mm</th><th rowspan="2">$D_m^2-D_{m-5}^2$/mm</th></tr>
<tr><th>$D_{左}$</th><th>$D_{右}$</th></tr>
<tr><td>20</td><td></td><td></td><td></td><td></td><td></td></tr>
<tr><td>19</td><td></td><td></td><td></td><td></td><td></td></tr>
<tr><td>18</td><td></td><td></td><td></td><td></td><td></td></tr>
<tr><td>17</td><td></td><td></td><td></td><td></td><td></td></tr>
<tr><td>16</td><td></td><td></td><td></td><td></td><td></td></tr>
<tr><td>15</td><td></td><td></td><td></td><td></td><td rowspan="5">$D_m^2-D_{m-5}^2$ 的平均值为：</td></tr>
<tr><td>14</td><td></td><td></td><td></td><td></td></tr>
<tr><td>13</td><td></td><td></td><td></td><td></td></tr>
<tr><td>12</td><td></td><td></td><td></td><td></td></tr>
<tr><td>11</td><td></td><td></td><td></td><td></td></tr>
</table>

2. 数据处理

根据测量数据用逐差法处理数据，计算平凸透镜的曲率半径 R 的平均值 $\bar{R}$ 和不确定度

ΔR，并写出测量结果的标准形式 $R=\bar{R}\pm\Delta R$。

六、问题讨论

1. 理论上牛顿环中心是个暗点，但实际看到的往往是或暗或明的圆斑，造成该现象的原因是什么？对透镜曲率半径 R 的测量有无影响？

2. 说明牛顿环分布特点，并指出牛顿环条纹干涉级次分布情况。

3. 牛顿环的干涉条纹各环间的间距是否相等？根据测量原理 $R=\frac{D_m^2-D_n^2}{4(m-n)\lambda}$ 解释条纹间距分布情况的产生机理。

七、参考文献

[1] 吴百诗. 大学物理(下)[M]. 西安：西安交通大学出版社，2009.

[2] 吴振森，武颖丽，胡荣旭，等. 综合设计性物理实验[M]. 西安：西安电子科技大学出版社，2007.

[3] 刘俊星. 大学物理实验实用教程[M]. 北京：清华大学出版社，2012.

[4] 吕斯骅，段家忯. 基础物理实验[M]. 北京：北京大学出版社，2002.

实验 11　光的偏振特性的检测

光波电矢量振动的空间分布对于光的传播方向失去对称性的现象叫做光的偏振(Polarization of Light)。只有横波才能产生偏振现象，它是横波区别于其它纵波的一个最明显的标志，因此光的偏振证明了光的波动性。

光的偏振在实际生活中得到了广泛的应用，比如：电子表的液晶显示用到了偏振光；在摄影镜头前加上偏振镜消除反光；摄影时控制天空亮度，使蓝天变暗；使用偏振镜看立体电影；汽车使用偏振片防止夜间对面车灯晃眼；测量非透明介质的折射率等。

一、实验目的

(1) 通过实验深刻理解光是电磁波的本性以及光的偏振理论；

(2) 熟悉产生和检验偏振光的基本方法，掌握马吕斯定律；

(3) 学习和掌握光学系统调节过程中共轴等高的调节技巧和各种微调光学仪器的使用方法；

(4) 拓展研究偏振成像探测在工程中的应用。

二、实验原理

1. 偏振光的基本概念

光波是一种电磁波，它的电矢量 $\boldsymbol{E}$ 和磁矢量 $\boldsymbol{H}$ 相互垂直，并垂直于光的传播方向 $\boldsymbol{k}$。因为光对物质的作用主要是电场的影响，因而常把电矢量 $\boldsymbol{E}$ 称为光矢量，而且用电矢量 $\boldsymbol{E}$ 代表光的振动方向，并将电矢量 $\boldsymbol{E}$ 和光的传播方向 $\boldsymbol{k}$ 所构成的平面称为光的振动面。

通常光源发出的光波，其电矢量的振动在垂直于光的传播方向上作无规则的取向。从统计规律来看，光矢量振动的取向在空间所有可能方向上的机会是均等的，即没有一个方向的振动比其它方向更占优势，各种振动取向关于光的传播方向对称，这种光称为自然光，如图 3-11-1 所示。当自然光通过媒质的折射、反射、吸收和散射后，光矢量的振动会在某个方向具有相对的优势，而使光矢量振动的取向对传播方向不再对称，这种光统称为偏振光。

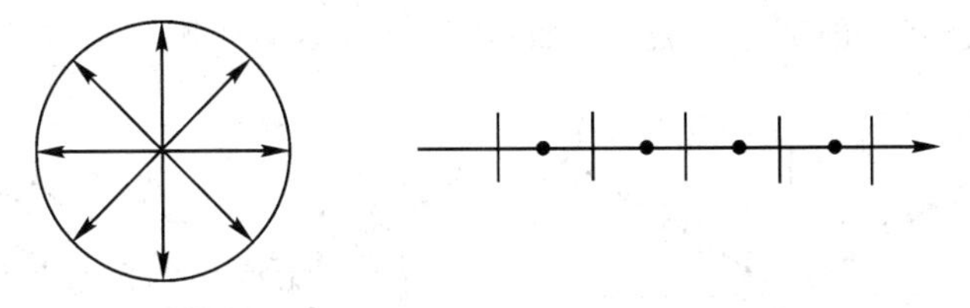

图 3-11-1　自然光振动方向与传播方向图示

偏振光可分为平面偏振光(线偏振光)、部分偏振光、圆偏振光和椭圆偏振光。如果光矢量的振动方向始终局限在某一确定的平面内，则称为平面偏振光，因为其电矢量末端的轨迹为一直线，故又称为线偏振光，如图 3-11-2(a)所示。如果光矢量的振动在传播过程中只是在某一确定的方向上占有相对优势，则称为部分偏振光，如图 3-11-2(b)所示。

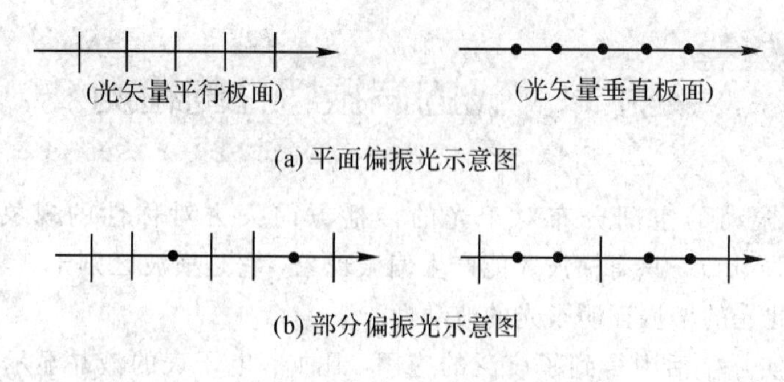

图 3-11-2　偏振光

如果振动面的取向和光波电矢量的大小随时间作有规律的变化，光矢量末端在垂直于传播方向的平面内的轨迹呈椭圆或圆，则称为椭圆偏振光或圆偏振光，如图 3-11-3 所示。

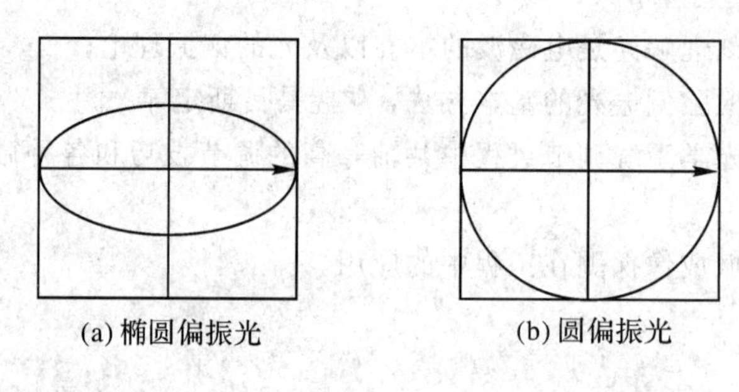

图 3-11-3　椭圆偏振光和圆偏振光的光矢量轨迹图

2. 平面偏振光的产生

产生平面偏振光的方法有利用光的反射/折射产生偏振光、利用晶体的双折射现象产生偏振光、利用具有二向色性的偏振片产生偏振光等方法。

1) 利用光的反射/折射产生偏振光

自然光在两种透明媒质的界面上反射和折射时，反射光和折射光就能成为部分偏振光，而且反射光中垂直入射面的振动较强，折射光中平行入射面的振动较强。实验发现，改变入射角，反射光的偏振程度会随之改变。当入射角 φ_b 满足 $\tan\varphi_b = n_2/n_1$（n_1 和 n_2 为两种媒质的折射率）时，反射光只有垂直于入射面的振动，变成了完全偏振光即平面偏振光，而折射光是最佳状态的部分偏振光，如图 3-11-4(a)所示。当以其他入射角入射时，

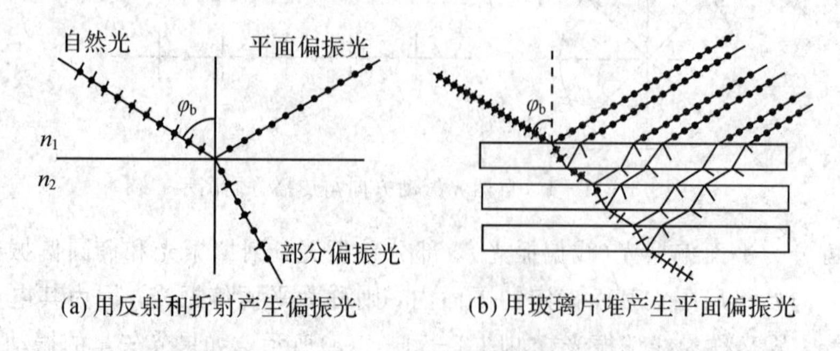

图 3-11-4　利用光的反射/折射产生偏振光

反射光为部分偏振光。这个规律称为布儒斯特定律，φ_b 称为起偏角或布儒斯特角。可以证明：当入射角为起偏角时，反射光和折射光传播方向是互相垂直的。

如图 3-11-4(b)所示，如果用折射率相同的多层玻璃片堆，经多次折射后透射光可以接近平面偏振光，振动面在入射面内，即反射光的偏振方向与折射光的偏振方向垂直。

2）利用晶体的双折射现象产生偏振光

一束自然光入射到各向异性晶体时，在界面折射入晶体内部的折射光常分为传播方向不同的两束折射光线，这种现象称为晶体的双折射现象。实验发现这是两束光矢量不同的线偏振光，其中一束折射光始终在入射面内，并遵循折射定律，称为寻常光(简称 o 光)；另一束折射光一般不在入射面内且不遵守折射定律，称为非寻常光(简称 e 光)。这两束光除了传播方向不同外，它们的传输速率也是不同的。在入射角为 $i=0$ 时，寻常光沿原方向传播，而非寻常光一般不沿原方向传播，如图 3-11-5 所示。

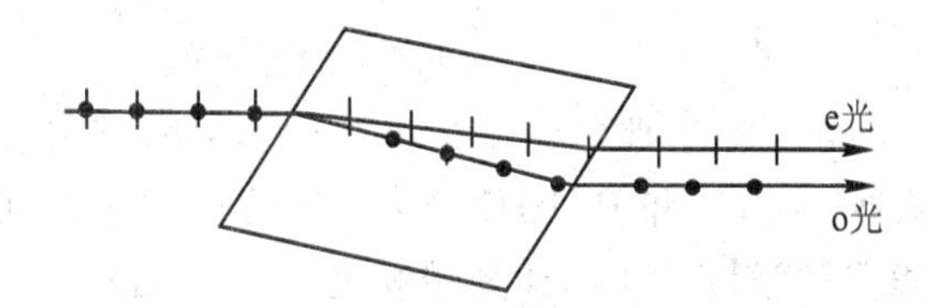

图 3-11-5　双折射晶体产生偏振光原理图

研究发现，这类晶体存在这样一个方向，沿该方向传播的光不发生双折射，即 o 光和 e 光沿同一方向传播，而且传播速度相同，该方向称为晶体的光轴，任何平行于该方向的直线都称为晶体的光轴。在方解石、石英和红宝石等一类的晶体内，只有一个光轴方向，称为单轴晶体。还有一类像云母、硫磺等晶体，它们有两个光轴方向，称为双轴晶体。当光垂直入射到晶体光轴平行于晶体表面的单轴晶体时，o 光和 e 光沿相同的方向传播，但传播速度不同，波片就是利用这个原理制成的。

理论和实践证明，o 光光矢量振动方向垂直于 o 光自己的主平面；e 光光矢量的振动在 e 光自己的主平面内。晶体中某光线与晶体光轴构成的平面，叫做这条光线对应的主平面。一般来说，对一给定的入射光，o 光和 e 光的主平面并不重合，但是，这两个主平面之间的夹角很小，所以经常认为 o 光和 e 光振动方向垂直。

3）利用具有二向色性的偏振片产生偏振光

有些晶体对不同方向的光振动具有不同的吸收本领的性质，这种选择吸收性称为二向色性。如天然的电气石晶体、硫酸碘奎宁晶体等，它们能吸收某方向的光振动而仅让与此方向垂直的光振动通过。如果将硫酸碘奎宁晶粒涂于透明薄片上并使晶粒定向排列，就可制成偏振片。当自然光射到偏振片上时，只能透过沿某个方向振动的光矢量或光矢量振动沿该方向的分量，而不能透过与该方向垂直振动的光矢量或光矢量振动与该方向垂直的分量，如图 3-11-6 所示。这个透光方向称为偏振化方向或起偏方向。自然光透过偏振片后，透射光即变为线偏振光。由于偏振片易于制作，所以它是普遍使用的偏振器。

光源发出的自然光对外不显现偏振性。将自然光变成偏振光的器件或装置称为起偏器，用来检验偏振光的器件或装置称为检偏器。实际上，起偏器和检偏器本质是相同的，任何起偏器都可以看成检偏器，按其在应用时所起的作用不同而叫法不同。

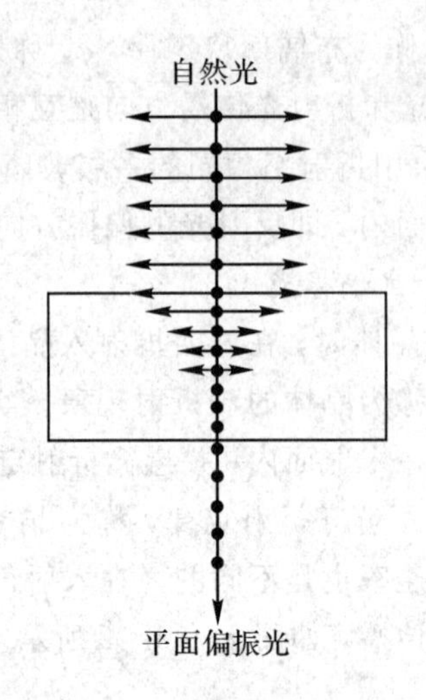

图 3-11-6　二向色性产生偏振光

如图 3-11-7 所示，马吕斯在研究线偏光透过检偏器后透射光的光强时发现：如果 P_1 为起偏器，P_2为检偏器，且 P_1 和 P_2 的偏振化方向的夹角为 θ，假如一束自然光入射到 P_1，从 P_1 透出的线偏振光的强度为 I_1，让其继续透过 P_2，则从 P_2 透出的光的光强(不计检偏器对光的吸收)为

$$I_2 = A_1^2 \cos^2\theta = I_1 \cos^2\theta \tag{3-11-1}$$

式(3-11-1)即马吕斯定律的数学表达式。当 $\theta=0°$或 180°时，$I_2=I_1$，光强最大；当 $\theta=90°$和 270°时，$I_2=0$，出现消光现象，没有光从检偏器透出；当 θ 为其它值时，透射光强介于 $0\sim I_1$之间。

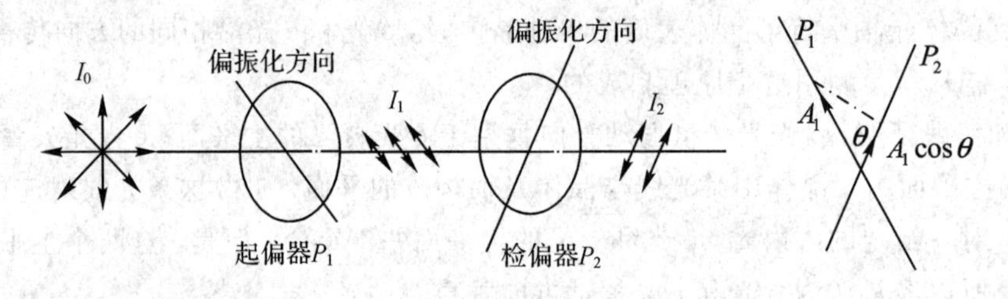

图 3-11-7　马吕斯定律示意图

3. 波片、圆偏振光和椭圆偏振光

波片是从单轴双折射晶体上沿平行于光轴的方向切下的薄片。当光垂直入射到晶体表面平行于光轴的波片时，波片内 o 光和 e 光沿相同的方向传播，但传播速度不同，因此随着 o 光和 e 光在波片内传输距离的增加，两束光将出现光程差和位相差。在方解石(负晶体)中 e 光速度比 o 光快，而在石英(正晶体)中，o 光速度比 e 光快。由此，可以通过控制波片的厚度来调整 o 光和 e 光的光程差(位相差)，从而使从波片出射的两束光的合成光的偏振状态符合要求。

设一束平面偏振光垂直入射到厚度为 d 的波片，其振动面与波片光轴成 θ。则在光轴方向产生 e 光，垂直于光轴方向产生 o 光，如图 3-11-8 所示。o 光和 e 光通过波片后产生如下光程差和位相差：

$$\delta=(n_o-n_e)d\,;\qquad \Delta=\frac{2\pi}{\lambda}(n_o-n_e)d \tag{3-11-2}$$

式中：λ 为光在真空中的波长，n_o 和 n_e 分别为波片对 o 光和 e 光的折射率。

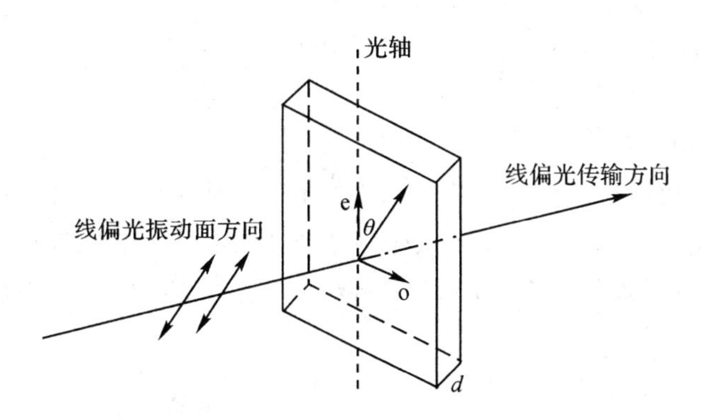

图 3-11-8 线偏振光在波片中的传播

显然，通过波片后的偏振光，将是沿同一方向传播的两个平面偏振光叠加的结果。由于 o 光和 e 光频率相同、位相差恒定、振幅不等且振动方向互相垂直，所以一般合成为椭圆偏振光。椭圆的形状随 o 光和 e 光位相差的不同而改变。对于同种晶体和给定的波长 λ，波片厚度 d 不同，对应不同的光程差和位相差，合成光有不同的偏振方式。

(1) 若光程差 $\delta=k\lambda$ ($k=1, 2\cdots$)，则

$$d=\frac{k}{(n_o-n_e)}\lambda \tag{3-11-3}$$

光程差为波长的整数倍，称波片为全波片。从波片透出的合成光为平面偏振光，其振动面与入射光的振动面相同。

(2) 若光程差 $\delta=(2k+1)\frac{\lambda}{2}$ ($k=0, 1, 2\cdots$)，则

$$d=\frac{\lambda}{2}\frac{(2k+1)}{(n_o-n_e)} \tag{3-11-4}$$

光程差为半波长的奇数倍，称波片为 1/2 波片。从波片透出的合成光为平面偏振光，但其振动面相对于入射光振动面转过 2θ 角。

(3) 若光程差 $\delta=(2k+1)\frac{\lambda}{4}$($k=0, 1, 2\cdots$)，则

$$d=\frac{\lambda}{4}\frac{(2k+1)}{(n_o-n_e)} \tag{3-11-5}$$

即波片称为 1/4 波片。从波片透出的合成光一般变为椭圆偏振光，但有两种特殊的情况：① 当 $\theta=0$ 时，只有光轴方向的 e 光；当 $\theta=\pi/2$ 时，只有垂直光轴方向的 o 光，所以这两种情况从 1/4 波片透出的合成光为平面偏振光。② 而当 $\theta=\pi/4$ 时，o 光和 e 光振动的振幅相等，因此从 1/4 波片透出的合成光为圆偏振光；当 θ 为其它角度时，合成光为椭圆偏振光，所以可以用 $\lambda/4$ 波片获得椭圆偏振光和圆偏振光。

三、实验仪器

光具座、激光器、偏振片两个、1/4 波片、像屏、光功率计。

四、实验内容

1. 光的偏振状态的检验

如图 3－11－9 所示搭建光路，调节光线垂直入射到偏振片 P_1上，以其传播方向为轴转动偏振片一周，用观察屏直接观察透射光强度的变化，将实验结果填入表 3－11－1 中；在第一个偏振片的后面放上第二个偏振片，再转动偏振片 P_2一周，在观察屏上直接观察并记录透射光强度变化情况。

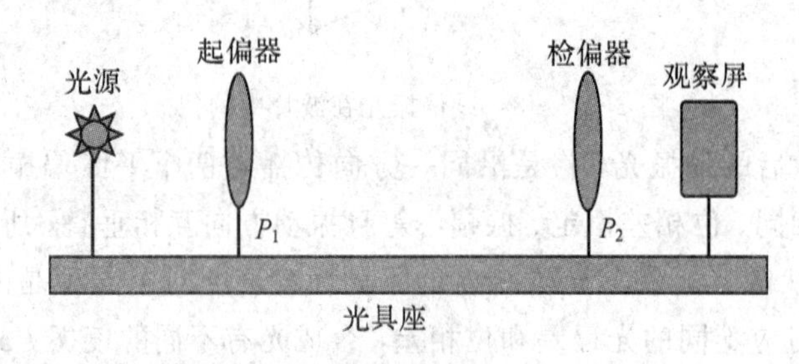

图 3－11－9　检验偏振光的实验光路图

2. 圆偏振光和椭圆偏振光的产生与检验

按照图 3－11－10 所示搭建光路，调节 P_1和 P_2处于消光位置(完全不透光)，在 P_1和 P_2之间插入 1/4 波片。转动波片，再使光斑最暗(观察屏直接观察)。以此时波片光轴位置为起点即为 0°，转动 1/4 波片，使其光轴与起始位置的夹角依次为 0°、15°、30°、45°、60°、75°、90°时，分别将 P_2转动一周。

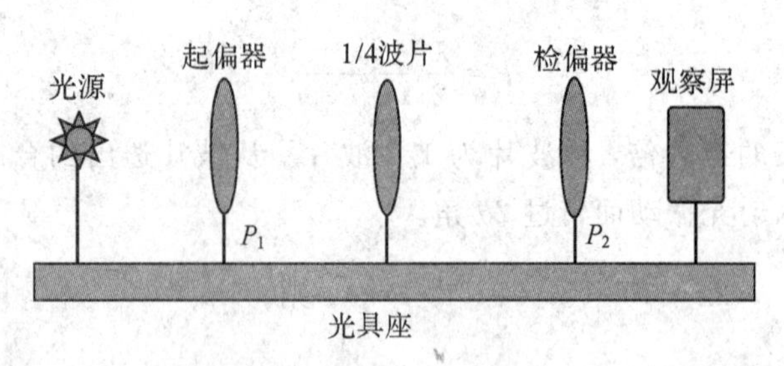

图 3－11－10　圆偏振光与椭圆偏振光的产生与检验装置示意图

3. 马吕斯定律的验证

按照图 3－11－11 所示将光功率计搭建到光路中。通过功率计测量光功率值，其数值与光强成正比关系。

按图示搭建实验装置，转动起偏器，找出光强最强的位置，然后转动检偏器 P_2，找到消光位置(光强最暗的位置)记录此时的光功率值为 P_{min}，固定起偏器 P_1。实验时，尽量保证光路同轴等高，以减小由于实验操作不当对实验结果产生的影响。

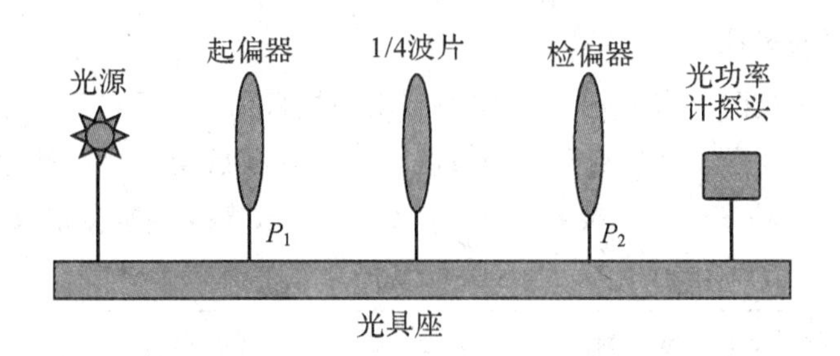

图 3-11-11　验证马吕斯定律装置示意图

将 P_2 转动 90°(此时光功率为最大值)开始测量，设定此时两个偏振片偏振化方向夹角为 0°，接下来 P_2 每转 15°测量一次光功率的数值。

五、数据记录与处理

1. 光的偏振状态的检验

将实验结果填入表 3-11-1 中，并判断入射光的偏振状态。

表 3-11-1　偏振光光强变化记录表

偏振片	P 转动一周，透射光强是否变化?	P 转动一周，出现几次消光?	入射光偏振态
放一个			
放两个			

2. 圆偏振光和椭圆偏振光的产生与检验

在表 3-11-2 中填写观察到的光斑明暗变化情况，并对入射到 P_2 的入射光偏振态分别作出判断，填入表 3-11-2 中。

表 3-11-2　用 1/4 波片观察光强变化表

1/4 波片转角	P_2 转动一周，透射光强是否变化?	P_2 转动一周，出现几次消光?	入射光偏振态
0°			
15°			
30°			
45°			
60°			
75°			
90°			

3. 马吕斯定律的验证

将测量结果记入数据表格 3-11-3 中。利用测量数据，以 $P-P_{min}$ 为纵坐标，$\cos^2\theta$ 为横坐标作图。如果图线为通过坐标原点的直线，则表明马吕斯定律已被验证。实验时，P_1 和 P_2 要尽量靠近，光功率计探头要贴近 P_2，以减小杂散光线对实验结果的影响。

表 3-11-3　验证马吕斯定律数据表　　P_{min} = ______ mW

$\theta/(°)$	0°	15°	30°	45°	60°	75°	90°
$\cos 2\theta$							
P/mW							
$P-P_{min}$/mW							

六、问题讨论

1. 偏振器的特性是什么？何谓起偏器和检偏器？

2. 产生线偏振光的方法有哪些？将线偏振光变成圆偏振光或椭圆偏振光要用何种器件？在什么状态下产生？实验中如何判断线偏振光、圆偏振光和椭圆偏振光？

七、参考文献

[1] 吴百诗. 大学物理(下). 西安：西安交通大学出版社，2009.
[2] 章志鸣，沈元华，陈慧芬. 光学. 2 版. 北京：高等教育出版社，2003.
[3] 贺顺忠. 工程光学实验教程. 北京：机械工业出版社，2007.
[4] 陈家璧，苏显渝. 光学信息技术原理及应用. 2 版. 北京：高等教育出版社，2009.

实验 12　激光波长的测量

激光是 20 世纪以来，继原子能、计算机、半导体之后，人类的又一重大发明，被称为“最快的刀”、“最准的尺”、“最亮的光”和“奇异的激光”。它的亮度约为太阳光的 100 亿倍。激光的原理早在 1916 年已被著名的美国物理学家爱因斯坦发现，但直到 1960 年激光才被首次成功制造。激光是在有理论准备和生产实践迫切需要的背景下应运而生的，它一问世就获得了异乎寻常的飞快发展。激光的发展不仅使古老的光学科学和光学技术获得了新生，而且促成了一门新兴产业的出现。

激光的波长是其最重要的参量。测量激光波长的方法有：分光计、牛顿环、法布里-珀罗干涉仪、激光功率计(指针式)光功率表、光栅、菲涅耳双棱镜、双缝等。本实验用迈克尔逊干涉仪来测量 He－Ne 激光器的波长。

迈克尔逊干涉仪是 1883 年美国物理学家迈克尔逊（A. A. Michelson）和莫雷（E. W. Morley)合作，为研究“以太漂移”实验而设计制造出来的精密光学仪器。这项实验否定了“以太”的存在，并为爱因斯坦发现相对论提供了实验依据。迈克尔逊干涉仪可以高度准确地测定微小长度、光的波长、透明体的折射率等。后人利用该仪器的原理，研究出了多种专用干涉仪，这些干涉仪在近代物理和近代计量技术中被广泛应用。迈克尔逊因为这一发明荣获了 1907 年的诺贝尔物理学奖。

一、实验目的

(1) 通过实验深刻理解光的干涉理论；

(2) 掌握利用迈克尔逊干涉仪设计、调节、观察、测量光波波长及数据记录、处理方法；

(3) 学习迈克尔逊干涉仪系统的机械、光学设计原理；

(4) 拓展光的干涉在光纤传感器、光谱仪设计中的应用。

二、实验原理

迈克尔逊干涉仪的光路图如图 3－12－1 所示，M_1、M_2是两块互相垂直放置的平面反射镜，M_1的位置是固定的，M_2可沿导轨前后移动。G_1、G_2是厚度和折射率都完全相同的一对平行玻璃板，与 M_1、M_2均成 45°平行放置。G_1的一个背面镀有半反射、半透射薄膜，称为分光板，G_2称为补偿板。

当由波源 S 发出的光照到G_1上时，在半透半反射膜上分成两束光：透射光 2 射到 M_1，经 M_1反射后，透过 G_2，在 G_1的半透膜上反射后射向观察屏；反射光 1 射到 M_2，经 M_2反射后，透过 G_1也射向观察屏。由于光线 1 前后共通过 G_1三次，而光线 2 只通过 G_1一次，有了 G_2，两束光在玻璃中的光程便相等了。于是计算这两束光的光程差时，只需计算两束光在空气中的光程差就可以了，所以 G_2称为补偿板。当观察者从观察屏处向 G_1观察时，除直接看到 M_2外还看到 M_1的像 M_1'。于是 1、2 两束光如同从 M_2与 M_1'反射来的，因此迈克尔逊干涉仪产生的干涉条纹如同 M_1'和 M_2间的空气薄膜所产生的干涉条纹一样。

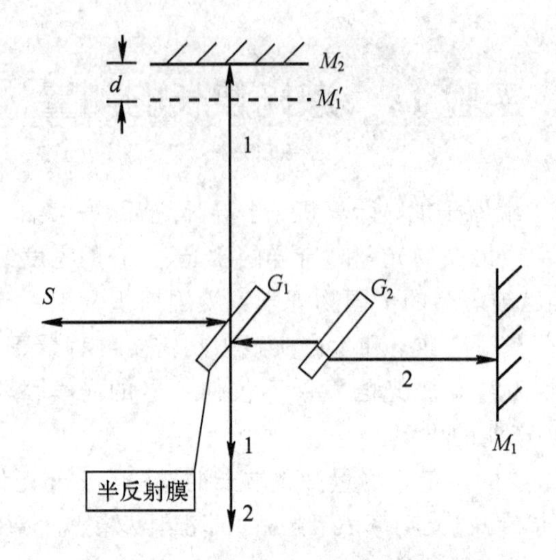

图 3-12-1　迈克尔逊干涉仪光路图

本实验采用 He-Ne 激光器作为光源，激光通过短焦距透镜 L 汇聚成一个强度很高的点光源 S(如图 3-12-2 所示)，点光源 S 发出的球面波经过分光板 G_1 分束及平面镜 M_1、M_2 反射后射向观察屏的相干光可以看做是由虚光源 S_1' 和 S_2' 发出的。S' 是 S 的等效光源，是经半反射面 A 所成的虚像。S_1' 是 S' 经 M_1' 所成的虚像。S_2' 是 S' 经 M_2 所成的虚像。S_1' 和 S_2' 发出的两列相干球面波在它们相遇的空间处处都能发生干涉。只要观察屏放在两点光源发出光波的重叠区域内，都可以看到干涉现象，故这种干涉称为非定域干涉。

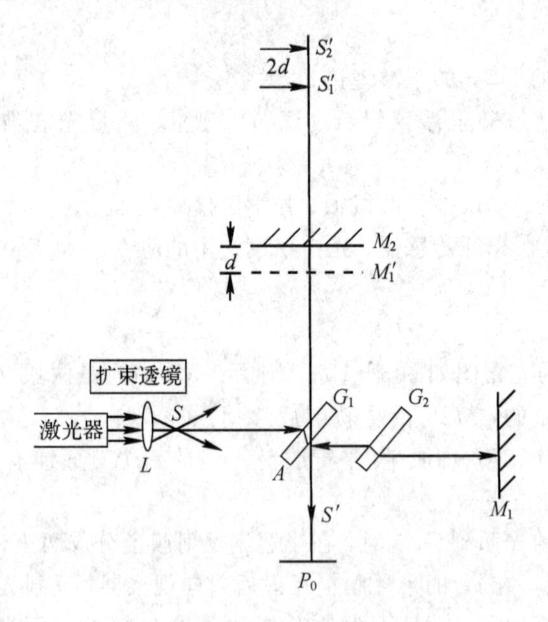

图 3-12-2　点光源干涉光路图

如果 M_2 与 M_1' 严格平行，且把观察屏放在垂直于 S_1' 和 S_2' 的连线上，就能看到一组明暗相间的同心圆环干涉条纹，其圆心位于 $S_1'S_2'$ 轴线与屏的交点 P_0 处。如图 3-12-3 所示，可以看出 P_0 处的光程差 $\Delta=2d$，屏上其它任意点 P' 或 P'' 的光程差近似为

$$\Delta = 2d\cos\varphi \tag{3-12-1}$$

式中：φ 为 S_2'射到 P''点的光线与 M_2法线之间的夹角。

由图 3-12-3 还可以看出，以 P_0为圆心的圆环是从虚光源发出的倾角相同的光线干涉的结果，因此，这种干涉条纹是“等倾干涉条纹”。由光程差公式可知，$\varphi=0$ 时光程差最大，即圆心 P_0处干涉环级次最高，越向边缘级次越低。

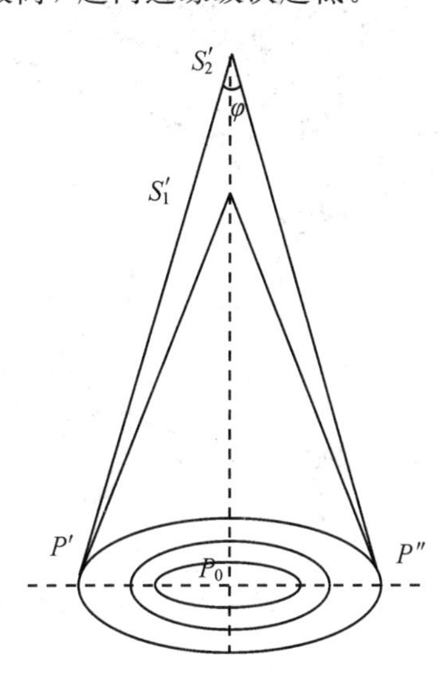

图 3-12-3 点光源非定域干涉

由亮纹条件

$$2d\cos\varphi = k\lambda \ (k=0, \pm 1, \pm 2, \cdots) \tag{3-12-2}$$

可知：当 k、φ 一定时，如果 d 逐渐减小，则 $\cos\varphi$ 将增大，即 φ 角逐渐减小。也就是说，同一级 k 级条纹，当 d 减小时，该圆环半径减小，看到的现象是干涉圆环向内缩进；如果 d 逐渐增大，同理看到的现象是干涉条纹向外冒出。对于中央条纹，若内缩或冒出 N 个条纹，则光程差变化为

$$\Delta d = N\frac{\lambda}{2} \tag{3-12-3}$$

式中：Δd 为 d 的变化量，所以有

$$\lambda = \frac{2\Delta d}{N} \tag{3-12-4}$$

根据此式就能求出光源的波长。

三、实验仪器

迈克尔逊干涉仪、He-Ne 激光器、扩束透镜、水平仪，其中迈克尔逊干涉仪结构如图 3-12-4 所示。反射镜 M_2的移动采用蜗轮蜗杆传动系统，转动粗调手轮可以实现粗调。M_2移动距离可在机体侧面的毫米刻度尺上读得。读数窗的刻度盘可读到 0.01 mm；转动微调手轮可实现微调，微调手轮的分度值为 1×10^{-4} mm，可估读到 10^{-5} mm。M_1、M_2背面各有 2 个螺钉可以用来粗调 M_1和 M_2的倾斜度，倾斜度的微调是通过调节水平拉簧螺钉和垂直拉簧螺钉来实现的。

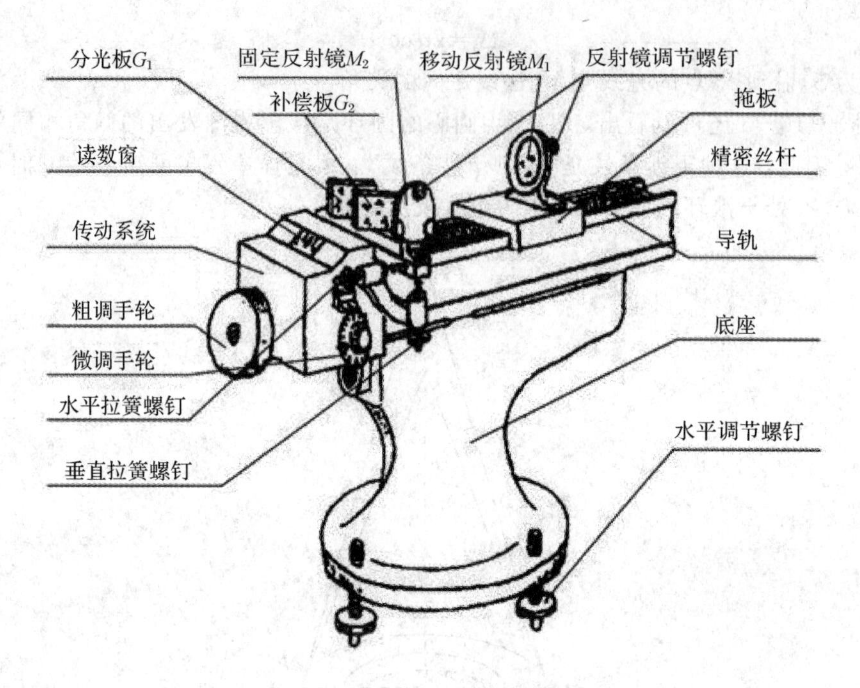

图 3-12-4　迈克尔逊干涉仪结构图

四、实验内容

1. 观察激光的非定域干涉现象

(1) 迈克尔逊干涉仪水平调节：将水平仪放在迈克尔逊干涉仪上调节底座上三个调平螺丝至水平。

(2) 迈克尔逊干涉仪移动镜位置调节：旋转粗调手轮使移动镜位置在毫米刻度尺 40～50 mm 之间。

(3) 激光器调节：点亮 He-Ne 激光器，使发射的激光束从分光板中央穿过，调节激光器的高低使激光束照射在平行板玻璃 G_1的中心位置；调节激光器倾角调节螺丝，使激光器出光口位置的反射光和出射光束重叠。

(4) 镜 M_1与 M_2垂直调节：分别反复调节固定镜 M_1和移动镜 M_2上的水平和倾斜度调节螺丝，使半透射膜所分光的两个光点(最亮)在观察屏上完全重合(M_1'与 M_2大致平行，产生干涉)。

(5) 扩束镜调节：在激光器和迈克尔逊干涉仪之间放置扩束镜(短焦距扩束透镜)，前后移动并调节高低左右位置，使扩束后的光斑均匀照射在平行板玻璃 G_1上，从而在观察屏上观察到清晰的干涉条纹。

(6) 干涉条纹圆心调节：根据观察屏上观察到的干涉圆弧走向判断圆心方向。如果圆心在水平方向，则调节水平调节螺丝移动圆心到条纹中心；如果圆心在垂直方向，则调节倾度调节螺丝移动圆心到条纹中心。

(7) 观察干涉条纹的冒出(或缩进)：转动粗调手轮，使 M_2前后移动，观察到干涉条纹圆心冒出(或缩进)。转动微调手轮，观察到清晰的干涉条纹圆心冒出(或缩进)。仔细观察 M_2位置改变时，干涉条纹的粗细、疏密与 d 的关系。

2. 利用非定域圆形等倾干涉条纹测量激光波长

（1）调整零点：先顺时针方向转动微调手轮对准 0 刻度线，再顺时针方向转动粗调手轮使刻度盘读数为最接近的整数。当然也可以都以逆时针方向转动手轮来校准零位，但应注意测量过程中的手轮转向应与校准过程中的转向一致。（转动微调手轮时，粗调手轮随之转动；但在转动粗调手轮时，微调手轮并不随之转动，因此在读数前必须调整零点。）

（2）数据测量：顺时针方向转动微调手轮（必须与调零点时的旋转方向相同），可看到清晰的干涉条纹圆心冒出（或缩进）。当清晰的干涉条纹圆心最亮时，记下活动镜 M_2 的位置读数 l_1（读数系统如图 3－12－5 所示）。然后继续缓慢顺时针转动微调手轮，当冒出（或缩进）的条纹数 $N=50$ 时，记下活动镜 M_2 的位置读数 l_2。再顺时针方向转动微调手轮，确定第 2 次测量测量起点 M_2 的位置，读 l_1 测量第 2 组数据，重复测量 8 次。（为了使测量结果正确，必须避免引入空程，在调整好零点后，应将手轮按原方向转几圈，直到干涉条纹开始均匀移动后，才可测量。）

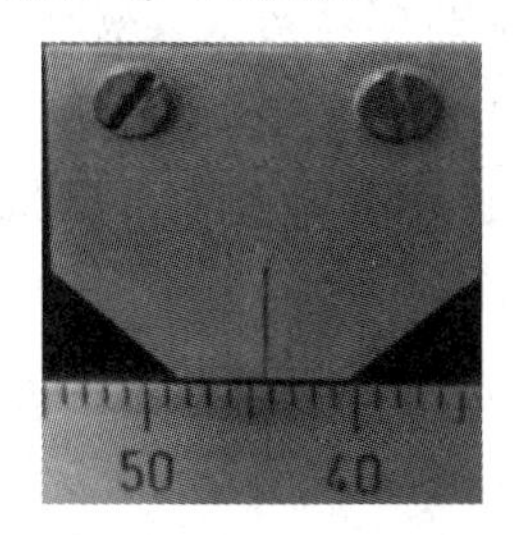

毫米刻度尺(读数44 mm)

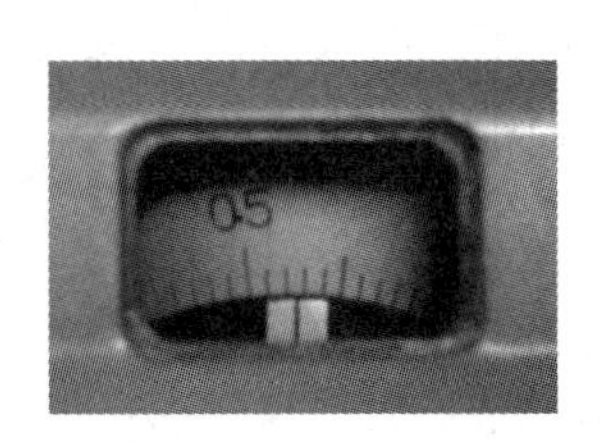

刻度盘(读数0.52 mm)

微调手轮
(读数0.00246 mm)

最后读数为44.52246 mm(仅供读数格式参考)

图 3－12－5　迈克尔逊干涉仪读数示例

五、数据记录与处理

（1）测量数据，并记录在表格 3－12－1 中。

表 3－12－1　迈克尔逊干涉仪测波长数据表

n/次	l_1/mm	l_2/mm	$d=\lvert l_1-l_2\rvert$/mm
1			
2			
3			
4			
5			
6			
7			
8			

（2）由式（3－12－4）计算波长，并与标准值（$\lambda_0=632.8$ nm）比较，计算相对误差。

(3) 计算波长不确定度，正确表示测量结果。

六、问题讨论

1. 在什么条件下产生等倾干涉条纹？什么条件下产生等厚干涉条纹？

2. 迈克尔逊干涉仪产生的等倾干涉条纹与牛顿环有何不同？

3. 调节迈克尔逊干涉仪时，看到的亮点为什么是两排而不是两个？两排亮点是怎样形成的？

七、参考文献

[1] 吴百诗. 大学物理(下)[M]. 西安：西安交通大学出版社，2009.

[2] 刘俊星. 大学物理实验实用教程[M]. 北京：清华大学出版社，2012.

[3] 吕斯骅，段家忯. 基础物理实验[M]. 北京：北京大学出版社，2002.

[4] 刘均琦，张扬，张腾，等. 基于迈克尔逊干涉原理的光纤传感器简述[J]. 传感器世界，2009. 15(6)：10-13.

[5] 相里斌，赵葆堂. 空间调制干涉成像光谱技术[J]. 光学学报，1998. 18(1)：18-22.

实验 13 光栅光谱的测量

光绕过障碍物进入几何阴影区的现象称为光的衍射。光栅是一种折射率周期性变化的光学元件。衍射光栅是利用单缝衍射和多缝干涉原理使光发生色散的元件。它是在一块透明板上刻有大量等宽度、等间距的平行刻痕，每条刻痕不透光，光只能从刻痕间的狭缝通过。因此，可把衍射光栅(简称为光栅)看成由大量相互平行、等宽、等间距的狭缝所组成。光栅的狭缝数量很大，一般每毫米几十至几千条。光栅一般分为两类：一类是利用透射光衍射的光栅，称为透射光栅；另一类是利用两刻痕间的反射光进行衍射的光栅，称为反射光栅。本实验选用的是透射光栅。

单色平行光通过光栅每个缝的衍射和各缝间的干涉，形成暗条纹很宽、明条纹很细的图样，这些锐细而明亮的条纹称为谱线。谱线的位置随波长而异，当复色光通过光栅后，不同波长的谱线在不同的位置出现而形成光谱。

测量光栅光谱最常见的方法就是光栅光谱仪。光栅光谱仪是将成分复杂的光分解为光谱线的科学仪器。通过光谱仪对光信息的抓取，以照相底片显影，或电脑化自动显示数值仪器显示和分析，从而测知物品中含有何种元素。光栅光谱仪被广泛应用于颜色测量、化学成分的浓度测量或辐射度学分析、膜厚测量、气体成分分析等领域中。本实验利用分光计来测量透射光栅的光谱。

由于光栅具有较大的色散率和较高的分辨本领，已被广泛地应用于各种光谱仪器中。利用光栅结合数码科技与传统印刷的技术，能在特制的胶片上显现不同的特殊效果，在平面上展示栩栩如生的立体世界、电影般流畅的动画片段、匪夷所思的幻变效果。

一、实验目的

(1) 通过本实验深刻理解波动光学中光栅衍射原理。

(2) 掌握分光计的结构、测量原理和使用方法。

(3) 用分光计研究光栅特性并测定光波波长。

(4) 拓展学习利用分光计观察超声光栅衍射现象，测定超声波在液体中的传播速度；学习用分光计测定的三棱镜的最小偏向角；测量玻璃的折射率。

二、实验原理

当一束平行单色光入射到光栅上时，透过光栅的每条狭缝的光都产生衍射，而通过光栅不同狭缝的光会发生干涉，因此光栅的衍射条纹实质是单缝衍射和多缝干涉的综合效果。此时若在光栅后面放置一会聚透镜，则在透镜的焦平面上可以看到一组明暗相间的衍射条纹。

设光栅的刻痕宽度为 a，透明狭缝宽度为 b，相邻两缝间的距离 $d=a+b$，称为光栅常数，它是光栅的重要参数之一。

如图 3-13-1 所示，设光栅的光栅常数为 d，波长为 λ 的单色平行光束以与光栅法线

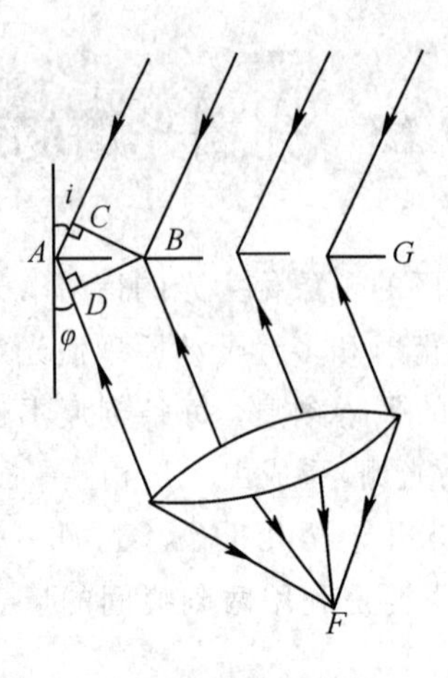

图 3-13-1　光栅衍射原理示意图

成角度 i 入射于光栅平面上，衍射光线 AD 与光栅法线所成的夹角(即衍射角)为 φ，从 B 点作 BC 垂直入射线 CA，作 BD 垂直于衍射线 AD，则相邻透光狭缝对应位置两光线的光程差为

$$\delta = AC + AD = d(\sin\varphi \pm \sin i) \qquad (3-13-1)$$

入射光与衍射光在光栅法线同侧时，式(3-13-1)中 $\sin i$ 前取正号；在异侧则取负号。

当此光程差等于入射光波长 λ 的整数倍时，多光束干涉使光振动加强而在焦平面上产生相干相长，出现明条纹。因而，光栅衍射明条纹的条件为

$$d(\sin\varphi_K \pm \sin i) = K\lambda \quad (K=0, \pm 1, \pm 2, \cdots) \qquad (3-13-2)$$

式中：K 是明条纹级次，φ_K 为 K 级谱线的衍射角。$K=0$，±1，±2，…所对应的条纹分别称为中央(零级)极大，正、负第一级极大，正、负第二级极大等。当衍射角 φ 不满足光栅方程时，衍射光或者相互抵消，或者强度很弱，几乎连成为一片暗背景。式(3-13-2)称为光栅方程，它是研究光栅衍射的最重要的公式。

当入射光线垂直入射光栅时，入射角 $i=0$。此时光栅方程变为

$$d\sin\varphi_K = K\lambda \qquad (K=0, \pm 1, \pm 2, \cdots) \qquad (3-13-3)$$

由式(3-13-3)可以看出，如果入射光为复色光，当 $K=0$ 时，有 $\varphi_0=0$，此时不同波长的零级亮纹重叠在一起，因此零级条纹仍为复色光。当 K 为其它值时，不同波长的同一级亮纹因有不同的衍射角而相互分开，即有不同的位置。因此，在透镜焦平面上将出现彩色谱线，该谱线按短波向长波的次序自中央零级向两侧依次分开排列。这种由光栅分光产生的光谱称为光栅光谱。

图 3-13-2 是汞灯(它发出的是波长不连续的可见光，其光谱是线状光谱)光波入射光栅时所得的光谱示意图。中央亮线是零级主极大。在它的左右两侧各分布着 $K=\pm1$ 的可见光四色六波长的衍射谱线，称为第一级的光栅光谱。外侧还有第二级、第三级谱线。由此可见，光栅具有将入射光分成按波长排列的光谱的功能。

根据光栅方程，若已知入射光的波长 λ，测出该波长对应谱线的衍射角 φ，即可求出光栅常数 d。反之，若已知光栅常数 d，测出各特征谱线所对应的衍射角 φ 即可求出波长 λ。

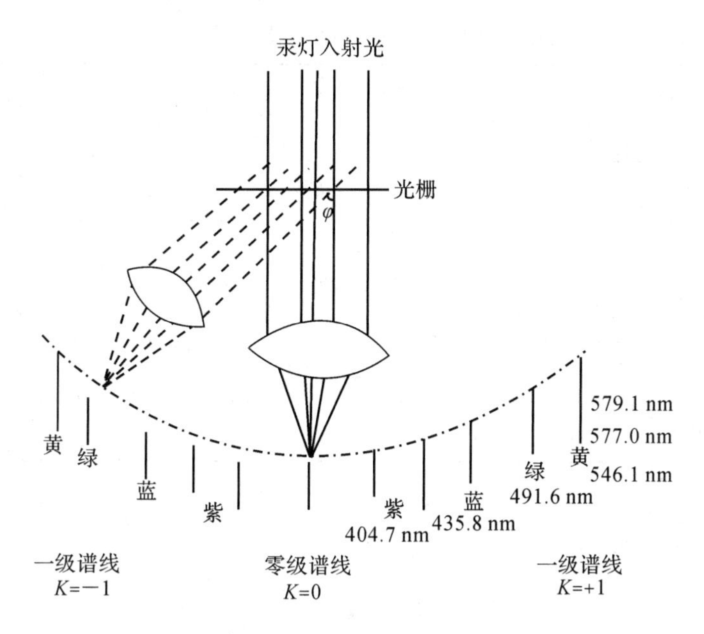

图 3-13-2 汞灯的光栅光谱示意图

三、实验仪器

分光计、平面镜、汞灯、透射光栅、超声光栅实验仪、测微目镜、三棱镜。

四、实验内容

(1) 调整分光计使其处于正常工作状态。

(2) 调整光栅，使平行光管产生的平行光垂直照射于光栅平面，且光栅的刻线与分光计旋转主轴平行。

(3) 测量汞灯 $K=\pm1$ 级时各条谱线的衍射角。

调节狭缝宽度适中，使衍射光谱中两条紧靠的黄谱线能分开。先将望远镜转至右侧，测量 $K=+1$ 级各谱线的位置，从左右两侧游标读数，分别记为 θ_A^{+1} 和 θ_B^{+1}；然后将望远镜转至左侧，测出 $K=-1$ 级各谱线的位置，读数分别记为 θ_A^{-1} 和 θ_B^{-1}。将同一游标的读数相减：

$$\begin{cases}\theta_A^{-1}-\theta_A^{+1}=2\varphi_A\\ \theta_B^{-1}-\theta_B^{+1}=2\varphi_B\end{cases} \tag{3-13-4}$$

由于分光计偏心差的存在，衍射角 φ_A 和 φ_B 有差异，求其平均值可消除偏心差。所以，各谱线的衍射角为

$$\varphi=\frac{\varphi_A+\varphi_B}{2}=\frac{|\theta_A^{-1}-\theta_A^{+1}|+|\theta_B^{-1}-\theta_B^{+1}|}{4} \tag{3-13-5}$$

测量时，从最右端的黄$_2$光开始，依次测黄$_1$光、绿光……直到最左端的黄$_2$光，对绿光重复测量三次。数据记录如表 3-13-1 所示。在计算衍射角时要特别注意：望远镜从左边向右边转动过程中刻度盘零点是否经过游标零点，如经过零点，则应在相应读数加上 360°(或大数据减去 360°)后再计算。

表 3-13-1 光栅衍射数据记录表

角度 / 光谱	θ_A^{-1}	θ_B^{-1}	θ_A^{+1}	θ_B^{+1}
黄$_2$光				
黄$_1$光				
绿光 1 次				
绿光 2 次				
绿光 3 次				

五、数据记录与处理

分光计读数最小分度为 $1'=2.91\times10^{-4}$ 弧度。

(1) 计算光栅常数 d：汞灯绿色谱线波长为 546.1 nm，将所测绿色谱线的衍射角和波长代入式(3-13-3)，并取谱线级次 $K=1$，求出光栅常数 d；根据式(3-13-3)，推导光栅常数的不确定度的表达式，计算 Δd、$\Delta d/d$ 的大小，写出光栅常数测量结果的表达式。

(2) 计算汞灯各衍射谱线的波长：将所求的光栅常数及各条光谱线的衍射角再代入式(3-13-3)，求出汞灯每条谱线对应的波长及不确定度，并写出波长的结果表达式。要求测量结果的精确度 $E(\lambda)\leqslant0.1\%$。

(3) 从理论上算出在给定的光栅和汞灯条件下，能观察到的光栅最高衍射级数，并用实验加以检验。

六、问题讨论

1. 同一块光栅对不同波长的光，其最高衍射级数是否相同？不同波长的谱线宽度是否一致？同一波长不同衍射级数的光谱宽度是否相同？为什么？

2. 试根据实验时同一级正负衍射光谱的对称性，判断光栅放置的位置；并利用这种现象将光栅调至正确的位置；当同一级正负衍射角不等时，试估算入射光束不垂直的程度(求入射角的大小)。

七、参考文献

[1] 吴百诗. 大学物理(下)[M]. 西安：西安交通大学出版社，2009.

[2] 刘俊星. 大学物理实验实用教程[M]. 北京：清华大学出版社，2012.

[3] 吕斯骅，段家忯，基础物理实验[M]. 北京：北京大学出版社，2002.

[4] 李平舟，武颖丽，吴兴林，等. 综合设计性物理实验[M]. 西安：西安电子科技大学出版社，2012.

附**************************************

分光计的应用

应用一 利用超声光栅测量液体中的声速

一、实验原理

超声波是一种纵波，它的频率比人耳通常能够听到的声音的频率高。当超声波在透明介质中传播时，会引起介质密度的周期性变化，从而导致介质折射率的周期性变化。此时，若光波通过这样的介质，会发生像光通过光栅那样的衍射现象。因此，我们把有超声行波或超声驻波存在的这种介质叫做超声光栅，把光波在介质中传播时被超声波衍射的现象叫做超声致光衍射，亦即声光效应。近年来，由于激光技术的飞速发展，声光效应得到了广泛应用，并已经发展成一门崭新的技术——声光技术。

1. 超声光栅

超声光栅装置如图 3-13-3 所示：在一液槽 T 内盛满待测液体(如蒸馏水)，槽底部装有能激发超声波的压电陶瓷元件 PZT，它在高频信号发生器的激励下，产生向上传播的平面超声纵波，当该超声波遇到液槽上部的反射板 M 时被反射，此时，向上传播的入射波与向下传播的反射波将在液体中形成超声驻波。

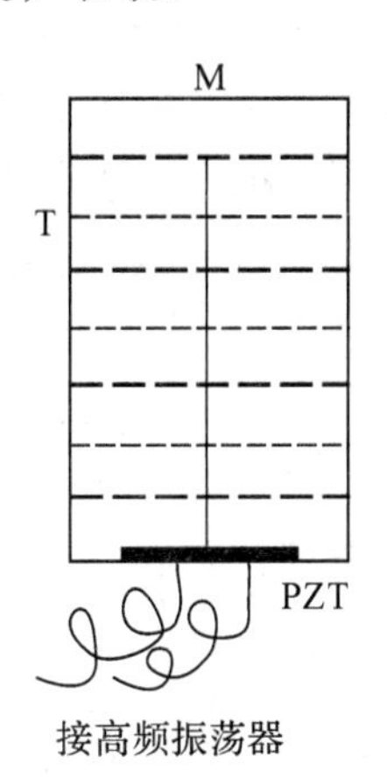

图 3-13-3 超声光栅装置

超声驻波在液体中传播时，其声压使液体分子的分布产生变化，如图 3-13-4 所示，某时刻，纵驻波的任一波节两边的质点都涌向这个节点，使该节点附近成为质点密集区，而与之相邻的两波节处由于质点远离并涌向密集区而成为质点稀疏区。半个周期后，这个节点附近的质点向两边散开变为稀疏区，相邻的波节处变为密集区。这样就在液体中形成周期性的互相交替的一组密集区和稀疏区。

在这样的液体中，稀疏区液体折射率减小，而密集区液体折射率增大。所以，沿驻波方向，液体折射率是以超声波波长 Λ 为周期分布的。任意距离等于波长 Λ 的两点处，液体的密度相同，折射率也相同。由于驻波振幅是单一行波振幅的两倍，加剧了液体的疏密变化程度，因此效果更加明显。

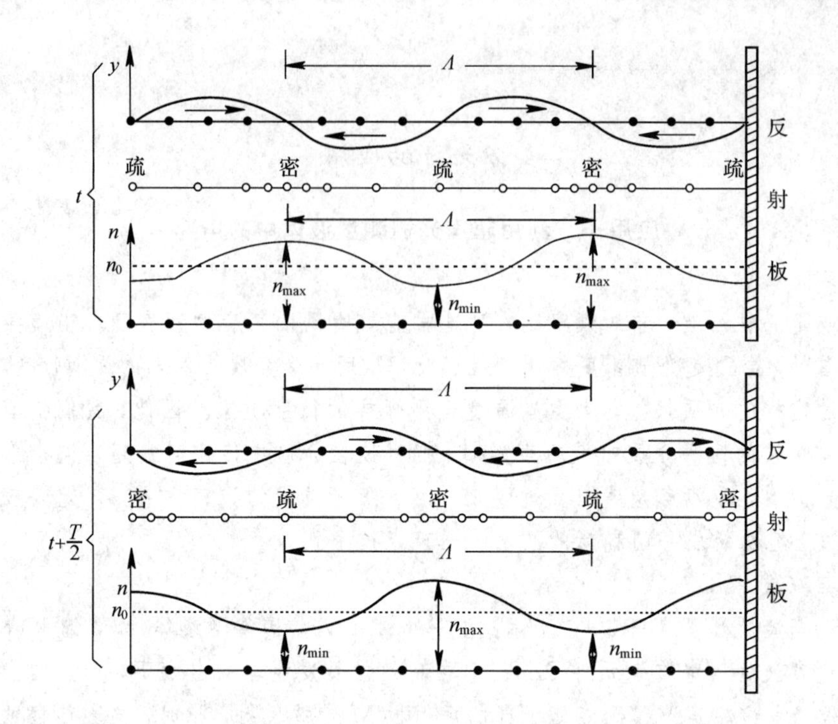

图 3-13-4 t 和 $t+T/2$ 时刻介质密度变化示意图

超声光栅衍射是使入射光的相位发生改变而引起的。研究表明，当超声光栅的厚度 l 较厚、超声波的频率很高(100 MHz 以上)，以至于满足 $2\pi\lambda l/\Lambda^2>1$ 时，会产生布拉格(Bragg)衍射，超声液槽相当于立体光栅。当超声光栅厚度 l 较小，超声频率不太高(10 MHz 以下)，满足 $2\pi\lambda l/\Lambda^2<1$ 时，产生拉曼-奈斯衍射。

2. 声光拉曼-奈斯衍射

当超声光栅厚度 l 较小，超声频率不太高时，由于光速大约是声速的 10^5 倍，所以，在光波通过液槽的时间内，介质折射率在空间的周期分布可以看做是固定的，即不必考虑光在通过液槽的这段极短时间内液体折射率周期性空间分布的变化。在光通过密集层和稀疏层时，只是光速发生变化，从而相位发生变化，而光的振幅并不发生变化。这就使得光波“平面的波阵面”穿过超声光栅后变成了“褶皱的波振面”。因此，超声光栅是相位光栅。

当波长为 λ 的单色平行光沿着垂直于超声波传播方向通过上述液体时，因折射率的周期变化使光波的波阵面产生了相应的位相差，经透镜聚焦出现衍射条纹。衍射光路图如图 3-13-5 所示，在玻璃槽的另一侧，用测微望远镜即可观察到衍射光谱。这种衍射现象的规律与平行光通过平面透射光栅所产生的衍射情形相似。

由光栅方程知：

$$\lambda\sin\varphi_k=k\lambda \quad (k=0, \pm1, \pm2\cdots) \tag{3-13-6}$$

式中：λ 为液槽液体中的超声波波长，相当于光栅常数；k 为衍射光谱的级次；φ_k 为第 k 级衍射光谱的衍射角。

从图 3-13-5 可以看出，当 φ_k 很小时，有

$$\sin\varphi_k\approx\tan\varphi_k=\frac{x_k}{f} \tag{3-13-7}$$

式中：x_k 为同一种颜色波衍射光谱的零级至 k 级的距离，f 为望远镜物镜 L_2 的焦距。因此液体中超声波的波长为

$$\Lambda=\frac{k\lambda}{\sin\varphi_k}=\frac{k\lambda f}{x_k} \tag{3-13-8}$$

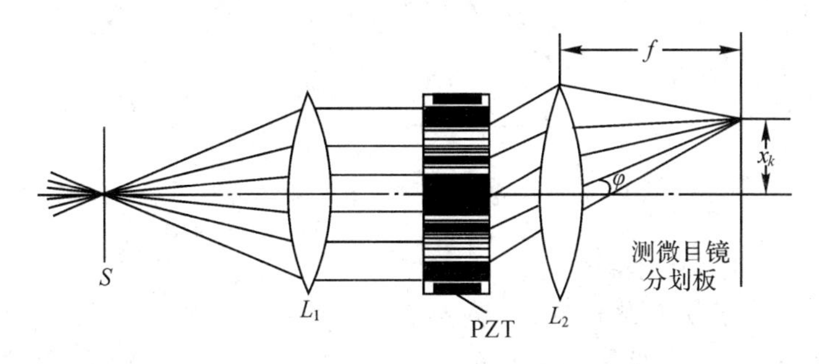

图 3-13-5 超声光栅衍射光路图

超声波在液体中的传播速度为

$$V=\Lambda v=\frac{\lambda f v}{\Delta x_k} \tag{3-13-9}$$

式中：v 为高频信号发生器发出的频率，即压电元件的共振频率；Δx_k 为同一色光衍射条纹间距。

二、实验步骤

(1) 调节测微目镜使其分划板及准直管的狭缝像竖直清晰，并消除误差。

(2) 参照图 3-13-5 所示光路，将液槽稳妥地放在分光计的载物台上，放置时，转动载物台使超声液槽两侧表面基本垂直于望远镜和平行光管的光轴。

(3) 开启超声信号源电源，在压电陶瓷片上加高频功率信号电压，仔细调节频率旋钮至共振频率。左右转动超声液槽方位，使射于液槽的平行光束完全垂直于超声束。同时，观察视场内的衍射光谱左右级次亮度和对称性，直到目镜视场出现稳定而清晰的左右至少各三级对称的衍射光谱为止。

(4) 对蒸馏水和乙醇两种液体的声光衍射，用测微目镜分别逐级测量蓝紫、绿、黄 3 谱线各级的位置读数(如：−2、−1、0、+1、+2)，并及时记录频率 v 和液体温度(可用室温)。

三、数据处理

(1) 对测量数据应用逐差法处理，求出条纹间距的平均值。

(2) 超声波声速计算：根据式(3-13-9)计算超声波在液体中的传播速度。

(3) 计算酒精中的声速并与公认值(1168 m/s)比较，求相对误差。

(4) 按同样要求测出水中的声速并与公认值(1483 m/s)比较。

应用二 极值法测最小偏向角

一、最小偏向角

如图 3-13-6 所示，光线以入射角 i_1 投射到棱镜的 AB 面上，经棱镜的两次折射后，以角 i_2 从 AC 面出射，出射光线和入射光线的夹角 δ 称为偏向角。δ 的大小随入射角 i_1 而

改变。可以证明，当 $i_1=i_2$ 时，偏向角 δ 为极小值，称为棱镜的最小偏向角 $\delta_{\min}$。

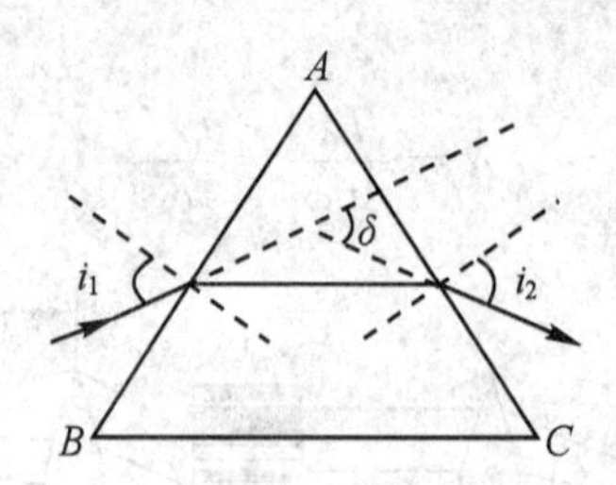

图 3-13-6 光线在三棱镜中的折射

二、最小偏向角测量方法

图 3-13-7 为观察光线偏向情况，判断折射光线的出射方向的示意图。调整分光计使其处于正常工作状态，把待测三棱镜置于已调好的分光计载物台中央，使底边 BC 与入射方向近似平行。先用眼睛沿光线可能的出射方向观察，微微转动载物台，当观察到出射的彩色谱线时，认定一种单色谱线(如绿色)，再继续转动载物台，用望远镜注意观察此单色谱线出射时所对应的偏向角的变化情况，选择能使偏向角减小的方向缓慢转动载物台，即在 AB 面的入射角增大的方向，当看到该谱线移至某一位置后突然反向移动时，这个逆转处即为出射光处于最小偏向角的位置。此时出射光线与原光路(没有放三棱镜时，望远镜直接对准入射光线的位置)之间的夹角即为最小偏向角。此时固定载物台，然后将望远镜的叉丝竖线对准绿色谱线的中间，记下两游标的读数 φ_A 和 φ_B。保持载物台不动，取下三棱镜，转动望远镜直接对准平行光管，使叉丝竖线对准狭缝中心，记下此时两游标的读数 φ_A' 和 φ_B'，则

$$\delta_{\min}=\frac{1}{2}[|\varphi_A'-\varphi_A|+|\varphi_B'-\varphi_B|]$$

即为所测谱线所对应的最小偏向角。

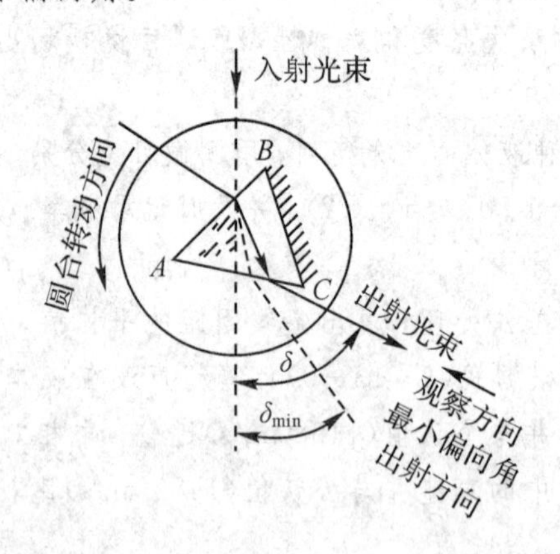

图 3-13-7 极值法测最小偏向角

应用三 测量玻璃棱镜的折射率

假设有一束单色平行光 LD 入射到棱镜上，经过两次折射后沿 ER 方向射出，则入射光线 LD 与出射光线 ER 间的夹角 δ 称为偏向角，如图 3-13-8 所示。

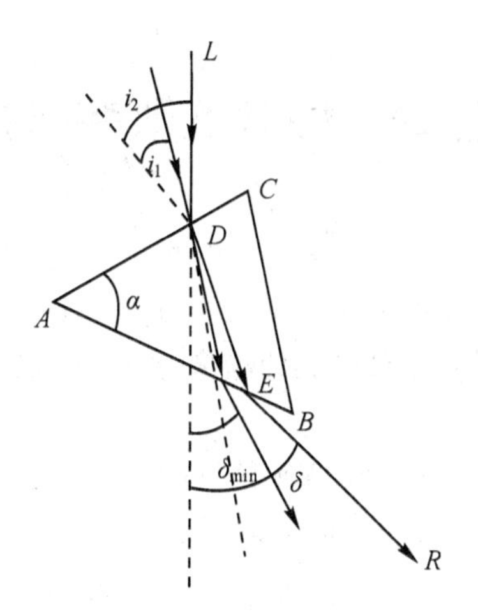

图 3-13-8 折射率的测定

转动三棱镜，改变入射光对光学面 AC 的入射角，出射光线的方向 ER 也随之改变，即偏向角 δ 发生变化。沿偏向角减小的方向继续缓慢转动三棱镜，使偏向角逐渐减小；当转到某个位置时，若再继续沿此方向转动，偏向角又将逐渐增大，此位置时偏向角达到最小值，测出最小偏向角 δ_{min}。可以证明棱镜材料的折射率 n 与顶角 α 及最小偏向角的关系式为

$$n=\frac{\sin\frac{1}{2}(\delta_{min}+\alpha)}{\sin\frac{\alpha}{2}}$$

实验中，利用分光镜测出三棱镜的顶角 α 及最小偏向角 δ_{min}，即可由上式算出棱镜材料的折射率 n。

【问题讨论】

1. 调节分光计时，望远镜调焦至无穷远是什么含义？为什么当在望远镜视场中能看见清晰且无视差的绿十字像时，望远镜已调焦至无穷远？

2. 在超声光栅衍射实验中，如何理解衍射的中央极大和各级谱线的距离随功率信号源振荡频率的高低变化而增大或减小的现象。

3. 驻波的相邻波腹(或波节)间的距离等于半波长，为什么超声光栅的光栅常数在数值上等于超声波的波长？

实验 14　电表的改装与校准

表头实际上就是一个小量程的电流表，常用的表头主要组成部分为永久磁铁和放在永久磁铁中的可以转动的线圈。当线圈中有电流通过时，通电线圈在永久磁铁所形成的磁场中受到磁场力矩的作用而偏转，随着电流的增大，线圈的偏转角度增大，于是指针所指示的测量值就大。

微安表用于测量微安级的小电流，实际使用时需要将它改装成可以通过更大电流的电流表、承载更高电压的电压表、测量电阻的欧姆表。

一、实验目的

(1) 通过实验深刻理解欧姆定律。

(2) 掌握一种测定电流表表头内阻的方法——替代法。

(3) 将微安表表头改装成电流表和电压表，绘制相应的校正曲线。

(4) 拓展学习欧姆表的测量原理和刻度标示方法，将微安表表头改装为指定中值电阻的欧姆表。

二、实验原理

1. 将微安表改装成毫安表

用于改装的微安表(μA)表，习惯上称为“表头”。使表针偏转到满刻度所需要的电流 I_g 称表头的(电流)量程，I_g 越小，表头的灵敏度就越高。表头内线圈的电阻 R_g 称为表头的内阻。表头的内阻 R_g 一般很小，欲用该表头测量超过其量程的电流，就必须扩大它的量程。扩大量程的方法是在表头上并联一个分流电阻 R_s(如图 3-14-1 所示)。使超量程部分的电流从分流电阻 R_s 上流过，而表头仍保持原来允许流过的最大电流 I_g。图中虚线框内由表头和 R_s 组成的整体就是改装后的电流表。

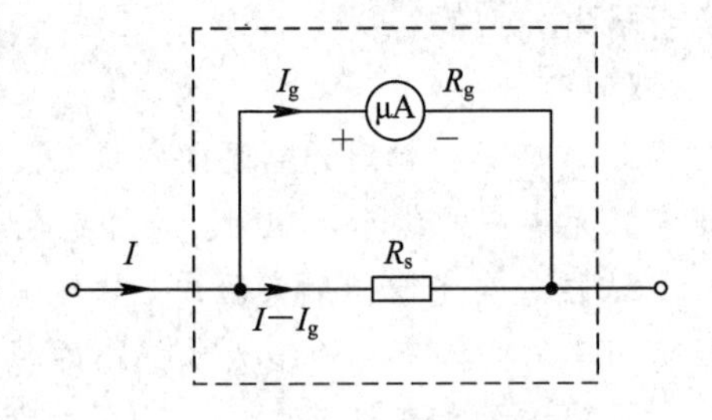

图 3-14-1　改装电流表原理图

设表头改装后的量程为 I，根据欧姆定律可得

$$(I-I_g)R_s=I_gR_g \tag{3-14-1}$$

$$R_s=\frac{I_gR_g}{I-I_g} \tag{3-14-2}$$

若 $I=nI_g$，则

$$R_s=\frac{R_g}{n-1} \tag{3-14-3}$$

当表头的参数 I_g 和 R_g 确定后，根据所要扩大量程的倍数 n，就可以计算出需要并联的

分流电阻 R_s，实现电流表的扩程。因此，如欲将微安表的量程扩大 n 倍，只需在表头上并联一个电阻值为$\frac{R_g}{n-1}$的分流电阻 R_s即可。

2. 将微安表改装成伏特表

微安表的电压量程为 I_gR_g，虽然可以直接用来测量电压，但是电压量程 I_gR_g很小，不能满足实际需要。为了能测量较高的电压，就必须扩大它的电压量程。扩大电压量程的方法是在表头上串联一个分压电阻 R_H(如图 3-14-2 所示)。使超出量程部分的电压加在分压电阻 R_H 上，表头上的电压仍不超过原来的电压量程 I_gR_g。

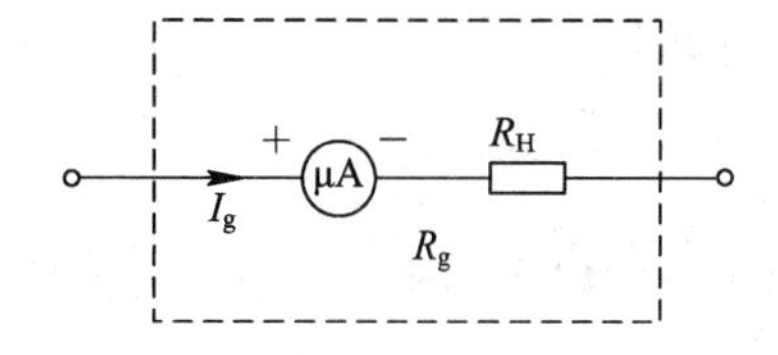

图 3-14-2 改装电压表原理图

设表头的量程为 I_g，内阻为 R_g，欲改成电压表的量程为 V，由欧姆定律得

$$I_g(R_g+R_H)=V \tag{3-14-4}$$

故得

$$R_H=\frac{V}{I_g}-R_g \tag{3-14-5}$$

可见，要将量程为 I_g的表头改装成量程为 V 的电压表，须给表头串联一个阻值为 R_H 的附加电阻。同一表头，串联不同的分压电阻就可得到不同量程的电压表。

3. 将微安表改装成欧姆表

将微安表与可变电阻 R_0(阻值大)、R_m(阻值小)，以及电池、开关等组成如图 3-14-3 所示的电路，即将微安表组装成了一只欧姆表。图中，I_g、R_g是微安表的量程和内阻，E、r 为电池的电动势和内阻，a 和 b 是欧姆表两表笔的接线柱。

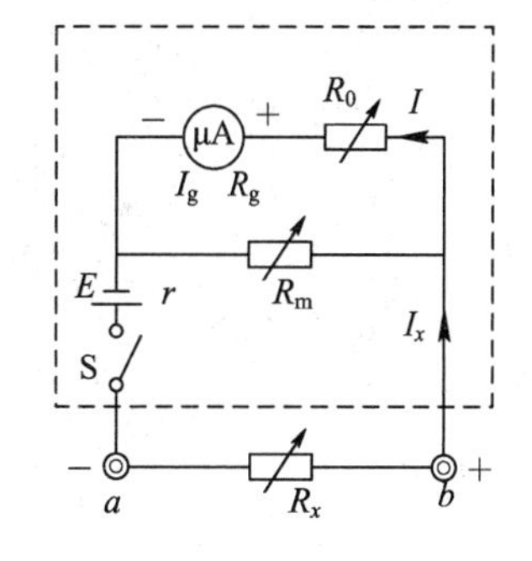

图 3-14-3 改装欧姆表原理图

设 a、b 间由表笔接入待测电阻 R_x后，通过 R_x的电流为 I_x，流经微安表头的电流为 I，根据欧姆定律有

$$I_x=\frac{E}{R_x+r+\frac{R_m(R_0+R_g)}{R_m+(R_0+R_g)}}\approx\frac{E}{R_x+R_m}$$

由于

$$R_m \ll R_0+R_g \qquad (r \ll R_x) \tag{3-14-6}$$

$$I(R_0+R_g)=(I_x-I)R_m \tag{3-14-7}$$

因此可得

$$I=\frac{R_m}{R_0+R_g+R_m}I_x\approx\frac{R_m}{R_0+R_g}\cdot\frac{E}{R_x+R_m} \quad (R_m \ll R_0+R_g) \tag{3-14-8}$$

可以看出，当 R_m、R_0、R_g和 E 一定时，$I \sim R_x$之间有一一对应关系。因此，只要在微安表电流刻度盘上侧标上相应的电阻刻度，就可以用来测量电阻了。根据这种关系绘制的欧姆表刻度如图 3-14-4 所示。由式(3-14-8)可以看出，欧姆表有如下特点：

(1) 当 $R_x=0$(相当于外电路短路)时，适当调节 R_0(零欧调节电阻)可使微安表指针偏

转到满刻度，此时有

$$I=\frac{E}{R_0+R_g}=I_g$$

当 $R_x=\infty$(相当于外电路断路)时，$I=0$，微安表不偏转。

可见，在欧姆表刻度尺上，指针偏转最大时电阻示值为0；指针偏转减小，电阻反而变大；当指针偏转为0时，电阻对应示值为∞(开路)。欧姆表刻度值的大小顺序跟一般电表正好相反。

(2) 当 $R_x=r+\frac{R_m(R_0+R_g)}{R_m+(R_0+R_g)}\approx R_m$ 时，$I=\frac{R_m}{R_x+R_m}\cdot\frac{E}{R_0+R_g}=\frac{1}{2}I_g$，即当待测电阻等于欧姆表内阻时，微安表半偏转，指针正对着刻度尺中央。此时欧姆表的示值习惯上称为中值电阻，亦即 $R_中=R_m$。

$$R_x=2R_中\text{ 时，}I=\frac{I_g}{3}$$

$$R_x=3R_中\text{ 时，}I=\frac{I_g}{4}$$

$$\vdots$$

$$R_x=nR_中\text{ 时，}I=\frac{I_g}{n+1}$$

欧姆表的刻度是不均匀的，指针偏转越小处刻度越密。上述分析还说明为什么欧姆表测量前必须先将 ab 两端短路、调节 R_0 使指针偏到满刻度(对准0 Ω)。

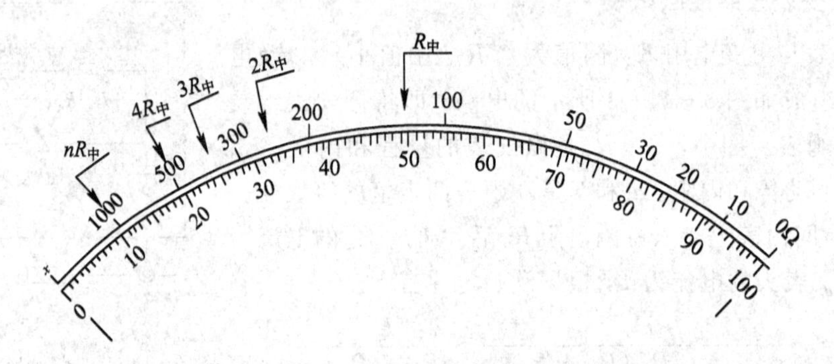

图3-14-4　欧姆表刻度盘

另外，由于欧姆表半偏转时测量误差最小。因此，尽管欧姆表表盘刻度范围为0～∞，但通常只取中间一段($1/5R_中\sim5R_中$)作为有效测量范围。若待测电阻阻值超出这个范围，可将 R_m 扩大10倍、100倍…… 从而使 $R_中$ 也扩大同样倍数。如图3-14-4所示，只要在欧姆表面板上相应标上 $R_x\times10$、$R_x\times100$ 等字样，就可以方便地测量出各挡电阻的阻值。测量时选用 $R_x\times10$ 挡，还是 $R_x\times100$ 挡…… 应由 R_x 的估计值决定，原则上应尽量使欧姆表指针接近半偏转(R_x 接近 $R_中$)为好。

上述欧姆表在理论上能够测量电阻，但实用上有问题。因为电池用久了输出电压会降低，若 a、b 间短路，将 R_0 调小才能使电表满量程，这样中值电阻发生了变化，读数就不准确。因此实用的欧姆表中加进了分流式调零电路，这里不再细述。

三、实验仪器

磁电式微安表头、多量程标准电流表、多量程标准电压表、滑线变阻器、电阻箱、电源、开关(单刀双掷)和导线等。

四、实验内容

1. 测量表头内阻

(1) 连接好线路。本实验用替代法测量表头内阻，电路图如图 3-14-5 所示。测量时先合上 S_1，再将开关 S_2 扳向"1"端，调节 R_1(粗调)、R_2(细调)，使标准电流表 mA 示值对准某一整数值 I_0(如 80 μA)，然后保持 U_{BC}(R_1 和 R_2)不变，将 S_2 扳向"2"端，这时只调节 R_3 使标准电流表 mA 示值保持为 I_0(如 80μA)。这时，表头内阻正好就等于电阻箱 R_3 的读数。

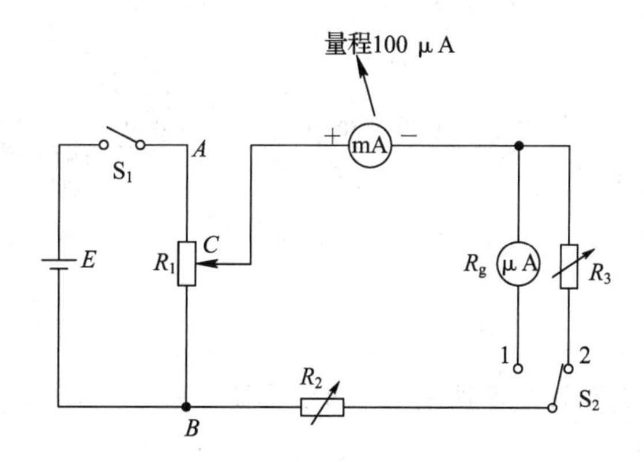

图 3-14-5　替代法测表头内阻电路图

2. 将 100 μA 的表头改装成量程为 1 mA 的电流表

(1) 按图 3-14-6 连接好线路。

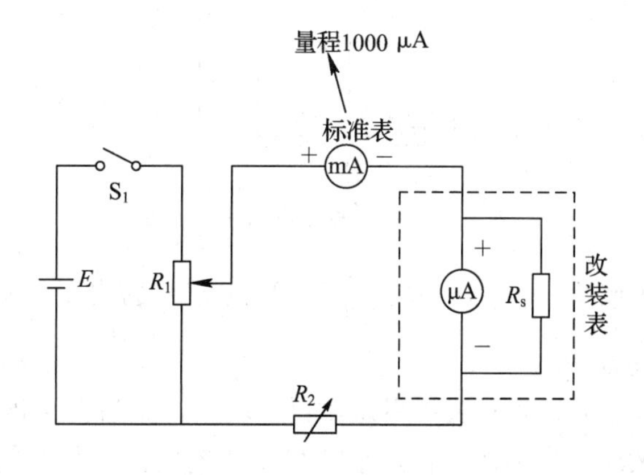

图 3-14-6　校正电流表电路图

(2) 根据测出的表头内阻 R_g，求出分流电阻 $R_s$$\left(计算值\ R_s=\dfrac{R_g}{n-1}\right)$。然后将电阻箱 R_s

调到该示值，图中的虚线框即为改装的 1 mA 电流表。

(3) 校准电流表量程：先调好表头零点(机械零点)，然后调节 R_1 和 R_2 使标准电流表的示值为 1 mA。这时改装电流表的示值应该正好是满刻度值。若有偏离，可反复调节 R_1、R_2(主要影响标准表示值)和 R_s(主要影响改装电流表的示值)，直到改装电流表满偏时标准电流表的示值为 1 mA 为止，这就标志仪表改装成功。记下此时 R_s 的值(即为实验值)。

(4) 校正改装电流表：保持 R_s 不变，调节 R_1、R_2 使改装电流表的示值 I_x 由 1.00、0.90……一直减少到 0.10 mA，即表头示值由 100、90……一直减到 10，记下相应标准表的示值 I_s。

(5) 以改装表示值 I_x 为横坐标，以修正值 $\Delta I_x = I_s - I_x$ 为纵坐标，相邻两点用直线连接，画出折线状的校正曲线 ΔI_x-I_x，如图 3-14-7 所示。

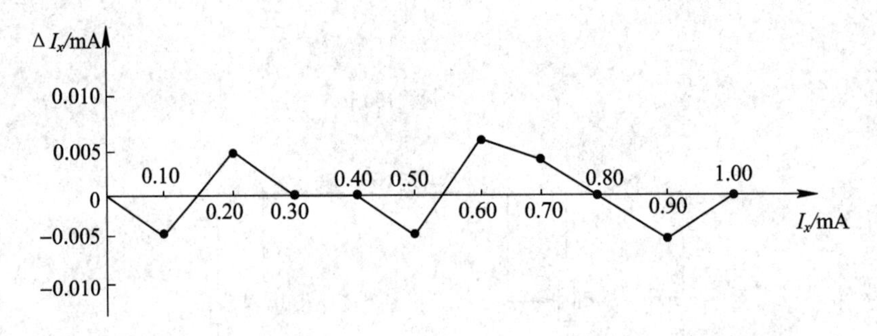

图 3-14-7　电流表校正曲线

3. 将 100 μA 的表头改装成量程为 1 V 的电压表

(1) 按图 3-14-8 连接好线路。

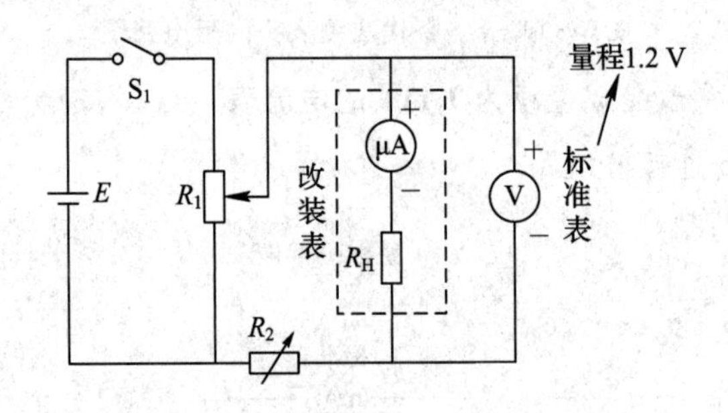

图 3-14-8　校正电压表电路图

(2) 先求出分压电阻 R_H $\left(计算值 R_H=\dfrac{U}{I_g}-R_g\right)$，然后将电阻箱 R_H 调到该示值，图中的虚线框即为改装的电压表。

(3) 校准电压表量程：先调好表头零点(机械零点)。然后调节 R_1 和 R_2 使标准电压表的示值为 1 V。这时改装电压表的示值应该正好是满刻度值。若有偏离，可反复调节 R_1、R_2(主要影响标准电压表)和 R_s(主要影响改装电压表)，直到改装电压表满偏时标准电压表示的值为 1 V 为止；这时改装电压表的量程就符合要求，记下此时分压电阻 R_H(即为实验值)，否则电压表的改装就没有达到要求！

(4) 校正改装电压表：保持 R_s 不变，调节 R_1、R_2 使改装表示值 U_x 由 1.00、0.90……一直减少到 0.10 V，即表头示值由 100、90……一直减到 10 μA，记下相应标准表的示值 U_s。

(5) 画出电压表校正曲线 $\Delta U_x - U_x$。

4. 将 100 μA 的表头改装成中值电阻为 120 Ω 的欧姆表(选做)

(1) 按图 3-14-3 连接好电路，此时已组装好欧姆表。组装通电前应拨好电阻箱 R_0、R_m 的阻值。

(2) 用电阻箱代替 R_x，使 $R_x = 0$ 时，微安表指针对准满刻度值。

(3) 测出相应数据，画出欧姆表刻度盘(注意实物表头刻度)。

五、数据记录与处理

1. 测量表头内阻

测量三次，数据记录入表 3-14-1 中。

表 3-14-1 测量表头内阻数据表格

$I/\mu A$	70.0	80.0	90.0
R_g/Ω			
$\bar{R}_g/\Omega$			

注意 实验过程中 μA 和 mA 两表的示值不同步并不影响 R_g 的测量，但标准电流表 mA 的电流不能超过 1 mA!

2. 将 100 μA 的表头改装成量程为 1 mA 的电流表

将测量的 I_s 记入表 3-14-2 中。

表 3-14-2 电流表校正数据表格

分流电阻 R_s：计算值=______________Ω 实验值=________________Ω

I_x/mA	0.10	0.20	0.30	0.40	0.50	0.60	0.70	0.80	0.90	1.00
I_s/mA										
$\Delta I_x = I_s - I_x$/mA										

3. 将 100 μA 的表头改装成量程为 1 V 的电压表

将测量的 U_s 记入表 3-14-3 中。

表 3-14-3 电压表校正数据表格

分压电阻 R_H：计算值=______________Ω 实验值=______________Ω

U_x/V	0.10	0.20	0.30	0.40	0.50	0.60	0.70	0.80	0.90	1.00
U_s/V										
$\Delta U_x = U_s - U_x$/V										

4. 将 100 μA 的表头改装成中值电阻为 120 Ω 的欧姆表(选做)

将测量值记入表 3-14-4 中。

表 3-14-4 改装欧姆表数据表

R_0= ________ Ω R_m= ________ Ω

R_x/Ω	0	20	30	40	50	80	120
$I/\mu A$							
R_x/Ω	150	200	300	400	500	1000	∞
$I/\mu A$							

六、问题讨论

1. 给定一个已知量限为 I_g 的表头，改装成量限为 I 的电流表，试说明其主要方法及步骤。

2. 将一个量程 $I_g=100\mu A$、内阻 $R_g=1000\ \Omega$ 的表头，欲改装成量限为 5 V 和 10 V 的电压表，试画出改装电路图并分别计算附加电阻 R_H的值。

七、参考文献

[1] 吴百诗. 大学物理(下)[M]. 西安：西安交通大学出版社，2009.

[2] 王建中，王应辉. 现代教育技术与大学物理实验[A]. 湖北省物理学会、武汉物理学会成立 70 周年庆典暨 2002 年学术年会论文集[C]，2002.

[3] 陈志远，黄桂玉，谢菊芳. 大学物理实验课程标准的研究[A]. 湖北省物理学会、武汉物理学会成立 70 周年庆典暨 2002 年学术年会论文集[C]，2002.

[4] 石星军. 大学物理实验教学改革探讨[A]. 2005 年全国高校非物理类专业物理教育学术研讨会论文集[C]，2005.

[5] 周显明. 大学物理实验. 课教学改革浅析[J]. 实验技术与管理，1994(02).

[6] 陈权. 高师探究性物理实验的教学设计与实践[D]. 金华：浙江师范大学，2006.

实验 15 电子元件伏安特性的测量

流过电子元件的电流随两端的电压的增加而线性增加，两者的比值为一常数，其伏安特性是一条直线，这种元件称为线性电阻，如碳膜电阻、金属膜电阻、线绕电阻等。若元件两端的电压与流过元件的电流值之比不是常数，则这种元件称为非线性电阻，如白炽灯、热敏电阻、二极管等。非线性电阻伏安特性所反映的规律，必然与一定的物理过程相联系，利用电阻特性研制成的各种传感器、换能器，在压力、温度、光强等物理量的检测和自动控制方面有十分广泛的应用。

一、实验目的

(1) 学习测量线性和非线性电阻及二极管元件伏安特性的方法，并绘制其特性曲线。

(2) 学习测量电源及其电流的方法。

(3) 掌握运用伏安法判定电阻元件类型的方法。

(4) 学习使用三位半数字万用表测量电压、电流，掌握其测量精度。

二、实验原理

1. 电阻元件

(1) 伏安特性。二端电阻元件的伏安特性是指元件的端电压与通过该元件电流之间的函数关系。通过一定的测量电路，用电压表、电流表可测定电阻元件的伏安特性，由测得的伏安特性可以了解该元件的性质。通过测量得到元件伏安特性的方法称为伏安测量法(简称伏安法)。根据测量所得数据，画出该电阻元件的伏安特性曲线。

(2) 线性电阻元件。线性电阻元件的伏安特性满足欧姆定律，可表示为 $U=IR$。其中，R 为常量，它不随其电压或电流的改变而改变，其伏安特性曲线是一条过坐标原点的直线，具有双向性，如图 3-15-1(a)所示。

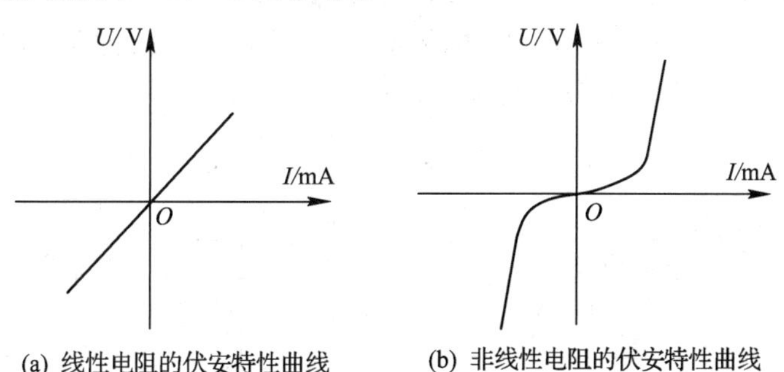

图 3-15-1 伏安特性曲线

(3) 非线性电阻元件。非线性电阻元件不遵循欧姆定律，它的阻值 R 随着其电压或电流的改变而改变，其伏安特性是一条过坐标原点的曲线，如图 3-15-1(b)所示。

(4) 测量方法。在被测电阻元件上施加不同极性和幅值的电压，测量出流过该元件中的电流；或在被测电阻元件中通入不同方向和幅值的电流，测量该元件两端的电压，便得到被测电阻元件的伏安特性。

2. 晶体二极管

二极管的伏安特性是对二极管施加正向偏置电压，则二极管中就有正向电流通过(多数载流子导电)，随着正向偏置电压的增加，开始时，电流随电压变化很缓慢，而当正向偏置电压增至接近二极管导通电压时(锗管为 0.2 V 左右，硅管为 0.7 V 左右)，电流急剧增加，二极管导通后，电压的少许变化都会使电流的变化很大。

对上述两种器件施加反向偏置电压时，二极管处于截止状态，其反向电压增加至该二极管的击穿电压时，电流猛增，二极管被击穿。在二极管使用中应尽量避免出现击穿现象，这很容易造成二极管的永久性损坏。所以在测量二极管的反向特性时，应串入限流电阻，以防因反向电流过大而损坏二极管。

二极管伏安特性示意如图 3-15-2 和图 3-15-3 所示。

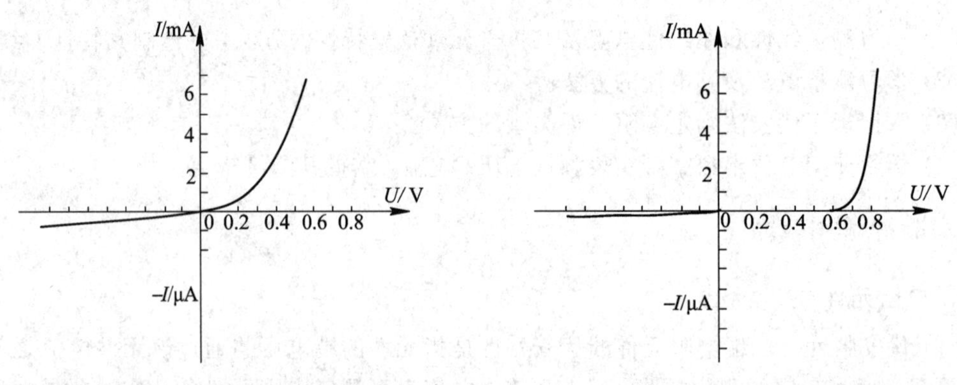

图 3-15-2　锗二极管伏安特性曲线　　图 3-15-3　硅二极管伏安特性曲线

3. 直流电压源

(1) 直流电压源。

理想的直流电压源输出固定幅值的电压，而它的输出电流大小取决于它所连接的外电路。因此它的外特性曲线是平行于电流轴的直线，如图 3-15-4(a)中实线所示。实际电压源的外特性曲线如图 3-15-4(a)中虚线所示，在线性工作区它可以用一个理想电压源 U_s 和内电阻 R_s 相串联的电路模型来表示，如图 3-15-4(b)所示。

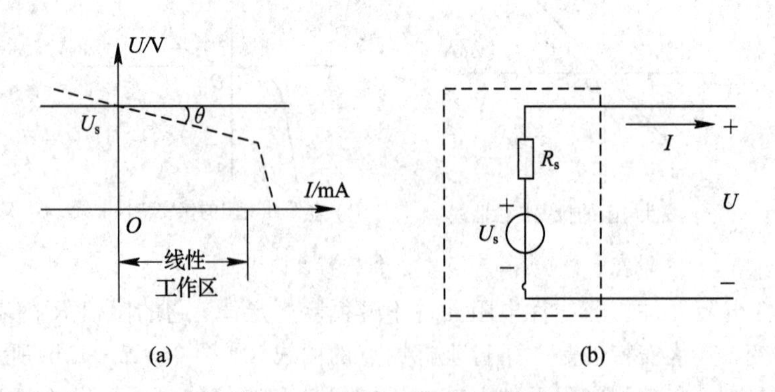

图 3-15-4　电压源外特性示意图

图 3-15-4(a)中 θ 越大，说明实际电压源内阻 R_s 值越大。实际电压源的电压 U 和电流 I 的关系式为

$$U = U_s - R_s \cdot I \tag{3-15-1}$$

(2) 测量方法。

将电压源与一可调负载电阻串联，改变负载电阻 R_2 的阻值，测量出相应的电压源电流和端电压，便可以得到被测电压源的外特性。

4. 直流电流源

(1) 直流电流源。

理想的直流电流源输出固定幅值的电流，而其端电压的大小取决于外电路，因此它的外特性曲线是平行于电压轴的直线，如图 3-15-5(a)中实线所示。实际电流源的外特性曲线如图 3-15-5(a)中虚线所示。在线性工作区它可以用一个理想电流源 I_s 和内电导 G_s ($G_s = 1/R_s$)相并联的电路模型来表示，如图 3-15-5(b)所示。图 3-15-5(a)中的 θ 越大，说明实际电流源内电导 G_s 值越大。实际电流源的电流 I 和电压 U 的关系为

$$I = I_s - U \cdot G_s \tag{3-15-2}$$

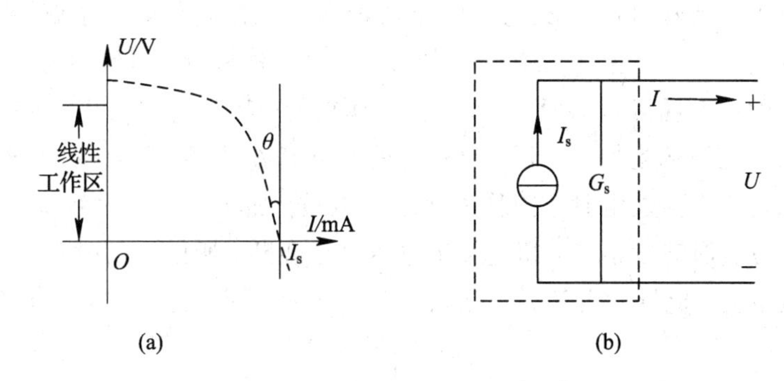

图 3-15-5 电流源外特性示意图

(2) 测量方法。

电流源外特性的测量与电压源的测量方法一样。

三、实验仪器

直流恒压源、恒流源，数字万用表 2 个，各种电阻 11 只，白炽灯泡 1 只(12 V/1 W)及灯座，短接桥和连接导线及九孔插件方板等。

四、实验内容

1. 测量线性电阻元件的伏安特性

(1) 调节电源的电流为 150 mA 左右，具体操作：将电源电压调节为 10 V 左右，将电源输出端(正、负端)进行短路，调节电流调节旋钮，使其为所要求的值。

注意 并非所有电源都可以这么操作!

(2) 按图 3-15-6 连线，取 $R_L = 100\ \Omega$，U_s 用直流稳压电源，先将稳压电源输出电压旋钮置于零位。

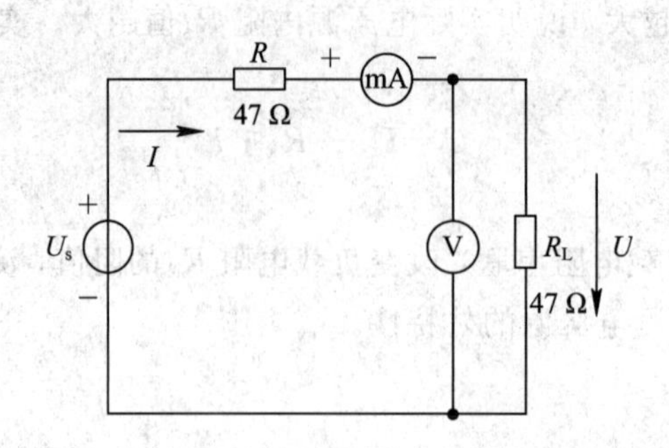

图 3-15-6　线性电阻元件的实验线路

(3) 调节稳压电源输出电压旋钮，使电压 U_s 分别为 0 V、1 V、2 V、3 V、4 V、5 V、6 V、7 V、8 V、9 V、10 V，并测量对应的电流值和负载 R_L 两端电压 U，然后断开电源，将稳压电源输出电压旋钮置于零位。

(4) 根据测得的数据，绘制出 $R_L=100\ \Omega$ 电阻的伏安特性曲线。

2. 测量非线性电阻元件的伏安特性(钨丝灯电阻伏安特性测量)

通过本实验了解钨丝灯电阻随施加电压增加而增加的特性，并了解钨丝灯的使用情况。实验仪用灯泡中钨丝和家用白炽灯泡中钨丝同属一种材料，但丝的粗细和长短不同。

本实验的钨丝灯泡规格为 12 V、0.1 A。金属钨的电阻温度系数为 $4.8\times10^{-3}\ \Omega/℃$，为正温度系数。当灯泡两端施加电压后，钨丝上就有电流流过，产生功耗，灯丝温度上升，致使灯泡电阻增加。灯泡不加电时电阻称为冷态电阻，施加额定电压时测得的电阻称为热态电阻。由于钨丝点亮时温度很高，超过额定电压时会烧断，所以使用时不能超过额定电压。在一定的电流范围内，电压和电流的关系为

$$U=KI^n \tag{3-15-3}$$

式中：U 为灯泡二端电压，I 为灯泡流过的电流，K、n 为与灯泡有关的常数。

为了求得常数 K 和 n，可以通过二次测量所得 U_1、I_1 和 U_2、I_2，得到

$$U_1=KI_1^n \tag{3-15-4}$$

$$U_2=KI_2^n \tag{3-15-5}$$

将式(3-15-4)除以式(3-15-5)可得

$$n=\frac{\lg\dfrac{U_1}{U_2}}{\lg\dfrac{I_1}{I_2}} \tag{3-15-6}$$

将式(3-15-6)代入式(3-15-4)可以得到

$$K=U_1I_1^{-n} \tag{3-15-7}$$

注意　一定要控制好钨丝灯泡的两端电压，严禁超过额定电压！

灯泡电阻在端电压 12 V 范围内，大约为几欧姆到一百多欧姆，电压表在 20 V 挡内阻为 1 MΩ，远大于灯泡电阻，而电流表在 200 mA 挡时内阻为 10 Ω 或 1 Ω(因万用表不同而不同)，和灯泡电阻相比，大小相近，因此，宜采用电流表外接法测量，如图 3-15-7 所示。

注意　接线前应确认电压源的输出已经调到最小！按表 3-15-2 设定的过程，逐步增

加电源电压，注意不要超过 12 V！

在坐标纸上画出钨丝灯泡的伏安特性曲线，电阻计算值也标注在坐标图上。

选择两组数据，按式(3－15－6)和式(3－15－7)计算出 K、n 两个数值。

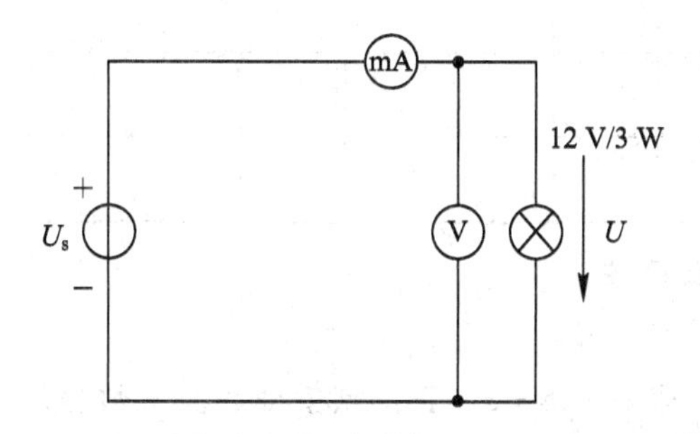

图 3－15－7　钨丝灯泡伏安特性测试电路

3. 测量二极管的伏安特性

二极管在正向导通时，呈现的电阻值较小，宜采用电流表外接测试电路。测试电路如图 3－15－8 所示，电源电压在 0～10 V 内调节，510 Ω 固定电阻为限流电阻，调节电源电压，以得到所需电流值，在坐标纸上画出二极管正向伏安特性曲线。

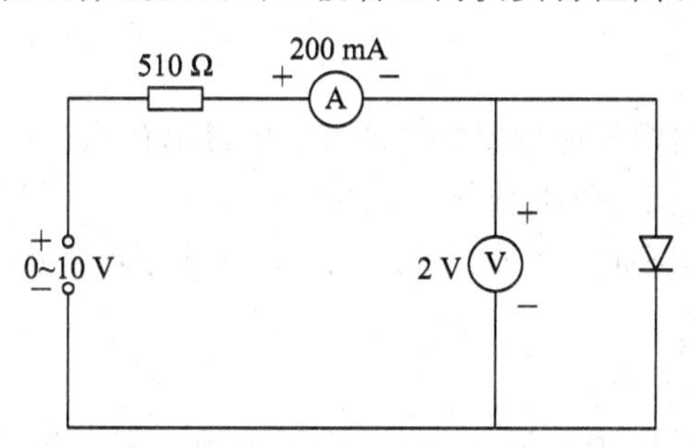

图 3－15－8　二极管正向特性测试电路

五、数据记录与处理

1. 测量线性电阻元件的伏安特性

数据记入表 3－15－1 中。

表格 3－15－1　线性电阻元件实验数据表

U_s/V	0	1	2	3	4	5	6	7	8	9	10
I/mA											
U/V											
R/Ω											

2. 测量非线性电阻元件的伏安特性

记录相应的数据到表 3－15－2 中。

表 3-15-2 钨丝灯泡伏安特性测试数据表

U_s/V	0	1	2	3	4	5	6	7	8	9	10
灯泡电流 I/mA											
灯泡电阻计算值/Ω											
灯泡电压 U/V											

3. 测量二极管的伏安特性

记录相应的数据到表 3-15-3 中。

表 3-15-3 正向伏安曲线测试数据表

I/mA								
U/V								
电阻计算值/kΩ								

注：实验时二极管正向电流不得超过 20 mA。

六、问题讨论

1. 比较 47 Ω电阻与白炽灯的伏安特性曲线，可得出什么结论？
2. 试从钨丝灯泡的伏安特性曲线解释，为什么在开灯的时候容易烧坏？
3. 二极管反向电阻和正向电阻差异如此大，其物理原理是什么？

七、参考文献

[1] 吴百诗. 大学物理(下)[M]. 西安：西安交通大学出版社，2009.
[2] 刘俊星. 大学物理实验实用教程[M]. 北京：清华大学出版社，2012.
[3] 吕斯骅，段家忯. 基础物理实验[M]. 北京：北京大学出版社，2002.

实验16 电子偏转特性的测量

电子是最早发现的基本粒子，带负电，电量为1.602189×10^{-19}库仑，是电量的最小单元，质量为9.10953×10^{-28}克，常用符号e表示。它是1897年由英国物理学家约瑟夫·约翰·汤姆逊在研究阴极射线时发现的。电子的定向运动形成电流，如金属导线中的电流。利用电场和磁场，能按照需要控制电子的运动(在固体、真空中)，从而制造出各种电子仪器和元件，如各种电子管、示波器、电子显微镜等。

一、实验目的

(1) 通过实验深刻理解带电粒子在电场和磁场中的运动规律。

(2) 了解示波管的结构和原理。

(3) 研究示波管中电子的电偏转、磁偏转及电聚焦规律。

(4) 学习电子的粒子性和波动性，拓展其在电子管、示波器、电子显微镜等领域中的应用。

二、实验原理

在大多数电子束线管中，电子束都在互相垂直的两个方向上偏移，以使电子束能够到达电子接收器的任何位置，通常运用外加电场和磁场的方法实现，如示波管、显像管等器件就是在这个基础上运用相同的原理制成的。

示波管的内部构造如图3-16-1所示。

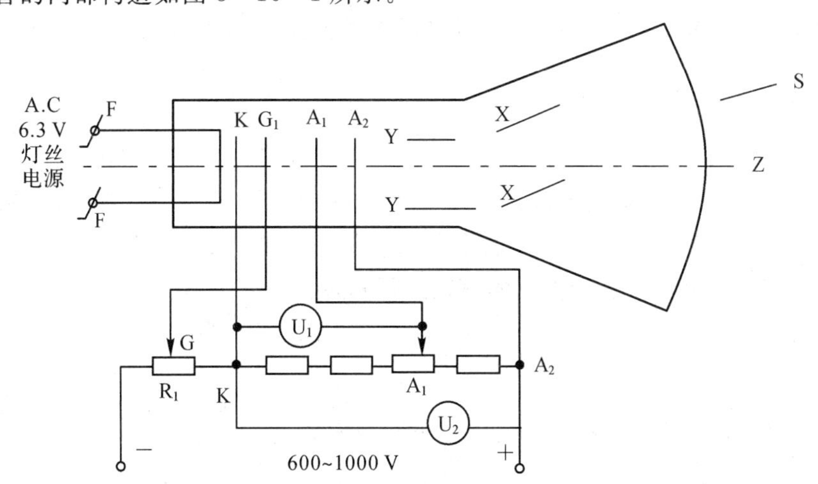

K—阴极；G—栅极；A_1—聚焦阳极；A_2—第二阳极；Y—垂直偏转板；X—水平偏转板；S—荧光屏

图3-16-1 示波管的内部构造图

1. 电子在横向电场作用下的运动——电子束的电偏转原理

电子束的电偏转原理如图3-16-2所示。通常在示波管(又称电子束线管)的偏转板

上加上偏转电压 U，当加速后的电子以速度 v 沿 Z 方向进入偏转板后，受到偏转电场 E（Y 轴方向）的作用，使电子的运动轨道发生偏移。假定偏转电场在偏转板 l 范围内是均匀的，电子作抛物线运动，在偏转板外电场为零，电子不受力，作匀速直线运动。

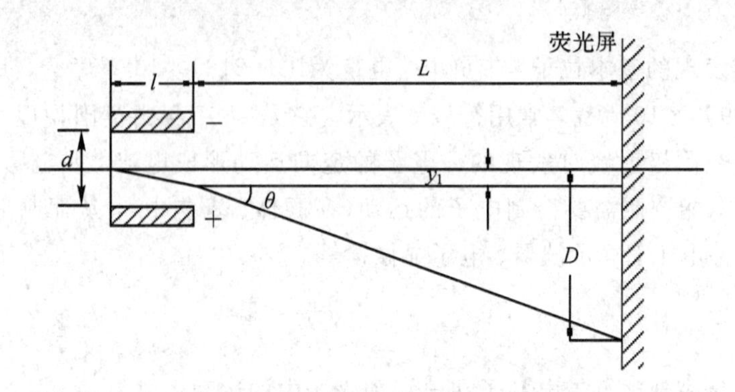

图 3-16-2　电子束的电偏转原理图

电子从阴极发射出来时，可以认为它的初速度为零。电子枪内阳极 A_2 相对阴极 K 具有几百甚至几千伏的加速正电位 U_2。它产生的电场使电子沿轴向加速。电子从速度为 0 到达 A_2 时的速度为 v。由能量关系有

$$\frac{1}{2}mv^2 = eU_2$$

所以

$$v = \sqrt{\frac{2eU_2}{m}} \tag{3-16-1}$$

设电子的速度方向为 Z，电场方向为 Y（或 X）轴。当电子进入平行板空间时，$t_0=0$，电子速度为 v，此时有 $v_Z=v$，$v_y=0$。设平行板的长度为 l，电子通过 l 所需的时间为 t，则有

$$t = \frac{l}{v_z} = \frac{1}{v} \tag{3-16-2}$$

电子在平行板间受电场力的作用，电子在与电场平行的方向产生的加速度为 $a_y = -eE/m$ 。其中 e 为电子的电量，m 为电子的质量。负号表示 a_y 方向与电场方向相反。当电子射出平行板时，在 y 方向电子偏离轴的距离为

$$y_1 = \frac{1}{2}a_y t^2 = \frac{1}{2}\frac{eE}{m}t^2$$

将 $t=l/v$ 代入，得

$$y_1 = \frac{1}{2}\frac{eE}{m}\frac{l^2}{v^2}$$

过阳极 A_2 的电子具有 v 的速度进入两个相对平行的偏转板间。若在两个偏转板上加上电压 U_d，两个平行板间距离为 d，则平行板间的电场强度 $E=\frac{U_d}{d}$，电场强度的方向与电子速度 v 的方向相互垂直，如图 3-16-2 所示。

再将 $v=\sqrt{2eU_2/m}$ 代入，得

$$y_1=\frac{1}{4}\frac{U_d}{U_2}\frac{l^2}{d} \tag{3-16-3}$$

$$\tan\theta=\frac{\mathrm{d}y_1}{d_L}=\frac{U_dL}{2U_2d} \tag{3-16-4}$$

由图 3-16-2 可以看出，电子在荧光屏上偏转距离 D 为 $D=Y_1+L\tan\theta$，将式(3-16-3)和式(3-16-4)代入得

$$D=\frac{1}{2}\frac{U_dl}{U_2d}\left(\frac{l}{2}+L\right) \tag{3-16-5}$$

从式(3-16-5)可看出，偏转量 D 随 U_d 增加而增加，与(1/2)+L 成正比。偏转量与 U_2 和 d 成反比。

可见，当加速电压 U_2 一定时，偏转距离与偏转电压成线性关系。为了反映电偏转的灵敏程度，定义

$$\delta_{电}=\frac{S}{V}=k_e\left(\frac{1}{V_2}\right) \tag{3-16-6}$$

$\delta_{电}$ 称为电偏转灵敏度，单位为毫米/伏。$\delta_{电}$ 越大，表示电偏转系统的灵敏度越高。

因此电场偏转的特点是：电子束线偏离 Z 轴(即荧光屏中心)的距离与偏转板两端的电压成正比，与加速极的加速电压成反比。

2. 电子在横向磁场作用下的运动——电子束的磁偏转原理

电子束磁偏转原理如图 3-16-3 所示。

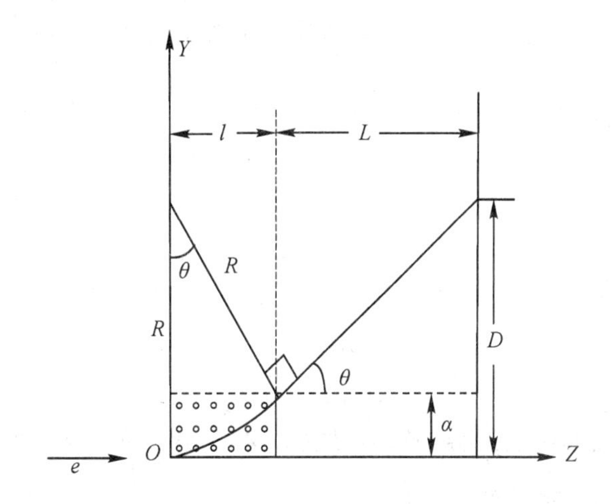

图 3-16-3 电子束磁偏转原理图

通常在示波管的电子枪和荧光屏之间加上一均匀横向偏转磁场，假定在 l 范围内是均匀的，在其它范围都为零。当电子以速度 v 沿 Z 方向垂直射入磁场 B 时，将受到洛仑兹力的作在均匀磁场 B 内电子作匀速圆周运动，轨道半径为 R，电子穿出磁场后，将沿切线方向作匀速直线运动，最后打在荧光屏上。由洛仑兹力和牛顿第二定律得

$$f=evB=m\frac{v^2}{R}$$

可得

$$R=\frac{mv}{eB}$$

电子离开磁场区域与 Z 轴偏斜了 θ 角度，由图 3－16－3 中的几何关系得

$$\sin\theta=\frac{l}{R}=\frac{leB}{mv}$$

电子束离开磁场区域时，距离 Z 轴的距离 α 为

$$\alpha=R-R\cos\theta=R(1-\cos\theta)=\frac{mv}{eB}(1-\cos\theta)$$

电子束在荧光屏上离开 Z 轴的距离为

$$D=L\cdot\tan\theta+\alpha$$

如果偏转角度足够小，则可取下列近似：

$$\sin\theta=\tan\theta=\theta；\cos\theta=1-\frac{\theta^2}{2}$$

则总偏转距离为

$$\begin{aligned}S&=L\cdot\theta+R\left(1-1+\frac{\theta^2}{2}\right)=L\cdot\theta+\frac{R\theta^2}{2}\\&=L\cdot\theta+\frac{mv}{eB}\cdot\frac{\theta^2}{2}=L\cdot\frac{leB}{mv}+\frac{mv}{eB}\cdot\frac{1}{2}\left(\frac{leB}{mv}\right)^2\\&=L\frac{leB}{mv}+\frac{l^2eB}{2mv}=\frac{leB}{mv}\left(L+\frac{l}{2}\right)\end{aligned}\tag{3-16-7}$$

又因为电子在加速电压 U_2 的作用下，加速场对电子所做的功全部转变为电子的动能，则

$$eU_2=\frac{1}{2}mv^2$$

即

$$v=\sqrt{\frac{2eU_2}{m}}$$

代入式(3－16－7)，得

$$D=\frac{leB}{\sqrt{2meU_2}}\left(L+\frac{1}{2}l\right)\tag{3-16-8}$$

式(3－16－8)说明，磁偏转的距离与所加磁感应强度 B 成正比，与加速电压的平方根成反比。

由于偏转磁场是由一对平行线圈产生的，所以有

$$B=KI$$

式中：I 是励磁电流，K 是与线圈结构和匝数有关的常数。代入式(3－16－8)，得

$$D=\frac{KleI}{\sqrt{2meU_2}}\left(L+\frac{1}{2}l\right)\tag{3-16-9}$$

由于式中除加速电压 U_2 外其它量都是常数，故可写成

$$D=k_{\mathrm{m}}\cdot\frac{I}{\sqrt{U_2}}\tag{3-16-10}$$

式中：k_m 为磁偏常数。可见，当加速电压一定时，位移与励磁电流成线性关系。为了描述磁偏转的灵敏程度，定义

$$\delta_{磁}=\frac{D}{I}=k_m\frac{1}{\sqrt{U_2}} \tag{3-16-11}$$

$\delta_{磁}$ 称为磁偏转灵敏度，单位为毫米/安培。同样，$\delta_{磁}$ 越大，磁偏转的灵敏度越高。

综上所述，在加速电压一定的条件下，偏转量与励磁电流成线性关系。但直线的斜率即磁偏转灵敏度 δ 随加速电压的变化规律与静电偏转情况下是不同的。静电偏转灵敏度与加速电压成反比，磁偏转情况下它与加速电压的平方根成反比。

三、实验仪器

DZS－D 型电子束实验仪的面板如图 3－16－4 所示。

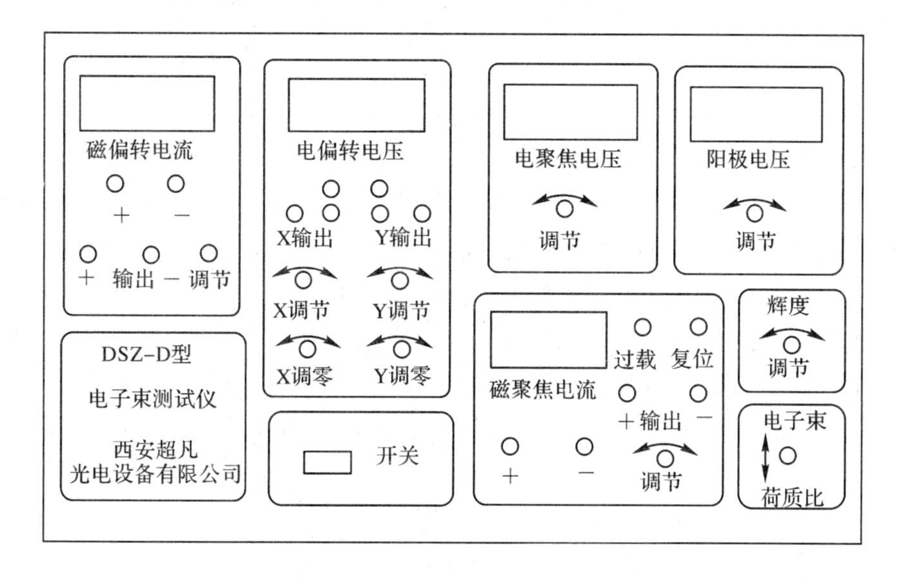

图 3－16－4 电子束实验仪面板示意图

四、实验内容

1. 调节

（1）开启电源，将“电子束一荷质比”选择开关扳向“电子束”位置，辉度适当调节，并调节聚焦，使屏上光点聚成一细点。应注意：光点不能太亮，以免烧坏荧光屏。

（2）光点调零，将“X 输出”的两插孔和电偏转电压表的两输入插孔相连接，调节“X 调节”旋钮，使电压表的指针在零位，再调节“X 调零”旋钮，使光点位于示波管垂直中线上，同 X 调零一样，将 Y 调节后，光点位于示波管的中心原点。

2. 测量电偏转量 D 随 $U_{dx}(U_{dy})$ 的变化

调节阳极电压旋钮，给定阳极电压 U_2。将电偏转电压表并在电偏转输出的两插孔上，分别测量横向电压 $U_{dx}(U_{dy})$，改变阳极电压 U_2，再各测两组数据，分别记入表 3－16－1 和表 3－16－2 中。

表 3-16-1　X 轴方向电偏转测量数据表

D/mm				−16.0	−12.0	−8.0	−4.0	0	4.0	8.0	12.0	16.0
1	U_2/V	1000	U_{dx}/V									
2	U_2/V	900	U_{dx}/V									
3	U_2/V	800	U_{dx}/V									

表 3-16-2　Y 轴方向电偏转测量数据表

D/mm				−16.0	−12.0	−8.0	−4.0	0	4.0	8.0	12.0	16.0
1	U_2/V	1000	U_{dy}/V									
2	U_2/V	900	U_{dy}/V									
3	U_2/V	800	U_{dy}/V									

3. 测量磁偏转量 D 随 I_m 的变化

(1) 光点调零：通过调节“X 调零”和“Y 调零”旋钮，使光点位于 Y 轴的中心原点。

(2) 给定 U_2，将“磁偏转电流表”、“磁偏转电源输出”和“磁偏转线圈”(电子管右侧面)串联起来，当磁偏电流调节为 0 时，光点位于 Y 轴的中心原点；调节“磁偏电流调节”旋钮，改变磁偏电流的大小，测量一组 D(如 0～16 mm)和对应的 I_m 值。改变磁偏电流方向(“磁偏转线圈”两根插头交换)，注意此时磁偏转电流调节为 0 时，光点位于 Y 轴的中心原点，再测反方向的 D 和对应的 I_m 值(此时电流应记为负值)。改变阳极电压 U_2，再各测两组，分别记入表 3-16-3 中。

表 3-16-3　磁偏转数据表

D/mm				−12.0	−9.0	−6.0	−3.0	0	3.0	6.0	9.0	12.0
1	U_2/V	1000	I_m/mA									
2	U_2/V	900	I_m/mA									
3	U_2/V	800	I_m/mA									

五、数据记录与处理

1. 依据表 3-16-1，用 $U_2=1000$ V 和 $U_2=800$ V 的两组数据在同一个坐标系中作 $D-U_{dx}$ 曲线，并从图中取点求出两条直线的斜率，此斜率 $\varepsilon_x=\Delta D/\Delta U_{dx}$ 即为 X 轴的电偏转灵敏度。比较偏转灵敏度 ε_x 和加速电压 U_2 的对应关系(要求作图的数据表格、计算过程及比较结果均在坐标纸上完成)。

2. 依据表 3-16-2 和表 3-16-3，同上分别作 $D-U_{dy}$ 和 $D-I_m$ 曲线，并求出 Y 轴的电偏转灵敏度 $\varepsilon_y=\Delta D/\Delta U_{dy}$ 和磁偏转灵敏度 $\delta_m=|\Delta D/\Delta I_m|$。比较偏转灵敏度和加速电压 U_2 的对应关系。要求求灵敏度的整个过程直接写在坐标纸上。

六、问题讨论

1. 由电偏转灵敏度的计算结果，能得出 ε 与 U_2 有什么关系？
2. 偏转量的大小与光点的亮度是否有关？为什么？
3. 地球表面的磁场对电子显像管中电子的运动有多大影响？能否忽略？

七、参考文献

[1] 王琪，卢佃清，李新华. 电子束实验仪测荷质比及其测量结果的不确定度评定[J]. 实验技术与管理，2006(02).
[2] 吴百诗. 大学物理(下)[M]. 西安：西安交通大学出版社，2009.
[3] 陈秀洪，苏未安. 关于磁聚焦实验中荧光屏上显示的线段与所加电场之间的关系[J]. 大学物理，2007(04).
[4] 刘汉平，刘汉法. 电子荷质比实验仪励磁电源的改进[J]. 物理实验，1999(06).

实验 17　灵敏电流计特性的测量

灵敏电流计是一种高灵敏度的磁电式仪表，它的灵敏度很高，用来检测闭合回路中的微弱电流(约 $10^{-6}\sim10^{-10}$ A)或微弱电压(约 $10^{-3}\sim10^{-6}$ V)，如光电流、生物电流、温差电动势等，更常用作检流计，如作为电桥、电位差计中的示零器。常见的电流计有指针式、壁架式和光点式等。灵敏电流计常用于测直流电路中微小电流和微小电势差，主要用作扩大电流表量程等用，如用于惠斯顿电桥、温差电偶、电磁感应、光电效应等。

一、实验目的

(1) 通过实验深刻理解法拉第电磁感应定律。

(2) 了解灵敏电流计的结构和工作原理，理解灵敏电流计的三种运动状态。

(3) 测定灵敏电流计的临界外阻、电流常数和内阻。

(4) 拓展研究灵敏电流计在检测微小电流和微小电势中的应用。

二、实验原理

1. 灵敏电流计的结构

灵敏电流计主要由三部分组成：磁场部分、偏转部分和读数部分，如图 3-17-1 和图 3-17-2 所示。

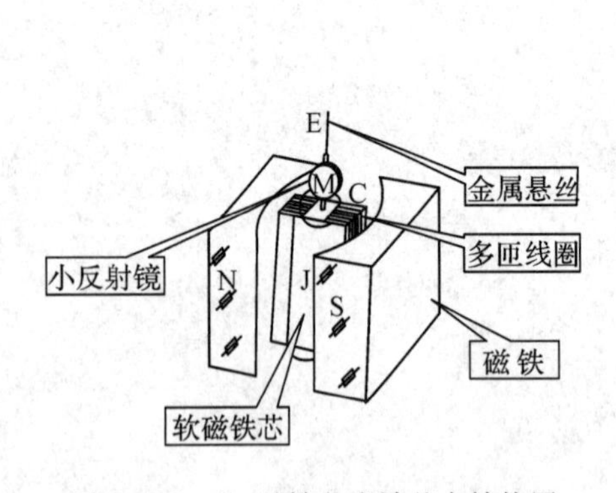

图 3-17-1　灵敏电流计基本结构图

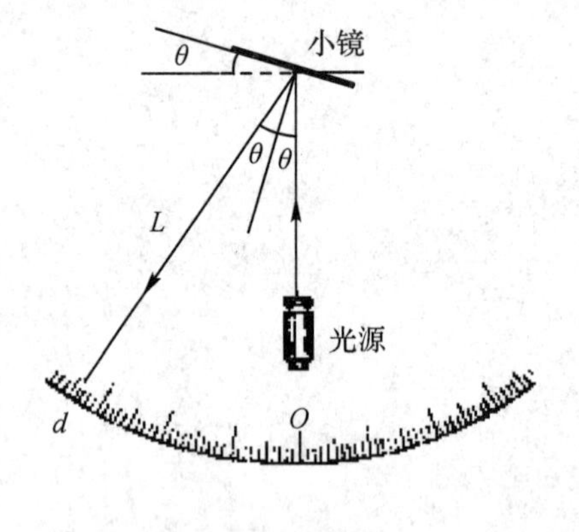

图 3-17-2　灵敏电流计镜尺系统

(1) 磁场部分：在永久磁铁的 N 极和 S 极之间安装一个柱形软磁铁，使磁极与软磁铁柱缝隙里的磁场分布呈均匀辐射状。

(2) 偏转部分：一个用细导线绕制的矩形线圈悬挂于磁隙间，并能以悬丝为轴转动。悬丝是能导电的青铜薄带，具有良好的扭转弹性，悬丝的扭力矩很小(普通电表采用宝石轴承加游丝式结构，轴承存在较大的摩擦力矩)。上下悬丝各与线圈的导线两端连接。

(3) 读数部分：一个小反射镜固定在悬丝线圈骨架下面，用它把光源射来的光反射到标尺上，形成一个光标进行读数，其等效指针长度达 1 m 以上。

由于用扭力矩很小的悬丝代替了普通电表的一般游丝，减少了轴承摩擦，用光学指示替代了机械指针，使得电流计的灵敏度提高了好几个数量级。

2. 灵敏电流计的工作原理

如图 3-17-1 所示，当有电流 I_g 流过线圈时，根据电磁学基本原理，线圈所受的磁力矩为

$$M_B = NSBI_g \tag{3-17-1}$$

式中：N 和 S 为线圈匝数和截面积，B 为磁极与铁芯间隙中的磁感应强度。同时，线圈偏转过程中受到悬丝产生的扭力矩(恢复力矩)的作用，其大小为

$$M_\theta = -D\theta \tag{3-17-2}$$

式中：D 为悬丝的弹性扭转系数，负号表示线圈偏转角 θ 转向与 M_θ 相反。

当线圈最后静止下来时偏转角为 M_θ，则有

$$M_\theta = -D\theta_0$$

此时 $M_B + M_{\theta_0} = 0$，即 $NBSI_g = D\theta_0$，因而有

$$I_g = \frac{D}{NBS}\theta_0 = K\theta_0 \tag{3-17-3}$$

式中：$K = D/(NBS)$。可见，线圈偏转角 θ_0 和线圈通过的电流 I_g 成正比，由线圈偏转角 θ_0 就可以确定 I_g 的大小。

线圈偏转角 θ_0 可由前面所述的光源投射到小镜上，再反射到标尺上的光标所移动的距离 d 和标尺与小镜的距离 L(如图 3-17-2 所示)求得。由光的反射定律，标尺上读数 d 与 θ_0 的关系是

$$d = L \cdot 2\theta_0 \qquad 或 \qquad \theta_0 = \frac{d}{2L}$$

式中：L 为标尺与反射镜间距离，代入式(3-17-3)有

$$I_g = \frac{D}{2LNBS} \cdot d = K_i d \tag{3-17-4}$$

式中：$K_i = D/(2LNBS)$ 为电流计常数。

式(3-17-4)表明通过电流计的电流 I_g 与标尺上的读数 d 成正比。电流计给定，电流计常数就确定了。

灵敏电流计的电流常数 K_i 是由电流计本身的结构决定的，单位是(A/分度)，表示光标每偏转 1 分度(1 毫米)所对应的电流值。K_i 值越小，电流计越灵敏，K_i 的倒数($1/K_i = S$)称为灵敏电流计的电流灵敏度，即 S 越大，电流计灵敏度越高。

3. 灵敏电流计的三种运动状态

当外加电流通过灵敏电流计或断去外电流使线圈发生转动(实际上，无论什么原因使得电流计的线圈发生转动，比如轻拍电流计)时，由于线圈具有转动惯量和转动动能，它不可能一下就停止在平衡位置上，而是要在平衡位置附近摆动一段时间后才能稳定，摆动时

间的长短直接影响测量的速度。为此有必要了解影响线圈运动状态的各种因素。灵敏电流计工作时，总是由它的内阻 R_g 与外电路电阻 $R_外$ 构成闭合回路，线圈在磁场中转动时就会产生感应电流。根据楞次定律，这个感应电流产生的电磁力矩是一个阻力矩——电磁阻尼力矩。电磁阻尼力矩阻碍线圈运动，其大小除了与电流计的结构有关之外，还与电流计回路的总电阻有关，即

$$M \propto \frac{1}{R_g + R_外} \tag{3-17-5}$$

可见，控制 $R_外$（电流计回路除内阻 R_g 外的总电阻）的大小，就可控制电磁阻尼力矩 M 的大小，从而控制线圈的运动状态。图 3-17-3 是电流计的三种运动状态曲线图。

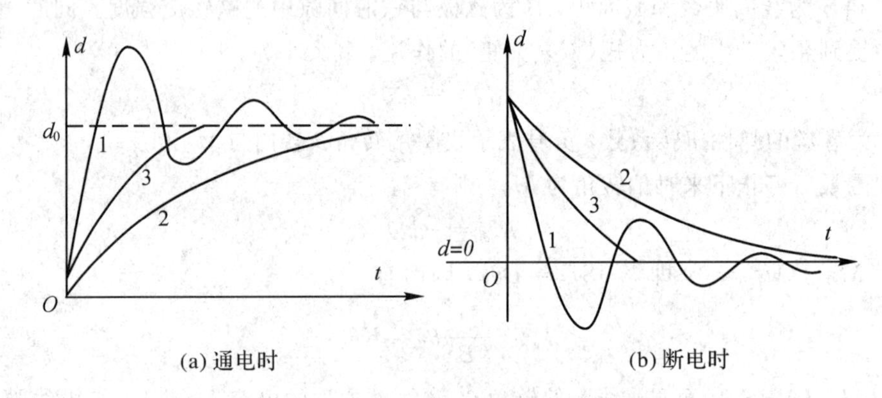

1—欠阻尼状态；2—过阻尼状态；3—临阻尼状态

图 3-17-3　三种阻尼状态图

(1) 欠阻尼状态：当 $R_外$ 较大时，感应电流较小，电磁阻力矩 M 较小，线圈偏离平衡位置后就会在平衡位置附近来回振动，振幅逐渐衰减，经过较长时间才能停止在平衡位置。$R_外$ 越大，M 越小，线圈振动次数越多，回到平衡位置所需的时间就越长。

(2) 过阻尼：当 $R_外$ 较小时，感应电流较大，电磁阻力矩 M 较大，线圈偏离平衡位置后会缓慢地回到平衡位置，但不会越过平衡位置。（利用此特性，将一个开关与电流计并联，当电流计光标运动到平衡位置附近时，将开关闭合，电流计光标即可迅速停在平衡位置附近，这样方便了我们的调节。这个开关叫阻尼开关。灵敏电流计面板上的“短路”挡，就是这样的阻尼开关装置，冲击电流计实验中，安装在墙上的短路开关“S_3”也起这一作用。）

(3) 临界阻尼：当 $R_外$ 适当时，线圈偏离平衡位置后能很快正好回到平衡位置而又不发生振动，临界阻尼状态的外电阻称为电流计的临界阻尼电阻 R_c。

显然，电流计工作在临界状态时，最有利于观察和读数。

三、实验仪器

AC15/4 型直流复射式检流计、电源、电压表、滑线电阻器、标准电阻、电阻箱两个、单刀双掷开关两个、导线等。

四、实验内容

1. 观察电流计的三种运动状态，测定外临界电阻 R_c

按图 3-17-4 连接好电路，其中直流电源 E 电压大约 5～6 V，S_1 和 S_2 为单刀开关，R_0 为滑线电阻，R_1 和 R 为电阻箱。R_s 为标准电阻。V 为电压表(规定使用 3 V 量程)，G 为灵敏电流计。分流器初始置于“短路”挡。合上 S_1，调 R_0 使电压表指示数为零。R_1 初始取 5000 Ω 左右。

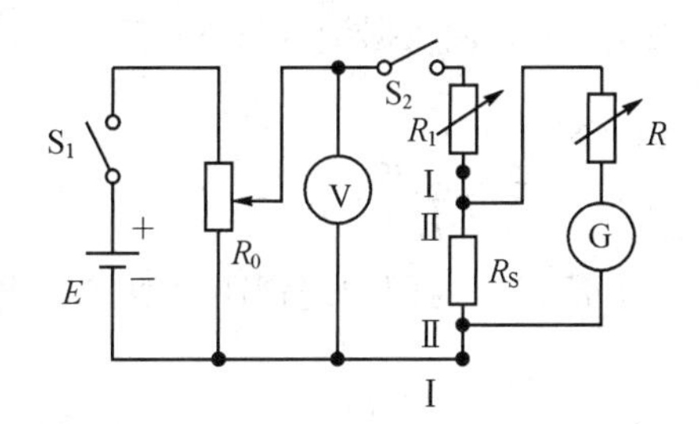

图 3-17-4　灵敏电流计实验电路图

直流标准电阻 R_s 是由高稳定度的锰铜丝制成的。为减小接触电阻带来的误差，它设有两对接头：一对是电流接头(Ⅰ)，利用这对接头把标准电阻串接接入电路；另一对是电位接头(Ⅱ)，利用这对接头取出标准电阻上的电压(与电流计支路并联)。标准电阻的电阻值是在 20℃时一对电位接头间的阻值，本实验中，该电阻等于 0.100 Ω。

按照电流计铭牌上给出的外临界电阻 R_c 的理论值，取 $R=2R_c$，合上 S_2，调节 R_0 使电压值增加，使电流计光标偏转大于 10 mm，将 S_2 突然断开，观察光标返回(不一定回零)的运动方式(是否有来回震荡)，判断它属于哪一种运动状态。

注意　滑动 R_0 或改变 R_1 均可改变电流，影响光标偏转距离。

由大到小改变电阻箱 R 的阻值，同时再调 R_0，使光标偏转大于 10 mm，每调一次，断开 S_2，观察光标回到平衡位置(可以不是零)的振动状态。调节 R 直到光标能迅速回到平衡位置，又没有震荡，这时电流计处于临界阻尼状态。记录此时电阻箱的阻值 R(实际测量出的外临界电阻)，则

$$R_c = R + R_s \qquad (3-17-6)$$

用测量值与电流计铭牌上的 R_c 值进行比较。式中 R_s 为标准电阻($R_s=0.1\Omega$)。

分别取 $R=0$ 和 $R=R_c/4$，合上 S_2，调节 R_0 仍使电流计光标偏转大于 10 mm，将 S_2 断开，观察光标返回平衡位置的过阻尼运动状态。

2. 测定电流计的内阻和电流常数

实验线路如图 3-17-4 所示。合上 S_1 和 S_2，当电压表读数为 U 时，标准电阻上的电压为

$$U_s \approx \frac{R_s}{R_1 + R_s}U \approx \frac{R_s}{R_1}U \quad (R_1 \gg R_s) \qquad (3-17-7)$$

此时通过电流计的电流为

$$I_g=\frac{U_s}{R+R_g}\approx\frac{R_sU}{R_1(R+R_g)} \tag{3-17-8}$$

代入式(3-17-4)得

$$K_i=\frac{R_sU}{R_1(R+R_g)d} \tag{3-17-9}$$

对 R_g 和 K_i 可采用定偏法进行测量：R 初值取 500 Ω；调 R_0 使电压 U 取最大值(3 V)；调节 R_1 使电流计偏转 $d=30$ mm 左右；此后保持 R_1 不变(记下此时 R_1 的阻值)，只改变 R 和电压 U(通过滑动 R_0 来改变)的值，使电流计的偏转距离保持不变(记录 d 的值)；记录 R 和 U 的对应值，共测 10 组数据。将测量数据记入表 3-17-1 中。

将式(3-17-9)改写成

$$R=\frac{R_s}{K_iR_1d}U-R_g \tag{3-17-10}$$

绘出 $R-U$ 曲线，如图 3-17-5 所示。由图中的截距可直接读出电流计的内阻 R_g，由斜率 K 可求出电流常数 K_i。

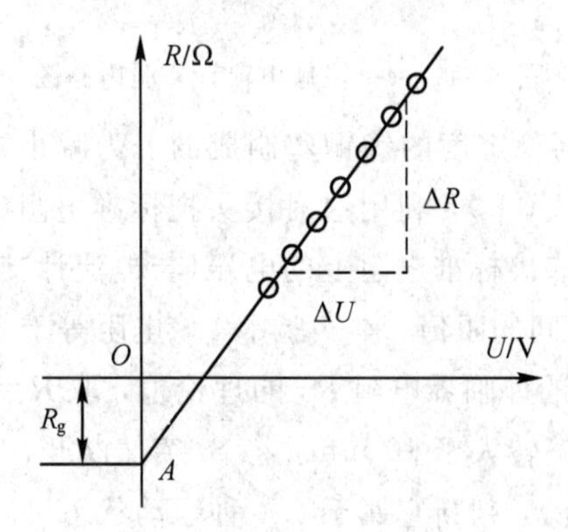

图 3-17-5 $R-U$ 图

五、数据记录及处理

表 3-17-1 灵敏电流计特性测量数据表

外临界电阻 R_c=________Ω(理论值—仪器铭牌标示)； R_c=________Ω(实验值)

标准电阻 R_s= 0.100 Ω； R_1=________Ω； d=________ mm

序号	1	2	3	4	5	6	7	8	9	10
R/Ω	500	450	400	350	300	250	200	150	100	50
U/V										

用所测得的各组 R 和 U 的数据，作 $R-U$ 关系曲线，如图 3-17-5 所示，图线在 R 轴上的截距 OA 就是内阻 R_g，由图线斜率 $K=\Delta R/\Delta U=R_s/(K_iR_1d)$ 可求出电流计常数 K_i。

六、问题讨论

1. 内阻测量结果误差比较大，甚至个别学生测量得到的是负电阻，是何原因？
2. 标准电阻作为二级分压是如何保护电流计的？

3. 为什么电流计在不用时，分流器必须要“短路”？

七、参考文献

[1] 吴百诗. 大学物理(下)[M]. 西安：西安交通大学出版社，2009.

[2] 刘俊星. 大学物理实验实用教程[M]. 北京：清华大学出版社，2012.

[3] 吕斯骅，段家忯. 基础物理实验[M]. 北京：北京大学出版社，2002.

[4] 缪兴中. 大学物理实验[M]. 北京：中国教育文化出版社，2004.

[5] 牟俊侠，陈鹰南，曾仲宁. 关于灵敏电流计灵敏度和线圈运动时间常数的定性与半定量分析[J]. 大学物理实验，1999.

[6] 王廷兴. 大学物理实验[M]. 北京：高等教育出版社，2003.

附************************************

1. 灵敏电流计

灵敏电流计是磁电式仪表，可以测量 $10^{-7} \sim 10^{-11}$ A 范围的微弱电流和 $10^{-3} \sim 10^{-6}$ V 范围的微小电压。电流计的另一种用途是平衡指零，即根据流过电流计的电流是否为零来判断电路是否平衡，所以灵敏电流计也叫灵敏检流计。

灵敏电流计面板如图 3-17-6 所示。

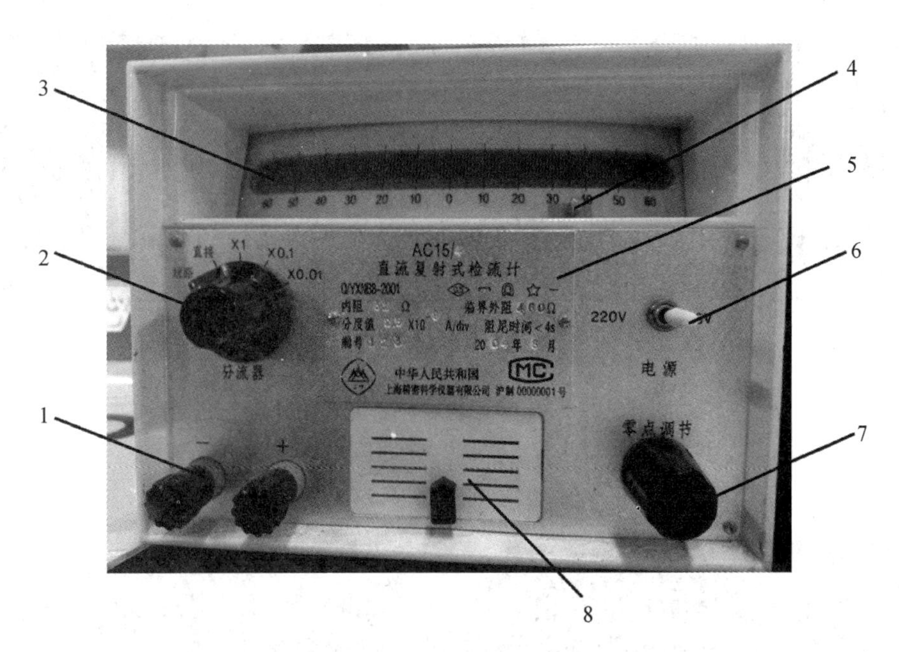

1—接线柱；2—分流器；3—刻度盘；4—标尺活动调零器；5—铭牌；6—电源开关；7—零点调节器；8—维修窗口

图 3-17-6 灵敏电流计面板图

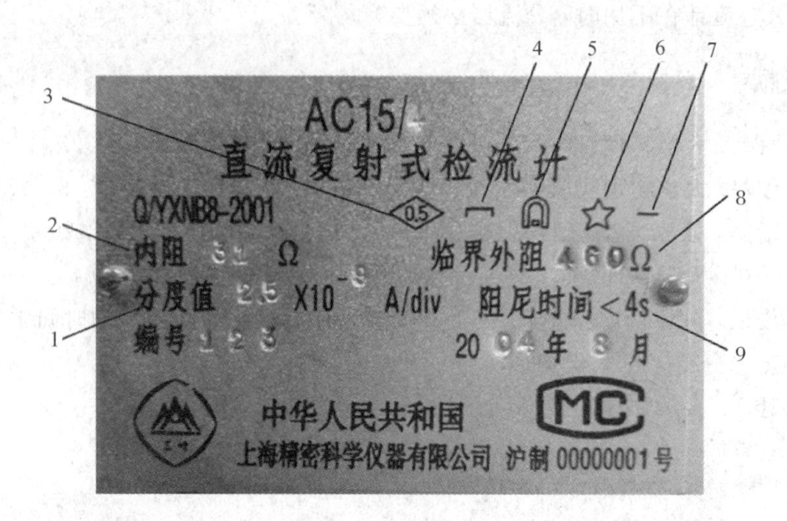

1—电流常数K_i；2—内电阻R_g；3—准确度等级；4—水平放置；5—磁电式仪表；
6—绝缘强度试验电压；7—使用直流电；8—外临界电阻R_c；9—欠阻尼振荡周期小于4 s

图 3-17-7 铭牌图

电流计可用直流 6 V 或交流 220 V 两种照明电源，其前、后面板如图 3-17-8 和图 3-17-9 所示。使用前应检查后面板的电源插头，不能插错位置。

图 3-17-8 照明电源前面板图

图 3-17-9 照明电源后面板图

注意 本实验中，采用交流 220 V 照明电源，因此，实验时应将开关扳向左侧，打开照明电源。实验结束，应将照明电源关掉(开关板向右侧)!

当线圈中电流为零时，光标应位于“0”的位置，如图 3-17-10 所示。

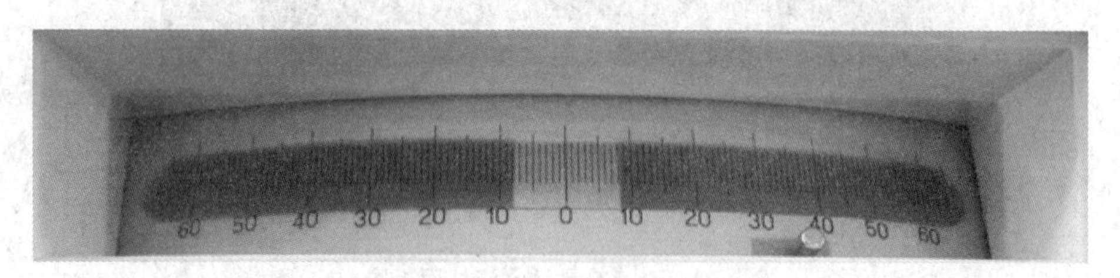

图 3-17-10 光标位于“0”的位置

当电流流过线圈时，线圈在磁力矩的作用下发生转动，由于线圈转动时还受到张丝扭转力矩的作用，所以当两力矩平衡时，线圈在偏转某一角度后会静止下来。线圈偏转的角度由光标指示出来。

光标偏转的距离 d 与线圈流过的电流成正比，如图 3-17-11 所示。

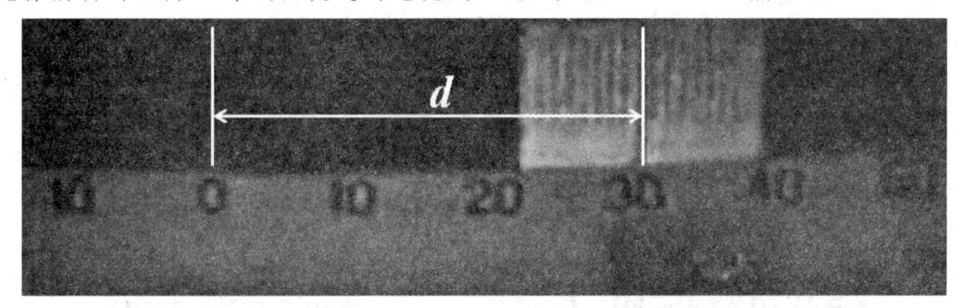

图 3-17-11 光标偏转的距离 d

为了增加光程 L，灵敏电流计常采用多次反射(复射式)的光传递系统，使得等效光程将近 1 m，其内部光路图如图 3-17-12 所示。

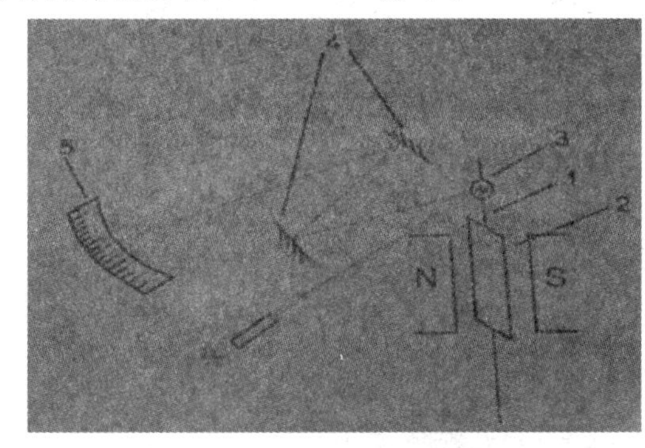

图 3-17-12 灵敏电流计内部光路图

2. 分流器

利用分流器换挡开关可以很方便地调节分流电路与线圈中的电流比，达到调节灵敏度的目的。

(1) 分流器在“直接”挡位置。电流计线圈直接与外电路相连，灵敏度最高，内部电路如图 3-17-13 所示。

(2) 分流器在“×1”挡位置。由于和线圈并联的三个电阻远大于电流计的内阻 R_g，所以，分配到线圈的电流仍很大，灵敏度也很高。“×1”和“直接”挡的主要区别是电流计的运动阻尼不同，内部电路如图 3-17-14 所示。

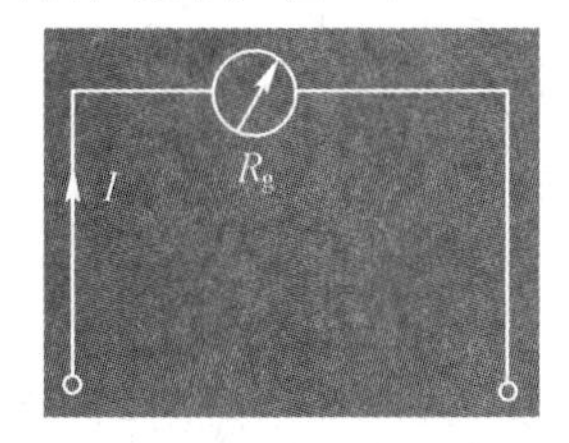

图 3-17-13 分流器“直接”挡电路图

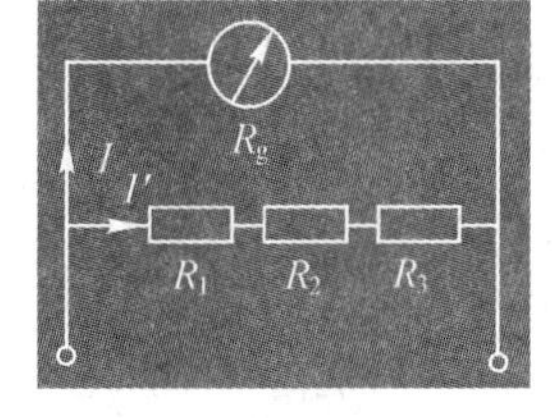

图 3-17-14 分流器“×1”挡电路图

(3) 分流器在“×0.01”挡位置。分配到电流计线圈中的电流最小，所以灵敏度最低(测量时，一般不用该挡)，内部电路如图 3-17-15 所示。

(4) 分流器在“短路”挡位置。电流计线圈两端短路，根据法拉第电磁感应定律，线圈一旦摆动，就会产生较大的感应电流，使线圈受到最大的阻尼力矩，从而尽快停下来，起到保护线圈和张丝的作用。测量时，往往在电流计的两端并联一个阻尼开关就是这个道理，比如冲击电流计。

显然，光标摆动到零点位置时，迅速闭合开关，可以得到最好的阻尼效果。注意：电流计在使用结束或在运输过程中，分流器必须置于“短路”挡！内部电路如图 3-17-16 所示。

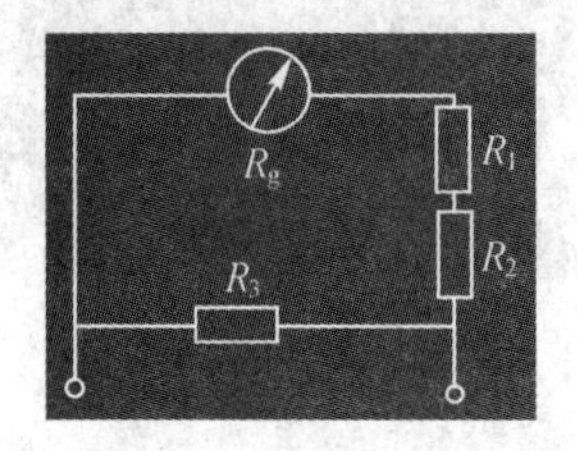

图 3-17-15 分流器“×0.01”挡电路图

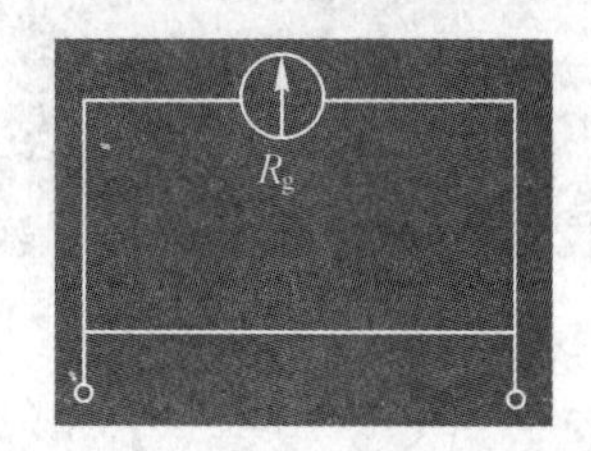

图 3-17-16 分流器“短路”挡电路图

3. 电流计调零

接通测量电路前，要先接通照明电路，解除“短路”状态，轻轻调节零点调节旋钮，使光标在零点位置，如图 3-17-17 所示。光标在零点附近，可用标尺活动调零器进行微调。

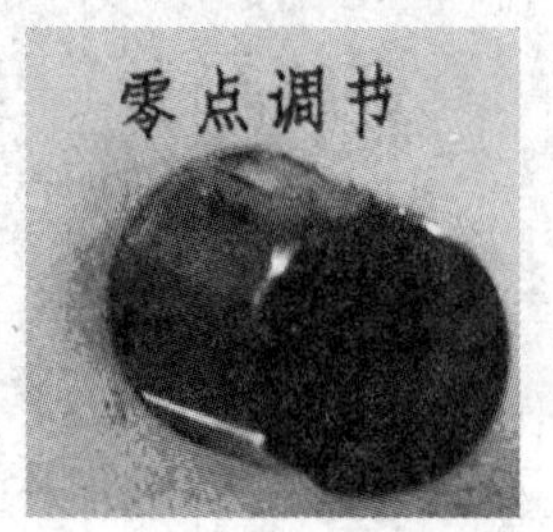

图 3-17-17 电流计调零

为避免电流计中通过大电流，粗调时，必须将保护电阻接入电路；电路调节过程中，应将分流器换挡开关置于“×0.01”处。逐步提高电流计的灵敏度(×0.1，×1，直接)，即分流器逆时针旋转。

注意 “零点调节”可以旋转多圈，但旋转到尽头时不可强行再拧，应反向旋转，以免卡死！光标若在右侧，则应顺时针旋转“零点调节”；若在左侧，则应逆时针旋转“零点调节”。

****

实验 18 静电场的模拟

模拟法和类比法很近似，它是在实验室里先设计出与某被研究现象或过程(即原型)相似的模型，然后通过模型，间接地研究原型规律性的实验方法。模拟法先依照原型的主要特征，创建一个相似的模型，然后通过模型来间接研究原型。根据模型和原型之间的相似关系，模拟法可分为物理模拟和数学模拟两种。

在工程技术上，常常需要知道电极系统的电场分布情况，以便研究电子或带电质点在该电场中的运动规律。例如，为了研究电子束在示波管中的聚焦和偏转，这就需要知道示波管中电极电场的分布情况。在电子管中，需要研究引入新的电极后对电子运动的影响，也要知道电场的分布。一般说来，为了求出电场的分布，可以用解析法和模拟实验法。但只有在少数几种简单情况下，电场分布才能用解析法求得。对于一般的或较复杂的电极系统，通常都用模拟实验法加以测定。模拟实验的缺点是精度不高，但对于一般工程设计来说，已完全能满足要求。

一、实验目的

(1) 通过实验深刻理解电场的两个重要属性(电场强度和电势)及其相互联系；

(2) 学习用模拟方法来测绘具有相同数学形式的物理场；

(3) 掌握分布曲线及场量的特点，初步学会用模拟法测量和研究二维静电场；

(4) 拓展学习潜在特征模型、数学模型、图解模型、控制论模型等在模拟学中的应用。

二、实验原理

对于静电场，由高斯定理，电场强度在无源区域内满足以下积分关系：

$$\oint \boldsymbol{E} \cdot \mathrm{d}\boldsymbol{S} = 0$$

对于稳恒电流场，电流密度矢量 $\boldsymbol{j}$ 在无源区域内也满足类似的积分关系：

$$\oint \boldsymbol{j} \cdot \mathrm{d}\boldsymbol{S} = 0$$

由此可见 $\boldsymbol{E}$ 和 $\boldsymbol{j}$ 在各自区域中满足同样的数学规律。在相同边界条件下，具有相同的解析解。因此，稳定的直流电流分布与静电场中的电场线分布极其相似。

在模拟的条件上，要保证电极形状一定，电极电位不变，空间介质均匀，在任何一个考察点，均应有“$U_{稳恒}=U_{静电}$”或“$E_{稳恒}=E_{静电}$”。下面具体讨论这种等效性。

1. 同轴圆柱面间场强及电流分布

1) 同轴电缆及其静电场分布

如图 3-18-1 所示，在真空中有一半径为 r_a 的长圆柱体 A 和一内半径为 r_b 的长圆筒形导体 B，它们同轴放置，分别带等量异号电荷。由高斯定理知，在垂直于轴线的任一截面 S 内，都有均匀分布的辐射状电场线，这是一个与坐标 Z 无关的二维场。在二维场中，电场强度 E 平行于 XY 平面，其等位面为一簇同轴圆柱面。因此只要研究 S 面上的电场分

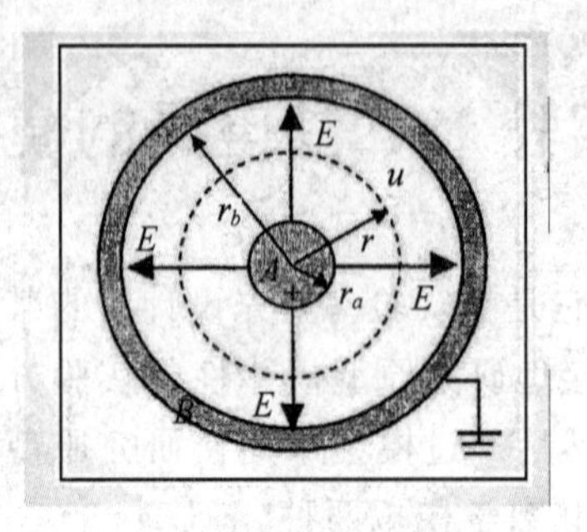

图 3-18-1　同轴电缆及其静电场分布

布即可。

由静电场中的高斯定理可知，距轴线的距离为 r 处的各点电场强度为

$$E=\frac{q}{2\pi\varepsilon_0 r}$$

式中：q 为柱面单位长度的电荷量，其电位为

$$U_r=U_a-\int_{r_a}^{r}\boldsymbol{E}\cdot\mathrm{d}\boldsymbol{r}=U_a-\frac{q}{2\pi\varepsilon_0}\ln\frac{r}{r_a}$$

设 $r=r_b$ 时，$U_b=0$，则有

$$\frac{q}{2\pi\varepsilon_0}=\frac{U_a}{\ln\frac{r_b}{r_a}}$$

代入上式，得

$$U_r=U_a\frac{\ln\frac{r_b}{r}}{\ln\frac{r_b}{r_a}}$$

$$E_r=-\frac{\mathrm{d}U_r}{\mathrm{d}r}=\frac{U_a}{\ln\frac{r_b}{r_a}}\cdot\frac{1}{r}$$

2）同轴圆柱面电极间的电流分布

若上述圆柱形导体 A 与圆筒形导体 B 之间充满了电导率为 σ 的不良导体，A、B 与电源电流正、负极相连接（见图 3-18-2），A、B 间将形成径向电流，建立稳恒电流场 j_r'，可

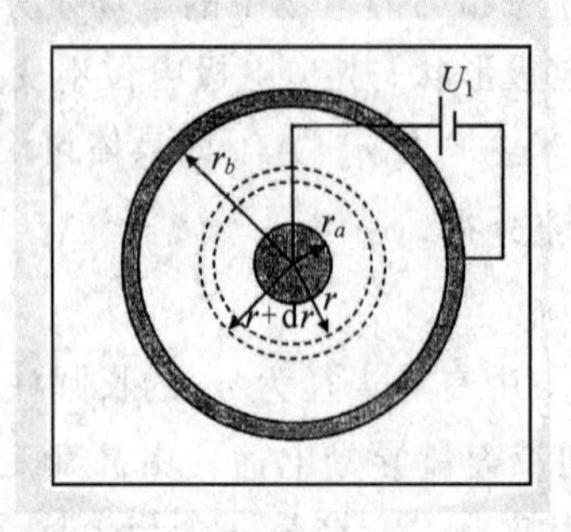

图 3-18-2　同轴电缆的模拟模型

以证明不良导体中的电场强度 E_r' 与原真空中的静电场 E_r 是相等的。

取厚度为 t 的圆柱形同轴不良导体片为研究对象，设材料电阻率为 $\rho(\rho=1/\sigma)$，则任意半径 r 到 $r+\mathrm{d}r$ 的圆柱面间的电阻是

$$\mathrm{d}R=\rho\cdot\frac{\mathrm{d}r}{s}=\rho\cdot\frac{\mathrm{d}r}{2\pi rt}=\frac{\rho}{2\pi t}\cdot\frac{\mathrm{d}r}{r}$$

则半径为 r 到 r_b 之间的圆柱片的电阻为

$$R_{rr_b}=\frac{\rho}{2\pi t}\int_r^{r_b}\frac{\mathrm{d}r}{r}=\frac{\rho}{2\pi t}\ln\frac{r_b}{r}$$

半径 r_a 到 r_b 之间圆柱片的总电阻为

$$R_{r_ar_b}=\frac{\rho}{2\pi t}\ln\frac{r_b}{r_a}$$

设 $U_b=0$，两圆柱面间所加电压为 U_a，则径向电流为

$$I=\frac{U_a}{R_{r_ar_b}}=\frac{2\pi tU_a}{\rho\ln\dfrac{r_b}{r_a}}$$

距轴线 r 处的电位为

$$U_r'=IR_{rr_a}=U_a\frac{\ln\dfrac{r_b}{r}}{\ln\dfrac{r_b}{r_a}}$$

$$E_r'=-\frac{\mathrm{d}U_r'}{\mathrm{d}r}=\frac{U_a}{\ln\dfrac{r_b}{r_a}}\cdot\frac{1}{r}$$

由以上分析可见，$U_r=U_r'$，$E_r=E_r'$ 的分布函数完全相同。为什么这两种场的分布相同呢？我们可以从电荷产生场的观点加以分析。在导电介质中是没有电流通过的，其中任一体积元(宏观小，微观大，其内仍包含大量原子)内正负电荷数量相等，没有净电荷，呈电中性。当有电流通过时，单位时间内流入和流出该体积元内的正或负电荷相等。这就是说，真空中的静电场和有稳衡电流通过时导电介质中的场都是由电极上的电荷产生的。事实上，真空中电极上的电荷是不动的，在有电流通过的导电介质中，电极上的电荷一边流失，一边由电源补充，在动态平衡下保持电荷的数量不变，因此，这两种情况下电场分布是相同的。

2. 模拟条件

模拟方法的使用有一定的条件和范围，不能随意推广，否则将会得到荒谬的结论。用稳恒电流场模拟静电场的条件可以归纳为下列三点：

(1) 稳恒电流场中的电极形状应与被模拟的静电场中的带电体几何形状相同；

(2) 稳恒电流场中的导电介质是不良导体且电导率分布均匀，并满足 $\sigma_{源}\gg\sigma_{介}$ 才能保证电流场中的电极(良导体)的表面也近似是一个等位面；

(3) 模拟所用电极系统与模拟电极系统的边界条件相同。

3. 测绘方法

场强 E 在数值上等于电位梯度，方向指向电位降落的方向。考虑到 E 是矢量，而电位

是标量，从实验测量来讲，测定电位比测定场强容易实现，所以可先测绘等位线，然后根据电场线与等位线正交的原理，画出电场线。这样就可由等位线的间距确定电场线的疏密和指向，将抽象的电场形象地反映出来。

三、实验仪器

实验仪器：GVZ－4 型导电微晶静电场描绘仪。

如图 3－18－3 所示，实验仪器由描绘仪和测量仪两部分组成。其中测量仪提供可调的直流电源电压、显示探针读数；描绘仪提供不同模型导电微晶上的电流场分布。

图 3－18－3　仪器组成及连线

四、实验内容

1. 描绘同轴电缆的静电场分布

如图 3－18－3 所示，将导电微晶上内外两电极分别与直流稳压电源的正负极相连接，探针测量正极与测试笔相连接(探针测量负极已在仪器内部与直流电源负极连接)。将直流电源电压调到 10 V，移动测试笔测绘同轴电缆的等位线簇，要求相邻两等位线间的电位差为 1 V，以每条等位线上各点到原点的平均距离 r 为半径画出等位线的同心圆簇。然后根据电场线与等位线正交原理，再画出电场线，并标出电场强度的方向，得到一张完整的电场分布图。

在坐标纸上作出相对电位 U_r/U_a 和 $\ln r$ 的关系曲线，并与理论结果比较，再根据曲线的性质说明等位线的特点。

2. 描绘平行线电极模型的静电场分布

将直流电源电压调到 10 V，从 3 V 开始，测试笔在导电微晶上方找到等位点后，在坐标纸上留下一个对应的标记，从而测出一系列等位点：间隔 1 V，测 3～8 V 共 6 条等位线，每条等位线上找 10 个以上的点。

作电场线时要注意：电场线与等位线正交，导体电极表面是等位面；电场线发自正电荷而终止于负电荷，疏密表示出场强的大小，并根据电极正负标出电场方向。

五、数据记录与处理

(1) 描绘同轴电缆的静电场分布。将实验数据记入表 3-18-1 中。

表 3-18-1 同轴电缆模型电场分布的相对电位与半径关系数据表

U_r'/V	7.00	6.00	5.00	4.00	3.00	2.00	1.00
r/cm							
U_r'/U_a							
$\ln r$							

(2) 描绘平行线电极模型的静电场分布。

六、问题讨论

1. 如果电源电压 U_a 增加一倍，等位线和电力线的形状是否发生变化？电场强度和电位分布是否发生变化？为什么？

2. 导电介质的导电率的大小对测量电压有何影响？

3. 能用稳恒电流场模拟静电场的条件有哪些？

七、参考文献

[1] 吴百诗. 大学物理(下)[M]. 西安：西安交通大学出版社，2009.

[2] 刘俊星. 大学物理实验实用教程[M]. 北京：清华大学出版社，2012.

[3] 吕斯骅，段家怃. 基础物理实验[M]. 北京：北京大学出版社，2002.

[4] Chirgwin BH, Plumpton C, Kilmister CW. Elementary Electromagnetic Theory: Steady Electric Fields and Currents [M]. Pergamon Press, 1971.

[5] Purcell EM. Berkeley Physics Course: Electricity and Magnetism [M]. 机械工业出版社，2014.

实验19 霍尔效应实验

1879年霍尔在研究载流导体在磁场中受力的性质时发现了霍尔效应，它是电磁场的基本现象之一。利用这种现象可以制成各种霍尔器件，特别是测量器件，由于霍尔元件的体积可以做得很小，所以可以用它测量某点的磁场和缝隙间的磁场，还可以利用这一效应测量半导体中的载流子浓度及判别载流子的性质等。霍尔元件可用多种半导体材料制作，如Ge、Si、InSb、GaAs、InAs、InAsP以及多层半导体异质结构量子阱材料等。

一、实验目的

（1）了解霍尔效应产生的机理；

（2）掌握利用霍尔元件测量磁场的基本原理；

（3）掌握霍尔效应负效应的来源及消除方法；

（4）拓展霍尔传感器的结构及工作原理，学习其在电力检测、物理量检测领域的应用。

二、实验原理

1. 霍尔效应

当工作电流 I 在垂直于外磁场方向通过导体时，在垂直于电流和磁场方向该导电体的两侧会产生电势差，这种现象称为霍尔效应，该电动势称为霍尔电势(电压)。这种效应对金属导体并不明显，而对半导体却非常明显，因此随着半导体物理学的发展，霍尔效应的应用更加广泛。

霍尔效应的产生可以用电荷受力来说明。如图3-19-1所示，设霍尔元件由均匀的N型(导电的载流子是电子)半导体材料制成，其长度为 l，宽为 b，厚为 d。

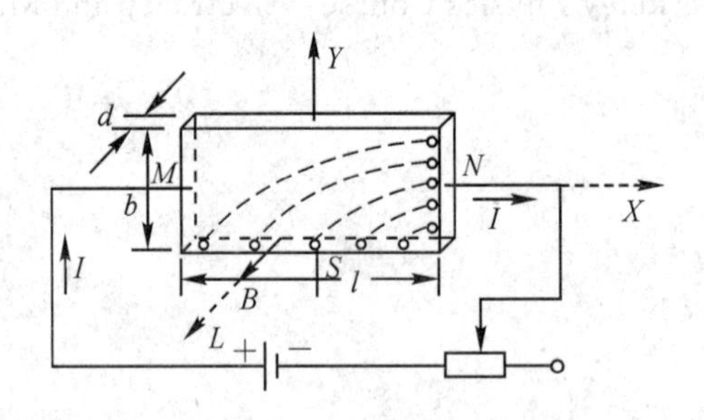

图3-19-1 产生霍尔效应示意图

如果在 M、N 两端按图3-19-1所示加一恒定电流 I(沿 X 轴方向通过霍尔元件)。并假定电流 I 是沿 X 轴负方向以速度 v 运动的电子构成，电子的电量为 $-e$，自由电子的浓度为 n，则根据电流强度的定义，电流 I 可表示为

$$I=-envbd \tag{3-19-1}$$

若在 Z 轴方向加上恒定磁场 B，沿负 X 轴方向运动的电子就受到洛伦兹力 f_B(f_B 的方向指向 Y 轴负方向)的作用，其大小为

$$f_B = -evB \tag{3-19-2}$$

因而霍尔元件内部的电子将会向下偏移，并聚集在霍尔片的下方，随着电子向下偏移，霍尔片上方将出现等量的正电荷，结果形成一个上正下负的静电场，这个聚集的电荷所产生的静电场对电子的静电力为 f_e：

$$f_e = \frac{U_H}{b} \tag{3-19-3}$$

静电力 f_e 与洛伦兹力 f_B 的方向相反，它将阻碍载流子继续向上、下底面聚集，当静电力和洛伦兹力达到平衡相等时(上述过程是在短暂的 $10^{-13} \sim 10^{-11}$ s 内完成的)，即 $f_e = f_B$ 时，电子才能停止聚集且能无偏离地从右向左通过半导体。这样在上下两个侧面之间便产生一定的电势差 U_H，称为霍尔电压。且有

$$e\frac{U_H}{b} = evB \tag{3-19-4}$$

由式(3-19-1)和式(3-19-4)可得

$$U_H = K_H IB \tag{3-19-5}$$

式中：$K_H = 1/(end)$，称为霍尔片的灵敏度，当工作电流 I 和磁感应强度 B 一定时，K_H 的数值越大，霍尔电压越高。若令 $R_H = 1/(en) = K_H d$，则 $U_H = R_H IB/d$。常称 R_H 为霍尔系数。

对于一定的霍尔片，灵敏度 K_H 是常数，它仅与霍尔片的材料性质及几何尺寸有关。由式(3-19-5)可知，如果已知霍尔片的灵敏度 K_H，只需测出工作电流 I 和霍尔电压 U_H 就可求得 B。U_H 的单位一般取为 mV，工作电流的单位取为 mA，磁感应强度单位为 T(特斯拉)，K_H 的单位即为 mV/(mA · T)。

由式(3-19-5)可得

$$B = \frac{U_H}{K_H I} \tag{3-19-6}$$

上面的讨论结果都是在磁场与电流垂直的条件下进行的，这时霍尔电势差最大，因此测量时必须使霍尔片平面与被测磁感应强度矢量 $\boldsymbol{B}$ 的方向垂直，测量才能得到正确的结果。

2. 霍尔效应的主要误差来源及消除

1) 温度对霍尔系数 R_H 影响

由于绝大多数霍尔片是半导体器件，其霍尔灵敏度 K_H 和霍尔系数 R_H 随温度变化而变化，磁场越强，温度的影响越大。在利用霍尔法测量强磁场时，霍尔系数应逐点校正，以减小温度的影响。

2) 不等位电压 U_P

在利用霍尔效应法测磁场中，最大的误差是不等位电压 U_P 带来的误差。如图 3-19-2 所示，在霍尔片的侧面有两对电极 M、N 和 P、S，其中一对电极 M、N 通以工作电流 I，另外一对电极 P、S 测量霍尔电压。理想的 P、S 电极应完全对称，实际的霍尔片，M、N 侧面全部是金属；P、S 是霍尔电压测量电极，很难做到完全对称。当工作电流 I 流过霍尔片时，会在 P、S 电极间产生电压降 —— 不等位电压 U_P。在测量中，由霍尔片侧面 P、S 电极上测出的电压实际为霍尔电压 U_H 和不等位电压 U_P 之和：$U_H + U_P$。当霍尔片工作电流

I 的大小和方向改变时，U_P 的大小和极性会随之改变，且与磁感应强度的大小、方向无关。

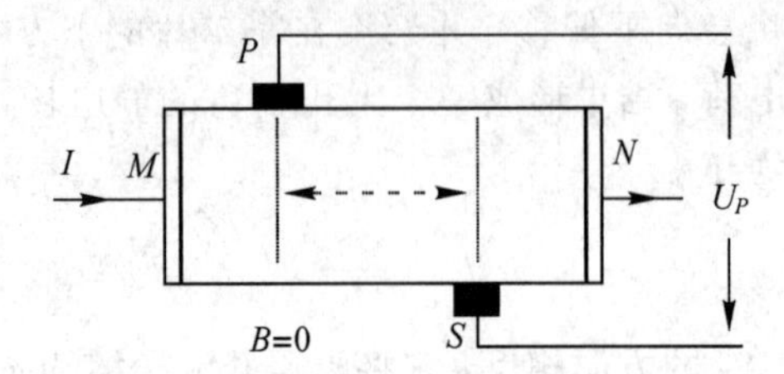

图 3-19-2　霍尔片不等位电势示意图

根据不等位电压产生的特点，消除不等位电压可以用磁场反向法。

磁场反向法：保持通过霍尔片的工作电流 I 的大小和方向不变，测量磁场分别取正反两个方向下的霍尔电压 U_1 和 U_2，对应的两种状态分别记为（$+B$，$+I$）和（$-B$，$+I$）（磁场的正负是相对的），则测量得到的霍尔电压分别为

$(+B, +I)$ 状态时：$U_1 = U_H + U_P$　　(3-19-7)

$(-B, +I)$ 状态时：$U_2 = -U_H + U_P$　　(3-19-8)

由以上两式可得

$$U_H = \frac{1}{2}(U_1 - U_2) = \frac{1}{2}(U_1 + |U_2|) \quad (3-19-9)$$

由此可以消除不等位电压 U_P 的影响。但由于实际测量时，用以产生磁场的电流（励磁电流）比较大，改变方向时容易产生电火花，氧化损坏开关。所以实际测量时并不采用这种方法，而采用电流反向法。

电流反向法：保持磁场（励磁电流）大小和方向不变时，测量通过霍尔片的电流（工作电流）取正反两个方向时的霍尔电压 U_1 和 U_2，对应的两种状态分别记为（$+B$，$+I$）和（$+B$，$-I$）（电流的正负是相对的），则测量得到的霍尔电压分别为

$(+B, +I)$ 状态时：$U_1 = U_H + U_P$　　(3-19-10)

$(+B, -I)$ 状态时：$U_2 = -U_H - U_P$　　(3-19-11)

由上面两式可得

$$U_H = \frac{1}{2}(U_1 + |U_2|) - U_P \quad (3-19-12)$$

不等位电压 U_P 就是磁场为零时的霍尔电压，即 $U_P = \frac{1}{2}(U_{PS} + |U'_{PS}|)$。$U_{PS}$ 和 U'_{PS} 分别表示在磁场为零 $I_m = 0$ 时，电流分别取正反方向时的“霍尔电压”。

实际测量时，由于不等位电压很小，常认为 $U_P \approx 0$，因此有

$$U_H = \frac{1}{2}(U_1 + |U_2|) \quad (3-19-13)$$

三、实验仪器

霍尔效应测试仪、直流可调电流源、电位差计等。

1. 霍尔效应测试仪器

如图 3-19-3 所示，霍尔效应测试仪器由三部分组成。第一部分为实验仪，由电磁

铁、霍尔元件、三只换向开关组成；第二部分为电流源，有两路直流稳流源，可分别为电磁铁提供 0～1000 mA 的稳定电流和为霍尔元件提供 0～10.0 mA 的稳定电流；第三部分为电位差计，用以测量霍尔电压的值。

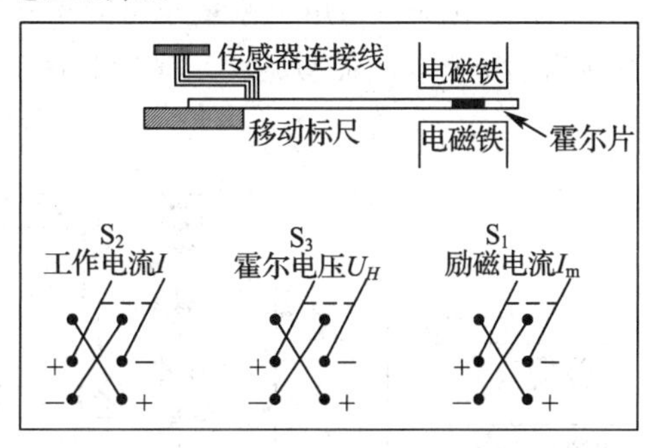

图 3-19-3 霍尔效应仪结构简图

（1）电磁铁。铁芯采用冷轧钢制成，线圈用漆包线多层密绕，层间绝缘，导线的绕向即励磁电流的方向已标明在线圈上，可确定磁场方向。励磁电流方向改变时，铁芯内有剩磁。消除剩磁的方法如下：将励磁电流从 500 mA、200 mA 到 50 mA 依次减小，对每一个电流，将励磁电流方向反复改变 3 次，即可消除剩磁。

（2）霍尔元件。霍尔元件粘贴在绝缘衬板上，绝缘衬板安装在二维移动尺上。霍尔元件尺寸为 4 mm×2 mm×0.2 mm，如图 3-19-4 所示。4、3 两端输入工作电流，2、1 两端用于测量霍尔电压。霍尔元件的灵敏度一般在 10.0 mV/(mA·T)左右，温度变化时，灵敏度也略有变化，这主要是由于不同温度下半导体的载流子浓度不同所造成的。

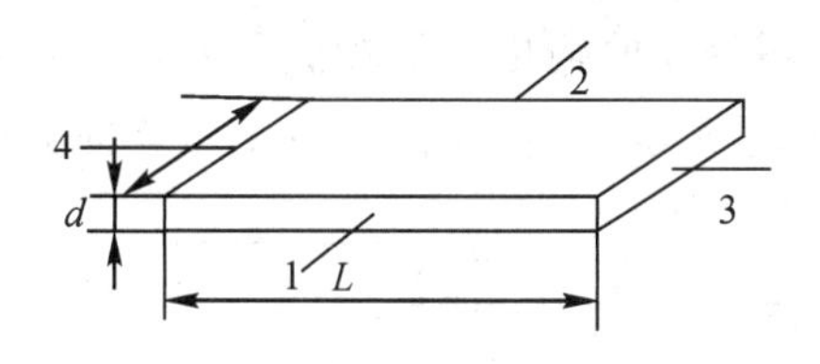

图 3-19-4 霍尔元件

（3）换向开关。换向开关主要是改变负载中的电流方向。图 3-19-5(a)中开关向右边闭合，负载电流向上；图 3-19-5(b)中开关向左闭合，负载电流向下。仪器装有 3 只换向开关，将开关 S_1、S_2、S_3 推向前方，则励磁电流、工作电流、霍尔电压均为正值。

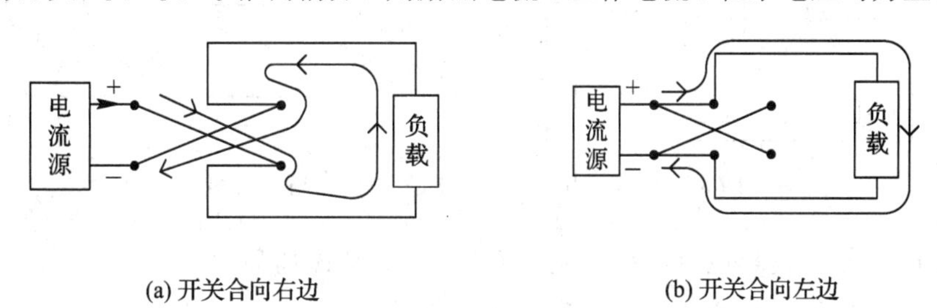

图 3-19-5 换向开关连线示意图

2. 直流电流源与电位差计

直流电流源能提供两路电路，一路最大电流为 12 mA，另外一路最大电流为 1200 mA，其面板示意图如图 3 - 19 - 6 所示。电位差计用于测量输出的霍尔电压，直流电位差计仅能测量直流的正电压，正极必须为高电势，其面板结构示意图如图 3 - 19 - 7 所示，使用方法详见附录。

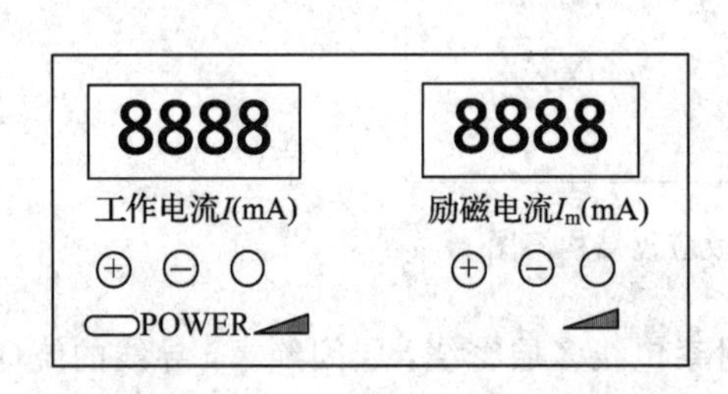

图 3 - 19 - 6　霍尔效应电流源面板示意图

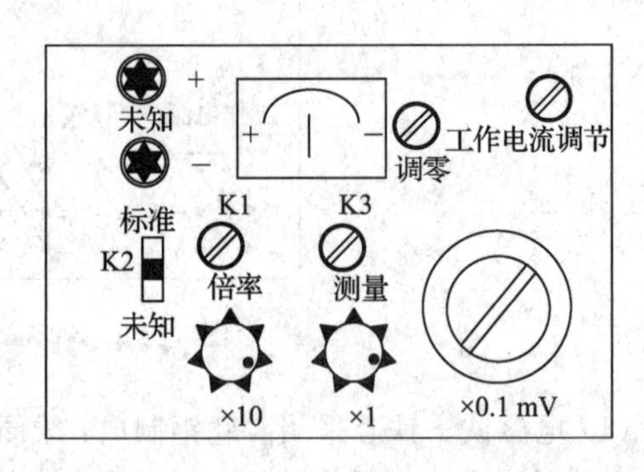

图 3 - 19 - 7　电位差计面板示意图

四、实验内容

1. 连接电路

图 3 - 19 - 8 为霍尔效应实验连线示意图。电路分为三个回路：励磁电流回路、霍尔电压回路、工作电流回路。励磁电流回路由励磁电流源(1 A)、励磁线圈(产生出磁场)和换向开关 S_1 组成；霍尔电压回路由霍尔片的输出电极和电位差计以及换向开关 S_2 构成；工作电流回路由工作电流源(10 mA)、霍尔片的电流输入电极、换向开关 S_3 构成。

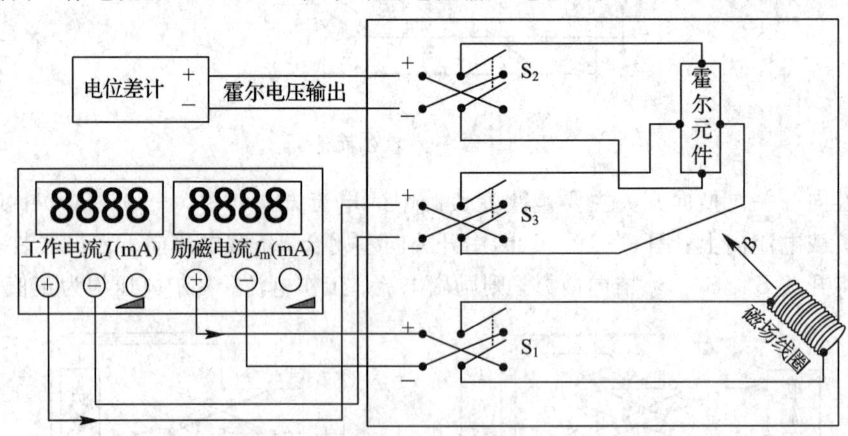

图 3 - 19 - 8　用霍尔元件测量稳恒磁场电路图

(1) 换向开关 S_1 能够改变励磁电流的方向，即改变磁场 B 的方向。

(2) 换向开关 S_3 可以改变工作电流 I 的方向。

(3) 当 B 或 I 换向引起霍尔片输出电压的正负极性改变时，可以利用换向开关 S_2 交换霍尔电压输出的极性。

2. 工作电流反向法消除不等位电压 U_P 的影响

保持磁场(励磁电流 I_m)大小和方向不变时，测量通过霍尔片的电流(工作电流)取正反两个方向时的霍尔电压 U_1 和 U_2，对应的两种状态分别记为($+B$，$+I$)和($+B$，$-I$)，则有

$$U_H=\frac{1}{2}(U_1-U_2)=\frac{1}{2}(U_1+|U_2|)$$

由式(3-19-6)计算磁场的 B 值(灵敏度 K_H 在霍尔片上已标示出)。

3. 测量磁极间的磁感应强度

保持工作电流 $I=10$ mA。将励磁电流 I_m 依次取 0.2 A、0.3 A、0.4 A、0.5 A、0.6 A、0.7 A、0.8 A、0.9 A、1.0 A，记录霍尔电压 U_1 和 U_2，得到相应的各组 U_H、B 值，记入表3-19-1中。实验时，励磁电流要从小到大进行测量。

注意 实验过程中，励磁电流回路最大电流为1 A，工作电流回路电流为10 mA，两者相差100倍，因此必须正确连线，严禁将两个回路接反，产生危险和造成不必要的损失!

4. 测量磁感应强度与工作电流的关系

保持励磁电流 $I_m=500$ mA，将工作电流依次取2 mA、3 mA、…、10 mA，记录霍尔电压 U_1 和 U_2，得到相应的 U_H 值，记入表3-19-2中。

五、数据记录与处理

(1) 数据记录。

表3-19-1 磁感应强度的测量数据表

$K_H=$________；工作电流 $I=10$ mA

励磁电流 I_m/A	0.20	0.30	0.40	0.50	0.60	0.70	0.80	0.90	1.00
($+B$，$+I$)U_1/mV									
($+B$，$-I$)U_2/mV									
U_H/mV									
B/T									

表3-19-2 磁感应强度与工作电流的关系数据表

$K_H=$________；励磁电流 $I_m=500$ mA

工作电流 I/mA	2.0	3.0	4.0	5.0	6.0	7.0	8.0	9.0	10.0
($+B$，$+I$)U_1/mV									
($+B$，$-I$)U_2/mV									
U_H/mV									
B/T									

(2) 描绘 $B-I_m$ 关系曲线，采用作图法计算直线斜率。

(3) 描绘 $B-I$ 关系曲线。

六、问题讨论

1. 若磁感应强度跟霍尔元件不完全正交，则按 $B=U_H/(K_H I)$ 计算出的磁感应强度比实际值大还是小？要准确测量磁场应如何操作？

2. 如何用霍尔法判断 N 型半导体和 P 型半导体？

附*************************************

电位差计的使用

(1) 表头调零：将倍率旋至“×1”位置，将 S_2 置于中间位置，选择测量功能。观察检流计指针是否指零。若不指零，则调节“调零”旋钮，使检流计指针指零。

(2) 工作电流标准化：将 S_2 扳向“标准”位置(用左手按住)，同时用右手调节“工作电流”旋钮，使检流计指针指零。

(3) 测量未知电动势：将 S_2 扳向“未知”位置，调节步进旋钮(×10、×1)和滑盘，使检流计指针指零，再把 S_2 扳向中间位置。此时，步进旋钮和滑盘读数之和即为待测电压。读数时步进旋钮(×10、×1)整刻度读数(注意旋钮刻度和示值重合)、滑盘(×0.1)键必须估读一位。此时待测电压值即为各盘读数之和乘以倍率，单位为 mV。

(4) 检流计指针偏向“+”端，表示电压刻度值小于实际值。因此，首先将所有刻度盘的值调节到“0”，然后再增加×10 旋钮，使指针刚好不偏向“+”端，逐级调节刻度×1、×0.1旋钮，直至指针指零。

(5) 未知电压的测量。

① 将高电位端接“+”级，低电位端接“−”级。

② 将 S_2 推到未知端，分级逐步调节×10、×1 和×0.1 挡旋钮，使得检流计指 0。

读数实例：假设 S_1 的倍率为 1，×10 的值为 2，×1 的值为 3，×0.1 的值为 5.23，则待测电压为

$$E_x=(2\times10+3\times1+5.23\times0.1)\times1=23.523\ \text{mV}$$

****

七、参考文献

[1] 吴百诗. 大学物理(上)[M]. 西安：西安交通大学出版社，2009.

[2] 吴百诗. 大学物理(下)[M]. 西安：西安交通大学出版社，2009.

[3] 刘俊星. 大学物理实验实用教程[M]. 北京：清华大学出版社，2012.

[4] 吕斯骅，段家忯. 基础物理实验[M]. 北京：北京大学出版社，2002.

实验 20 直螺线管磁场分布的测量

螺线管(Solenoid)是个三维线圈。在物理学里，螺线管指的是多重卷绕的导线，其内部可以是空心的或者有一个金属芯。当有电流通过导线时，螺线管内部会产生磁场。如果是长直螺线管，内部磁场近似均匀。在工程学里，螺线管也指一些转换器(Transducer)，可将能量转换为直线运动。比如螺线管操作阀(Solenoid Valve)是一种综合元件，内部最重要的组件是机电螺线管。机电螺线管是一种机电元件，可以用来操作气控阀或液压阀。螺线管开关是一种继电器，使用机电螺线管来操作电开关。

从测量原理上来讲，测量磁场的方法主要有下列四种：

(1) 利用安培力计算公式 $F=BIL$ 测磁感应强度 B。

(2) 利用感应电动势，测磁感应强度 B。

(3) 利用产生感应电动势时回路的电量与磁感应强度的关系测磁感应强度 B。

(4) 利用霍尔效应、磁阻效应测磁感应强度 B。

磁场测量主要利用磁测量仪器进行。按照被测磁场的性质，磁场测量分为恒定磁场测量和变化磁场测量。

恒定磁场测量方法有以下几种：

(1) 力矩磁强计：简称磁强计，利用磁场的力效应测量磁场强度或材料的磁化强度。

(2) 磁通计和冲击电流计：用于冲击法(见软磁材料测量)测量磁通及磁通密度。测量时，须人为地使检测线圈中的磁通发生变化。

(3) 旋转线圈磁强计：在被测的恒定磁场中，放置一个小检测线圈，并令其作匀速旋转。通过测量线圈的电动势，可计算出磁通密度或磁场强度。测量范围为 0.1 mT～10 T。

(4) 磁通门磁强计：由高磁导率软磁材料制成的铁芯同时受交变及恒定两种磁场作用，由于磁化曲线的非线性，以及铁芯工作在曲线的非对称区，使得缠绕在铁芯上的检测线圈感生的电压中含有偶次谐波分量，特别是二次谐波。此谐波电压与恒定磁场强度成比例。通过测量检测线圈的谐波电压，计算出磁场强度。

(5) 霍尔效应磁强计：利用霍尔效应。

(6) 核磁共振磁强计：常用以提供标准磁场及作为校验标准。

(7) 磁位计：可用来测量材料内部的磁场强度。

变化磁场测量：市场上常见的仪器是高斯计(特斯拉计)，小巧便捷，使用方便。

本实验采用冲击法测量直螺线管的磁场分布。冲击法是指用冲击电流计测量磁场的方法，它利用的是法拉第电磁感应的原理。这种方法不仅可以测量磁感应强度、互感系数、磁通量等磁学量，也可以测量高电阻、电容等电学量，是电磁测量的基本方法之一。

一、实验目的

(1) 通过该实验充分掌握直螺线管的磁场分布理论。

(2) 学习磁场的测量方法，了解冲击电流计的结构，掌握冲击电流计的光放大原理。

(3) 利用冲击电流计测量直螺线管的磁场分布。

(4) 拓展利用冲击电流计测量高电阻、电容、电感等方面的应用；学习工程上测量磁场的方法；学习螺线管在电磁控制领域的应用。

二、实验原理

冲击电流计名为“电流计”，实际上并不是用来测量电流的，而是用来测量短时间内脉冲电流所迁移的电量，它还可以用来进行与此有关的其它方面的测量，如测量磁感应强度、高电阻、电容等。冲击电流计的结构如图 3-20-1 所示，与灵敏电流计相仿，区别仅在于它的偏转线圈较扁而宽，或在小镜与线圈之间配加一个惯性圆盘，故冲击电流计转动部分的转动惯量 J 较大，自由振动周期 T_0 较长（$T_0=2\pi\sqrt{J/D}$，D 为悬丝的扭转系数）。

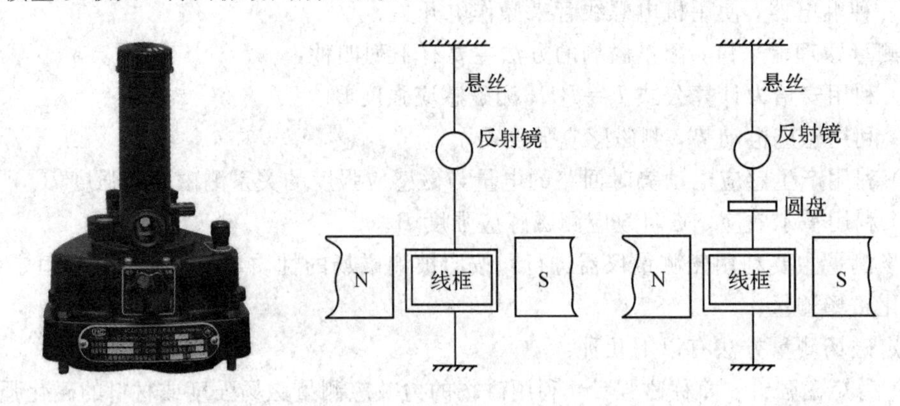

图 3-20-1　冲击电流计及内部结构图

一般灵敏电流计光标的振动周期 T_0 约为 1～2 s，而冲击电流计的 T_0 有十几秒以上。

冲击电流计与灵敏电流计的用途不同，用法也不一样，用灵敏电流计时读的是光标的稳定偏转距离 d，而用冲击电流计读的是光标第一次偏转的最大距离 d_m（对应的是光标第一次最大摆角 θ_m，称为冲掷角）。

用冲击电流计测量电量时，应使电量 Q 通过电流计线圈的时间 τ 很短（$\tau \ll T_0$）。当电量 Q 通过时使线圈只获得初角速度 ω，电量通过后线圈才慢慢地到达最大偏转角 θ_m。可以证明：

$$Q \propto \omega \tag{3-20-1}$$

而

$$\omega \propto \theta_m \tag{3-20-2}$$

所以有

$$Q \propto \theta_m \tag{3-20-3}$$

将式(3-20-3)写成等式：

$$Q = C_b\theta_m = K_b d_m \tag{3-20-4}$$

式中：C_b 和 K_b 都称之为冲击常数。K_b 的单位为 C/mm，它表示使光标在标尺上偏转1 mm 时电流计所需迁移过的电量。K_b 的倒数称为冲击灵敏度。

应当指出，冲击常数 K_b 的大小不仅与冲击电流计本身特性有关，而且和冲击电流计回路总电阻有关。

1. 长直螺线管的磁场分布

如图 3-20-2 所示，设螺线管的长度为 l，半径为 r_0（$l \gg r_0$），上面均匀地密绕有 N 匝线圈，放在磁导率为 μ 的磁介质中，当线圈通过电流 I 时，磁场分布主要集中在螺线管内部空间，而且在轴线附近磁力线分布近似均匀且平行，在外部空间磁场则很弱。

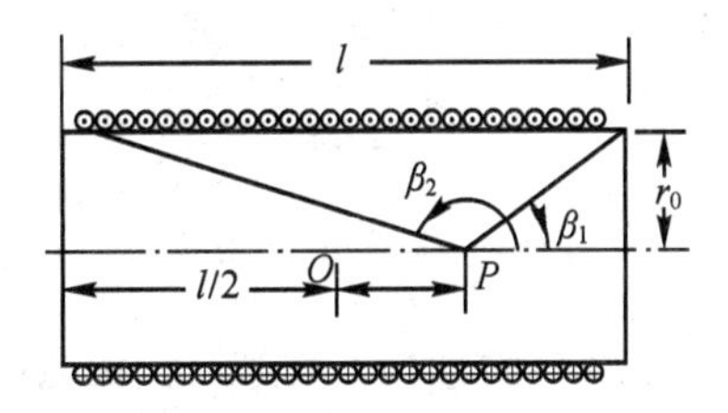

图 3-20-2 长直螺线管剖面图

由毕奥-萨伐尔定律可以得到螺线管轴线上距中心 O 点 x 处的磁感应强度为

$$B_x = \frac{\mu NI}{2l}(\cos\beta_1 - \cos\beta_2) \tag{3-20-5}$$

或者

$$B_x = \frac{\mu NI}{2l}\left\{\frac{\frac{l}{2}-x}{\left[\left(\frac{l}{2}-x\right)^2+r_0^2\right]^{1/2}} + \frac{\frac{l}{2}+x}{\left[\left(\frac{l}{2}+x\right)^2+r_0^2\right]^{1/2}}\right\}$$

令 $x=0$，得螺线管中心 O 点的磁感应强度为

$$B_0 = \frac{\mu NI}{(l^2+4r_0^2)^{1/2}} \tag{3-20-6}$$

令 $x=l/2$，得螺线管两端面中心点的磁感应强度为

$$B_{1/2} \approx \frac{\mu NI}{2(l^2+4r_0^2)^{1/2}} = \frac{B_0}{2} \quad (l \gg r_0) \tag{3-20-7}$$

图 3-20-3 是长直螺线管轴线上磁感应强度的分布曲线。

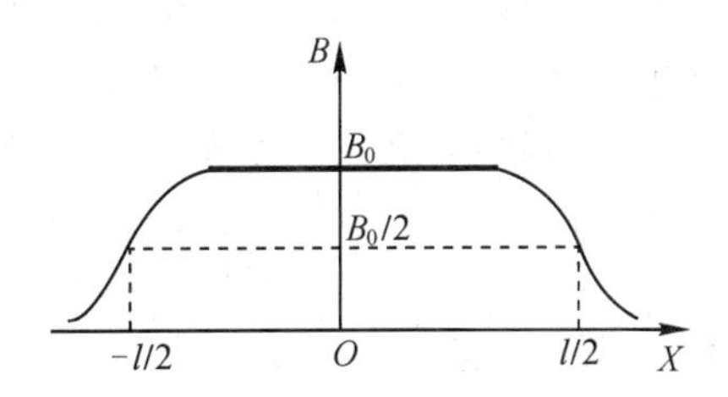

图 3-20-3 长直螺线管轴线上磁感应强度的分布曲线

2. 用冲击电流计测定磁感应强度

图 3-20-4 是用冲击电流计测螺线管磁场的电路图。图中 E 为直流可调稳压电源，A 为直流电流表，S_1、S_3 为单刀单掷开关，S_2 为单刀双掷开关，M 为互感器，T 为置于螺线管 S 内轴线上的探测线圈，G 为冲击电流计，R 为电阻箱。

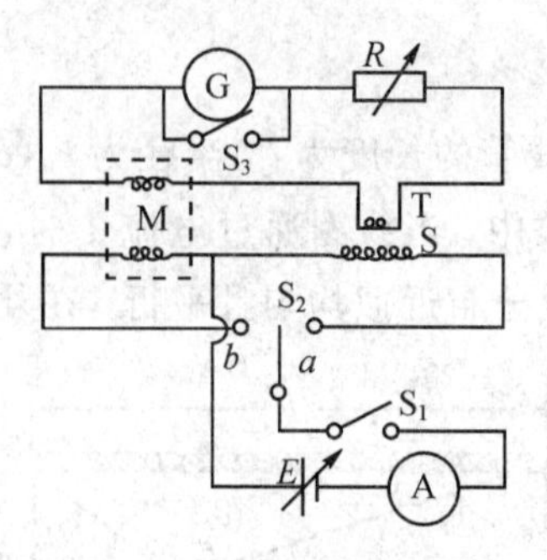

图 3-20-4　测量电路图

将 S_2 合向 a 端，S_1 闭合，则电源与螺线管接通，构成磁化电流回路。由于冲击电流计 G、电阻箱 R、互感器 M 的次级线圈和探测线圈 T 组成次级回路，当电流流经螺线管，螺线管 S 内磁场发生变化时，探测线圈中将产生感应电动势 $E(t)$，从而在测量回路(实际是一个 RL 电路)中产生一个随时间迅速变化的脉冲电流 $i(t)$，如图 3-20-5 所示。该感应电流满足方程

$$L=\frac{\mathrm{d}i(t)}{\mathrm{d}t}+i(t)R=E(t)$$

或

$$i(t)=-\frac{L}{R}\frac{\mathrm{d}i(t)}{\mathrm{d}t}+\frac{E(t)}{R} \tag{3-20-8}$$

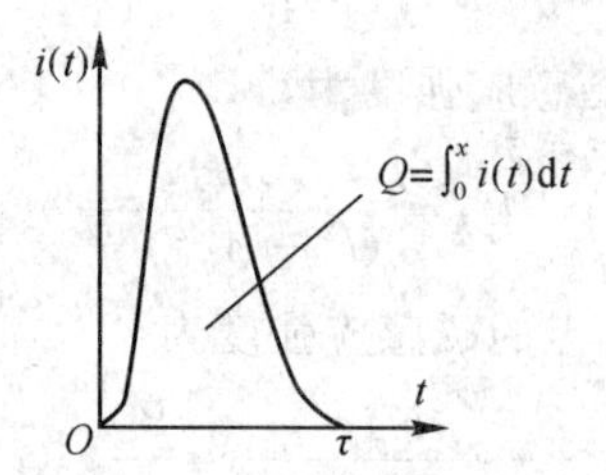

图 3-20-5　脉冲感应电流

该电流曲线下的面积即为通过电流计的电荷量。式中：L 为电流计回路的自感，R 为电流计回路的总电阻(它等于电流计内阻、探测线圈电阻、互感线圈次级电阻及外电阻之和)，设探测线圈的匝数和截面积分别为 n 和 S，磁感应强度的瞬时值为 $B(t)$，则

$$E(t)=-nS\frac{\mathrm{d}B(t)}{\mathrm{d}t} \tag{3-20-9}$$

将式(3-20-9)代入式(3-20-8)有

$$i(t)=-\frac{L}{R}\frac{\mathrm{d}i(t)}{\mathrm{d}t}-\frac{nS}{R}\frac{\mathrm{d}B(t)}{\mathrm{d}t} \tag{3-20-10}$$

对式(3-20-10)积分，可以求出在脉冲电流持续时间 τ 内电流计线圈中所迁移的电量：

$$Q=\int_0^{\tau}i(t)\mathrm{d}t=-\frac{L}{R}[i(\tau)-i(0)]-\frac{nS}{R}[B(\tau)-B(0)]$$

因实验时 S_2 合向 a 端，S_1 闭合，故有

$$i(\tau)=i(0)=0,\ B(0)=0,\ B(\tau)=B(\infty)=B$$

所以

$$Q=-\frac{nS}{R}B \tag{3-20-11}$$

式(3-20-11)表明，Q 只与电流计回路的总电阻 R 有关，与其自感 L 无关。L 的大小只影响脉冲时间 τ 的长短，它不影响迁移过电流计的电量 Q 的多少。迁移过电流计的电量 Q 与电流计光标的偏转 d_m 有以下关系：

$$Q=K_b d_m$$

由上式及式(3-20-10)可得

$$B=\frac{RK_b}{nS}d_m \tag{3-20-12}$$

式中：R 的单位为 Ω；K_b 为电流计的冲击常数，其单位为 C/mm；d_m 是电流计光标第一次偏转的最大距离，单位为 mm；S 的单位为 m^2，B 的单位为 T。

若电流计的冲击常数 K_b 已知，并读得 S_1 闭合或打开时电流计光标的第一次最大偏转距离 d_m，则可由式(3-20-12)求出磁场 B 的测量值。

3. 测定电流计冲击常数 K_b

将 S_2 合向 b 端，电源 E 与互感器 M 构成校正回路。如将原先闭合的 S_1 打开，则互感器初级线圈回路电流瞬间由 I_0 变到 0，在此过程中，互感器次级线圈中产生一个互感电动势 $E_M=-M\frac{\mathrm{d}i'(t)}{\mathrm{d}t}$($M$ 为互感系数)，同时在电流计回路(即测量回路) 中形成的脉冲感应电流 $i(t)=\frac{E_M}{R}$。由上面相同的原理和推导，可得迁移过电流计的电量为

$$Q=\int_0^{\tau}i(t)\mathrm{d}t=-\frac{M}{R}\int_0^{I_0}\mathrm{d}i'(t)=-\frac{MI_0}{R} \tag{3-20-13}$$

当 S_1 打开时，电流计光标第一次偏转的最大距离为 d'_m，将 $Q=K_b d'_m$代入式(3-20-13)，可得

$$K_b=-\frac{MI_0}{Rd'_m} \tag{3-20-14}$$

由式(3-20-14)可知，冲击常数与电流计回路的总电阻 R 有关，R 值不同，K_b 也不同，因此，测量螺线管磁感强度 B 时，电流计回路的总电阻 R 应保持不变。

三、实验仪器

螺线管、探测线圈、互感器、冲击电流计、直流电流表、直流稳压电源、单刀双掷开关、电阻箱等。

四、实验内容

(1) 按图 3-20-4 接好线路(S_3 应处于闭合状态)。

(2) 接通电流计照明灯电源，使光照射到墙壁上电流计的反射镜。当从反射镜里看到一个小圆亮点时，调整光照系统，从标度尺下的反射镜里找到光标，并使光标中心的准线清晰。

(3) 测 K_b(因冲击电流计内阻未知，故 R 未知，在此测量 RK_b，电阻箱 R 的阻值取 500 Ω 左右)

① 将 S_2 合向 b 端，将 S_3 断开。

② 将 S_1 迅速闭合，读出电流计光标在某一方向的最大偏转距离 d_{m1}。待光标回到平衡位置附近且速度很慢时，再迅速断开 S_1，读出光标在另一方向的最大偏转距离 d_{m2}。改变电源回路的电流值 I_0，重复该过程，共测量三组实验数据。

注意　实验中电流 I_0 不可过大，光标偏转不可超出标尺(25 cm)，I_0 一般取 80～150 mA。任意两组电流值相差不小于 20 mA。

(4) 测磁感应强度 B。

① 将 S_2 合向 a 端。

② 设探测线圈在螺线管的位置为 x，使探测线圈的 0 刻线和螺线管右边缘对齐(此时 $x=0$)。调节电源 E 的输出，待光标停止在平衡位置附近后，闭合或断开开关 S_1，读出相应的光标最大偏转距离 $d_{左}$ 或 $d_{右}$。要求共测量 16 个点，该过程中电流不能发生变化。

注意　应使 $x=0$ 处光标偏转距离大于 8.0。电流 I 不宜过大，不超过 160 mA。

(5) 参照图 3-20-3，描绘 d_m-x 曲线(左右对称曲线)。

五、数据记录与处理

改变 I_0，将测量的三组实验数据记入表 3-20-1 中。

表 3-20-1　测量 RK_b 数据表　　　　$M=$______mH

I_0/mA	d_{m1}/cm	d_{m2}/cm	$\overline{d}_m$/cm	$K_bR=\dfrac{MI_0}{\overline{d}_m}$(CΩ/mm)	$\overline{K_bR}$ (CΩ/mm)

将测量的 $d_{左}$ 和 $d_{右}$ 记入表 3-20-2 中。

表 3-20-2　测磁感应强度 B 数据表格

$N=$______匝；$l=$______m；$r_0=$______cm

$n=$______匝；$S=$______m^2；$I=$______mA

x/mm	0	20	40	60	80	100	110	120	130	140	150	160	170	180	190	200
$d_{左}$/cm																
$d_{右}$/cm																
d_m/cm																

理论值：$B_0=\dfrac{\mu NI}{(l^2+4r_0^2)^{\frac{1}{2}}}=$______T　($\mu=4\pi\times10^{-7}$ N/A^2)

实验值：$B=\dfrac{RK_b}{nS}d_m=$______T；$d_m=\dfrac{d_{左}+d_{右}}{2}$

相对误差：$E=\left|\dfrac{B_0-B}{B_0}\right|\times100\%=$______%　(在此只计算中心点 $x=0$ 处的磁场)

六、问题讨论

1. 实验中，对探测线圈有何要求？依据是什么？
2. 为什么测量磁场时，互感器的次级线圈仍要接入测量回路？
3. 冲击电流计与灵敏电流计的主要区别是什么？

七、参考文献

[1] 吴百诗. 大学物理(下)[M]. 西安：西安交通大学出版社，2009.
[2] 李兴毅. 关于墙式冲击电流计的改进[J]. 河南师范大学学报：自然科学版，1983(02).
[3] 唐泉清，徐志文. 用冲击电流计绝对测量电容[J]. 西安工业大学学报，1985(02).
[4] 时崇山，史毓尧. 用冲击电流计测定真空介电常数 ε_0[J]. 物理实验，1986(04).
[5] 刘征，刘昶丁，柳纪虎. "用冲击电流计测高电阻"实验的改进[J]. 大学物理，1987(09).
[6] 刘征，刘昶丁. 作者·读者·编者[J]. 大学物理，1987(09).
[7] 何捷，阿布力米提，买买提江. 用抵偿法测量互感[J]. 大学物理，1987(12).
[8] 印凤祥. 用微机处理螺线管内轴向磁场分布的实验数据[J]. 湖北大学学报：自然科学版，1987(02).
[9] 陈国英. 微机在电磁学实验中的应用[J]. 物理实验，1987(01).

实验21 低电阻的测量

生产实践中，常常需要对某些低电阻进行测量，如金属热处理过程中的电阻、金属的接触电阻、金属焊接后电阻率的变化，其电阻值在$10^{-4}\sim10^{-8}$ Ω甚至更小。因测量电路中总是存在接触电阻和连线电阻，大小在10^{-2} Ω的数量级。当待测电阻值在10^{-1} Ω甚至10^{-1} Ω以下时，接触电阻和连线电阻将使测量结果完全失去其正确性。

低电阻常用的测量方法有以下几种：

(1) 伏安法。用伏安法测量低电阻，采用电压表内接电路，此时电压表引起的分流可以忽略，测量误差完全由电压表和电流表的准确度决定。实验时通过待测电阻的电流应当足够大，可直接用电位差计代替伏特计。由于测量值很小，电位差计的系统误差不可忽略，为了消除此误差，应使用放大法给予修正。

(2) 双电桥法。将伏安法处理低电阻接头的办法应用到电桥电路，就形成了双电桥。其测量电阻的原理是通过被测电阻和已知的标准电阻建立起来的一定关系求出未知电阻。桥臂电阻的取值在条件许可范围内应尽可能大，桥臂电阻的精度要尽可能高。用双电桥测低电阻，无论采用电压接头内接法还是外接法，电阻测量值均不变。

(3) 双“单电桥”法。双“单电桥”法是利用两个单电桥测低电阻。双“单电桥”测量电路直观简洁，便于操作，测量精度高。

本实验引入了四端引线法，组成双臂电桥(又称为开尔文电桥)来测量低电阻，它是一种常用的测量低电阻的方法，已广泛应用于科技测量中。

一、实验目的

(1) 学习低电阻的测量方法。

(2) 了解四端引线法的意义及双臂电桥的结构。

(3) 学习使用双臂电桥测量低电阻，学习测量导体的电阻率。

(4) 拓展学习高电阻、中等阻值电阻的测量方法及其在工程测量中的应用。

二、实验原理

1. 四端引线法

测量中等阻值的电阻，伏安法是比较常见的方法，惠斯顿电桥法是一种精密的测量方法，但在测量低电阻时会发生困难。这是因为引线本身的电阻和引线端点接触电阻的存在。图3-21-1为伏安法测电阻的线路图，待测电阻R_x两侧的接触电阻和导线电阻以等效电阻r_1、r_2、r_3、r_4表示，通常电压表内阻较大，r_1和r_4对测量的影响不大，而r_2、r_3与R_x串联在一起，被测电阻实际应为$r_2+R_x+r_3$，若r_2、r_3数值与R_x为同一数量级或超过R_x，显然不能用此电路来测量R_x。

若在测量电路的设计上改为如图3-21-2所示的电路，将待测低电阻R_x两侧的接点

分为两个电流接点 $C-C$ 和两个电压接点 $P-P$，$C-C$ 在 $P-P$ 的外侧。显然电压表测量的是 $P-P$ 之间一段低电阻两端的电压，消除了 r_2、r_3 对 R_x 测量的影响。这种测量低电阻或低电阻两端电压的方法叫做四端引线法，广泛应用于各种测量领域中。例如为了研究高温超导体在发生正常超导转变时的零电阻现象和迈斯纳效应，必须测定临界温度 T_c，而该临界温度的测量正是利用通常的四端引线法，通过测量超导样品电阻 R 随温度 T 的变化而确定的。低值标准电阻正是为了减小接触电阻和接线电阻而设有四个端钮。

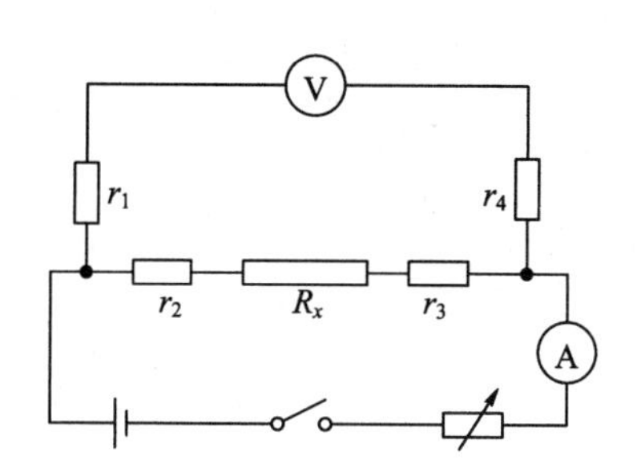

图 3-21-1 伏安法测电阻示意图

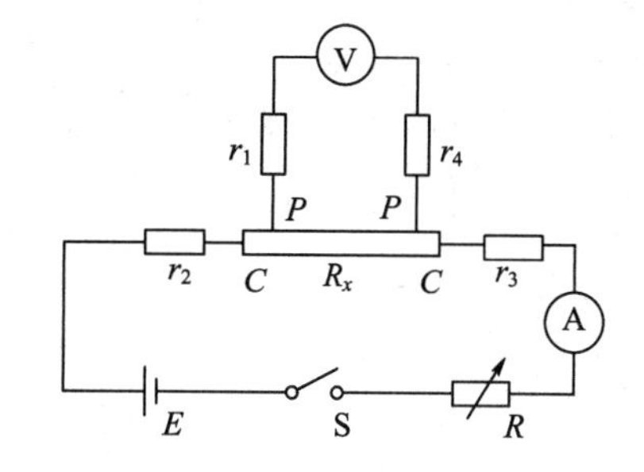

图 3-21-2 双臂电桥测低电阻电路图

2. 双臂电桥测量低电阻

用惠斯顿电桥测量电阻时，测出的 R_x 值中，实际上含有接线电阻和接触电阻(统称为 R_i)的成分(一般为 $10^{-3}\sim10^{-4}\Omega$ 数量级)，通常可以不考虑 R_i 的影响，而当被测电阻较小(如几十欧姆以下)时，R_i 所占的比重就明显增大了。

因此，需要从测量电路的设计上来考虑。双臂电桥正是把四端引线法和电桥的平衡比较法结合起来精密测量低电阻的一种电桥。

如图 3-21-3 中，R_1、R_2、R_3、R_4 为桥臂电阻。R_N 为比较用的已知标准电阻，R_x 为被测电阻。R_N 和 R_x 采用四端引线的接线法，电流接点为 C_1、C_2，位于外侧；电位接点是 P_1、P_2，位于内侧。

测量时，接上被测电阻 R_x，然后调节各桥臂电阻值，使检流计指示逐步为零，即 $I_G=0$，这时 $I_3=I_4$ 时，根据基尔霍夫定律可写出以下三个回路方程：

$$I_1R_1=I_3\cdot R_N+I_2R_2$$

$$I_1R_3=I_3\cdot R_x+I_2R_4$$

$$(I_3-I_2)r=I_2(R_2+R_4)$$

式中：r 为 C_{N2} 和 C_{x1} 之间的线电阻。将上述三个方程联立求解，可得

$$R_x=\frac{R_3}{R_1}R_N+\frac{rR_2}{R_3+R_2+r}\left(\frac{R_3}{R_1}-\frac{R_4}{R_2}\right)$$

由此可见，用双臂电桥测电阻，R_x 的结果由等式右边的两项来决定，其中第一项与单臂电桥相同，第二项称为修正项。为了更方便测量和计算，使双臂电桥求 R_x 的公式与单臂电桥相同，所以实验中可设法使修正项尽可能做到为零。在双臂电桥测量时，通常可采用同步调节法，令 $R_3/R_1=R_4/R_2$，使得修正项能接近零。在实际的使用中，通常使 $R_1=R_2$，$R_3=R_4$，则上式变为

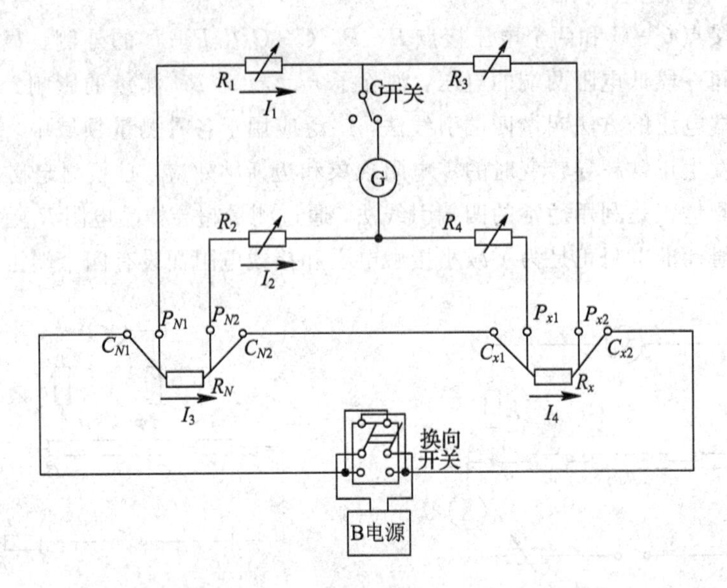

图 3－21－3　双臂电桥法测电阻电路图

$$R_x=\frac{R_N}{R_1}R_3$$

在这里必须指出，在实际的双臂电桥中，很难做到 R_3/R_1 与 R_4/R_2 完全相等，所以 R_x 和 R_N 电流接点间的导线应使用较粗且导电性能良好的导线，以使 r 值尽可能小。这样，即使 R_3/R_1 与 R_4/R_2 两项不严格相等，但由于 r 值很小，修正项仍能趋近于零。

为了更好地验证这个结论，可以人为地改变 R_1、R_2、R_3、R_4 的值，使 $R_1\neq R_2$，$R_3\neq R_4$，并与 $R_1=R_2$，$R_3=R_4$ 时的测量结果相比较。

双臂电桥之所以能测量低电阻，其主要原因可总结为以下两点：

(1) 单臂电桥测量小电阻之所以误差大，是因为用单臂电桥测出的值，包含有桥臂间的引线电阻和接触电阻，当接触电阻与 R_x 相比不能忽略时，测量结果就会有很大的误差。而双臂电桥电位接点的接线电阻与接触电阻位于 R_1、R_3 和 R_2、R_4 的支路中，如果在实验中设法令 R_1、R_2、R_3、R_4 都不小于 100 Ω，那么接触电阻的影响就可以略去不计。

(2) 双臂电桥电流接点的接线电阻与接触电阻的一端包含在电阻 r 里面，由于 r 存在于修正项中，对电桥平衡不产生影响；另一端则包含在电源电路中，对测量结果也不会产生影响。因此，当满足 $R_3/R_1=R_4/R_2$ 条件时，基本上消除了 r 的影响。

三、实验仪器

DH6105 型组装式双臂电桥、检流计、被测电阻、换向开关、通断开关、导线等。

四、实验内容

1. 直流双臂电桥的调节及金属丝电阻的测量

(1) 按如图 3－21－3 所示电路连线。将可调标准电阻、被测电阻按四端连接法，与 R_1、R_2、R_3、R_4 连接，注意 C_{N2}、C_{x1} 之间要用粗、短导线连线。

(2) 打开专用电源和检流计的电源开关，通电后等待5分钟，调节指零仪指针指在零位上。在测量未知电阻时，为保护指零仪指针不被损坏，指零仪的灵敏度调节旋钮应放在最低位置，使电桥初步平衡后再增加指零仪灵敏度。在改变指零仪灵敏度或环境等因素变化时，有时会引起指零仪指针偏离零位，在测量之前，随时都应调节指零仪指零。

(3) 估计被测电阻值大小，选择适当的R_1、R_2、R_3、R_4阻值，注意$R_1=R_2=1\ \text{k}\Omega$，$R_3=R_4=100\ \Omega$的条件。先按下"G"开关按钮，再正向接通换向开关，接通电桥的电源B，调节步进盘和滑线读数盘，使指零仪指针指在零位上，电桥平衡。记录此时$R_{N正}$的阻值，则$R_{N正}$的值为步进盘读数+滑线盘读数。

注意 测量低阻时，工作电流较大，由于存在热效应，会引起被测电阻的变化，所以电源换向开关不应长时间接通，应该间歇使用。

(4) 如需更高的测量精度，则保持测量线路不变，再反向接通换向开关，重新微调滑线读数盘，使指零仪指针重新指在零位上，电桥平衡。这样做的目的是减小接触电势和热电势对测量的影响。记录此时$R_{N反}$的阻值，则$R_{N反}$的值为步进盘读数+滑线盘读数。

则标准电阻R_N按下式计算：

$$R_N=\frac{R_{N正}+R_{N反}}{2}$$

最终被测电阻为

$$R_x=\frac{R_N\times R_3}{R_1}$$

2. 金属丝直径的测量

用螺旋测微计测量金属丝的直径d，在不同部位测量6次，求平均值，根据公式$\rho=\frac{\pi d^2R_x}{4L}$，计算金属丝的电阻率和电阻率的不确定度。

五、数据记录与处理

1. 直流双臂电桥的调节及金属丝电阻的测量

将数据记入表3-21-1中。

表3-21-1 金属丝长度测量数据表(注明测量材料)

长度 L/mm	100.0	140.0	180.0	220.0	260.0	300.0	340.0	380.0
R_N 正/Ω								
R_N 反/Ω								
$R_{N平均}$/Ω								
$R_x/\times10^{-3}\ \Omega$								

2. 金属丝直径的测量

将数据记入表3-21-2中。

表 3-21-2 金属丝直径测量数据表

测量次数	1	2	3	4	5	6
直径 d/mm						
直径 $d_{平均}$/mm						

六、问题讨论

1. 双臂电桥与惠斯顿电桥有哪些异同？
2. 双臂电桥怎样消除附加电阻的影响？

七、参考文献

[1] 吴百诗. 大学物理(下)[M]. 西安：西安交通大学出版社，2009.
[2] 刘俊星. 大学物理实验实用教程[M]. 北京：清华大学出版社，2012.
[3] 吕斯骅，段家忯. 基础物理实验[M]. 北京：北京大学出版社，2002.
[4] 姚年春，候玉杰. 电路基础[M]. 北京：人民邮电出版社，2014.

实验 22 微弱振动位移量的测量

精密测量在自动化控制的领域里一直扮演着重要的角色，其中光电测量因为有较好的精密性与准确性，加上轻巧、无噪声等优点，在测量的应用上常被采用。作为一种把机械位移信号转化为光电信号的手段，光栅式位移测量技术在长度与角度的数字化测量、运动比较测量、数控机床、应力分析等领域得到了广泛的应用。

多普勒频移物理特性的应用也非常广泛，如医学上的超声诊断仪、测量海水各层深度的海流速度和方向、卫星导航定位系统、音乐中乐器的调音等。

双光栅微弱振动实验仪在力学实验项目中用作音叉振动分析、微振幅(位移)、测量和光拍研究等。

一、实验目的

(1) 了解利用光的多普勒频移形成光拍的原理并用于测量光拍拍频。

(2) 学会使用精确测量微弱振动位移的一种方法。

(3) 应用双光栅微弱振动实验仪测量音叉振动的微振幅。

(4) 拓展学习多普勒频移在速度和方向测量及卫星导航定位系统、音乐中乐器的调音等领域的应用。

二、实验原理

1. 位移光栅的多普勒频移

多普勒效应是指光源、接收器、传播介质或中间反射器之间的相对运动所引起的接收器接收到的光波频率变化，由此产生的频率变化称为多普勒频移。

由于介质对光传播时有不同的相位延迟作用，对于两束相同的单色光，若初始时刻相位相同，经过相同的几何路径，但在不同折射率的介质中传播，出射时两光的位相则不相同，对于位相光栅，当激光平面波垂直入射时，由于位相光栅上不同的光密和光疏媒质部分对光波的位相延迟作用，使入射的平面波变成出射时的摺曲波阵面，如图 3-22-1 所示。

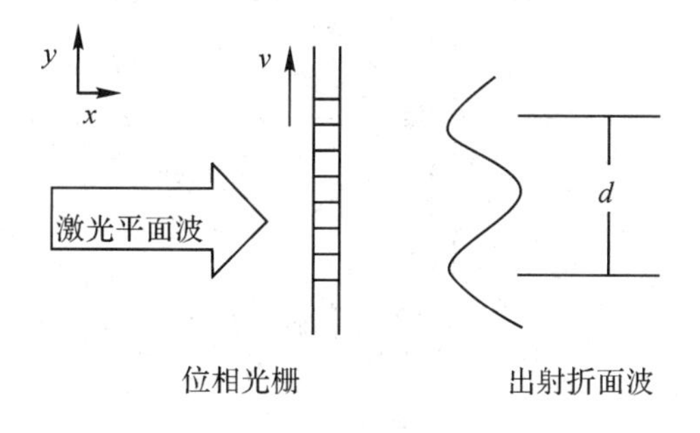

图 3-22-1 出射的摺曲波阵面

激光平面波垂直入射到光栅，由于光栅上每缝自身的衍射作用和每缝之间的干涉，通过光栅后光的强度出现周期性的变化。在远场，我们可以用光栅衍射方程来表示主极大位置：

$$d\sin\theta = \pm k\lambda \quad k = 0, 1, 2, \cdots \tag{3-22-1}$$

式中：整数 k 为主极大级数，d 为光栅常数，θ 为衍射角，λ 为光波波长。

如果光栅在 y 方向以速度 v 移动，则从光栅出射的光的波阵面也以速度 v 在 y 方向移动。因此在不同时刻，对应于同一级的衍射光，它从光栅出射时，在 y 方向也有一个 vt 的位移量，如图 3-22-2 所示。

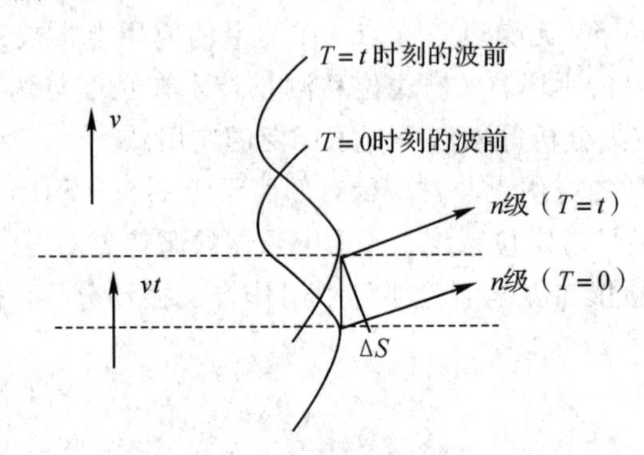

图 3-22-2　衍射光线在 y 方向上的位移量

这个位移量对应于出射光波位相的变化量为 $\Delta\phi(t)$：

$$\Delta\phi(t) = \frac{2\pi}{\lambda}\Delta s = \frac{2\pi}{\lambda}vt\sin\theta \tag{3-22-2}$$

将式(3-22-1)代入式(3-22-2)得

$$\Delta\phi(t) = \frac{2\pi}{\lambda}vt\,\frac{k\lambda}{d} = k\,2\pi\,\frac{v}{d}t = k\omega_d t \tag{3-22-3}$$

式中：$\omega_d = 2\pi\,\dfrac{v}{d}$。

若激光从一静止的光栅出射，设光波电矢量方程为 $E = E_0\cos\omega_0 t$，而激光从相应移动光栅出射时，光波电矢量方程则为

$$E = E_0\cos[(\omega_0 t + \Delta\phi(t)] = E_0\cos[(\omega_0 + k\omega_d)t] \tag{3-22-4}$$

显然可见，移动的位相光栅 k 级衍射光波，相对于静止的位相光栅有一个 $\omega_a = \omega_0 + k\omega_d$ 的多普勒频移，如图 3-22-3 所示。

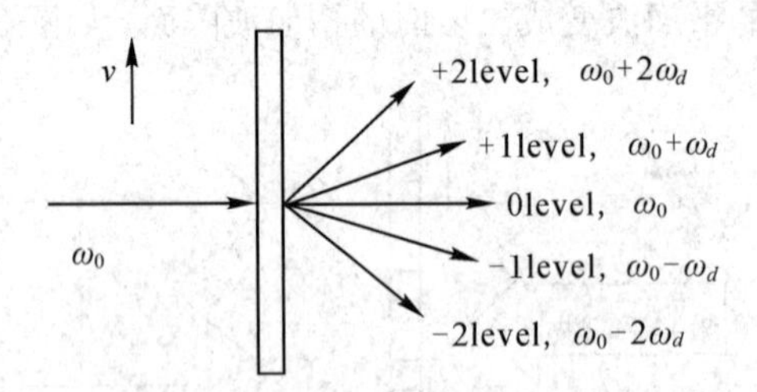

图 3-22-3　移动光栅的多普勒频率

2. 光拍的获得与检测

光频率很高，为了在光频 ω_0 中检测出多普勒频移量，必须采用“拍”的方法，即要把已频移的和未频移的光束互相平行叠加，以形成光拍。由于拍频较低，容易测得，通过拍频即可检测出多普勒频移量。

本实验形成光拍的方法是采用两片完全相同的光栅平行紧贴，一片 B 静止，另一片 A 相对移动。激光通过双光栅后所形成的衍射光，即为两种以上光束的平行叠加。其形成的第 k 级衍射光波的多普勒频移如图 3-22-4 所示。

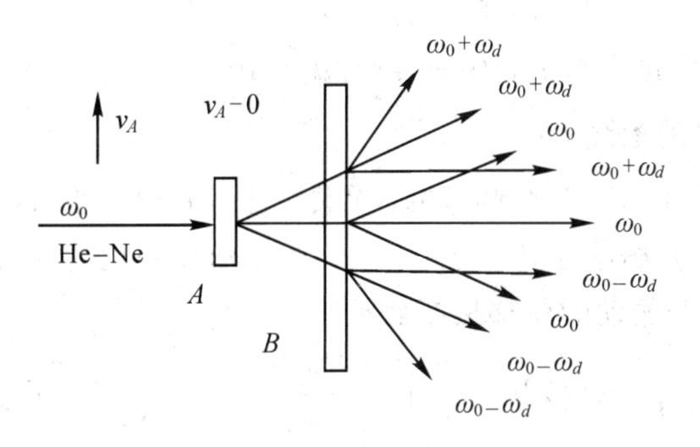

图 3-22-4　k 级衍射光波的多普勒频移

光栅 A 按速度 v_A 移动，起频移作用，而光栅 B 静止不动，只起衍射作用，故通过双光栅后射出的衍射光包含了两种以上不同频率成分而又平行的光束。由于双光栅紧贴，激光束具有一定宽度，故该光束能平行叠加，这样直接而又简单地形成了光拍，如图 3-22-5 所示。

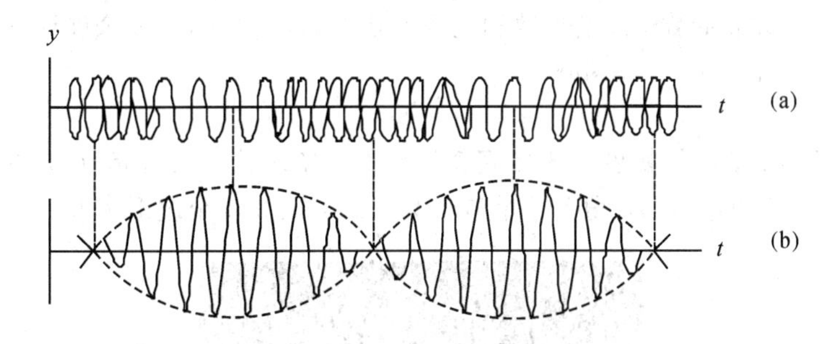

图 3-22-5　频差较小的二列光波叠加形成"拍"

当激光经过双光栅所形成的衍射光叠加成光拍信号。光拍信号进入光电检测器后，其输出电流可由下述关系求得：

光束 1：　　$E_1=E_{10}\cos(\omega_0 t+\varphi_1)$

光束 2：　　$E_2=E_{20}\cos[(\omega_0+\omega_d)t+\varphi_2]$　　（取 $k=i$）

光电流：

$$
\begin{aligned}
I &= \xi(E_1+E_2)^2 \\
&= \xi\{E_{10}^2\cos^2(\omega_0 t+\varphi_1)+E_{20}^2\cos^2[(\omega_0+\omega_d)t+\varphi_2] \\
&\quad +E_{10}E_{20}\cos[(\omega_0+\omega_d-\omega_0)t+(\varphi_2-\varphi_1)] \\
&\quad +E_{10}E_{20}\cos[(\omega_0+\omega_d+\omega_0)t+(\varphi_2+\varphi_1)]\}
\end{aligned}
\tag{3-22-5}
$$

式中：ξ 为光电转换常数。

因光波频率 ω_0 很高，在式(3-22-5)第一、二、四项中，光电检测器无法反应，式(3-22-5)第三项即为拍频信号，因为频率较低，光电检测器能做出相应的响应。其光电流为

$$i_S=\xi\{E_{10}E_{20}\cos[(\omega_0+\omega_d-\omega_0)t+(\varphi_2-\varphi_1)]\}=\xi\{E_{10}E_{20}\cos[\omega_d t+(\varphi_2-\varphi_1)]\}$$

拍频 $F_{拍}$ 即为

$$F_{拍}=\frac{\omega_d}{2\pi}=\frac{v_A}{d}=v_A n_\theta \tag{3-22-6}$$

式中：$n_\theta=1/d$ 为光栅密度，本实验中 $n_\theta=1/d=100/\text{mm}$。

3. 微弱振动位移量的检测

从式(3-22-6)可知，$F_{拍}$ 与光频率 ω_0 无关，且当光栅密度 n_θ 为常数时，只正比于光栅移动速度 v_A，如果把光栅粘在音叉上，则 v_A 是周期性变化的。所以光拍信号频率 $F_{拍}$ 也是随时间而变化的，微弱振动的位移振幅为

$$A=\frac{1}{2}\int_0^{T/2}v(t)\mathrm{d}t=\frac{1}{2}\int_0^{T/2}\frac{F_{拍}(t)}{n_\theta}\mathrm{d}t=\frac{1}{2n_\theta}\int_0^{T/2}F_{拍}(t)\mathrm{d}t \tag{3-22-7}$$

式中：T 为音叉振动周期，$\int_0^{T/2}F_{拍}(t)\mathrm{d}t$ 表示 $T/2$ 时间内的拍频波个数。所以，只要测得拍频波的个数，就可得到较弱振动的位移振幅。

波形数由完整波形数、波的首数、波的尾数三部分组成。如图 3-22-6 所示，根据示波器上的显示计算，波形的分数部分为不完整波形的首数及尾数，需在波群的两端，可按反正弦函数折算为波形的分数部分，即

波形数＝整数波形数＋波的首数和尾数中满 1/2 或 1/4 或 3/4 个波形分数部分

$$+\frac{\arcsin a}{360^\circ}+\frac{\arcsin b}{360^\circ}$$

式中：a、b 为波群的首、尾幅度和该处完整波形的振幅之比。波群指 $T/2$ 内的波形，分数波形数若满 1/2 个波形为 0.5，满 1/4 个波形为 0.25，满 3/4 个波形为 0.75。

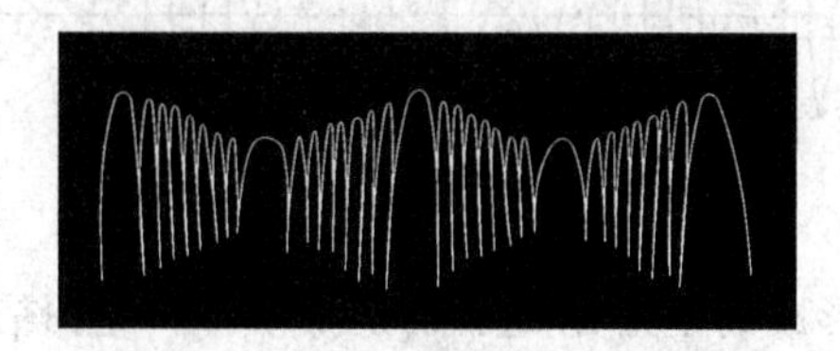

图 3-22-6　示波器显示拍频波形

如图 3-22-7 所示，在 $T/2$ 内，整数波形数为 4，尾数分数部分已满 1/4 波形，$b=\frac{h}{H}=\frac{0.6}{1}=0.6$，波形数$=4+0.25+\frac{\arcsin 0.6}{360^\circ}=4.25+\frac{36.8^\circ}{360^\circ}=4.25+0.10-4.35$。

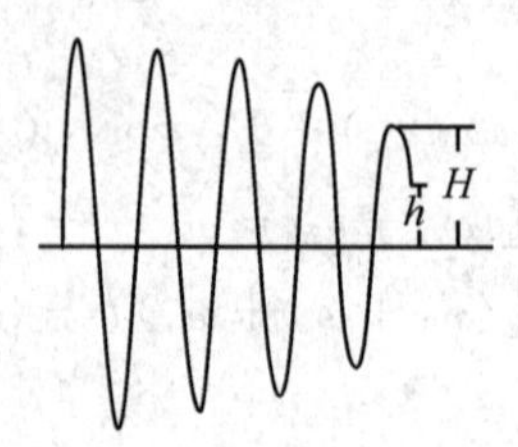

图 3-22-7　波形数的计算

三、实验仪器

本实验仪器为DHGS－1型双光栅微弱振动实验仪，包含激光源、信号发生器、频率计(上述仪器已集成在测量仪箱内)。实验仪面板及实验平台如图3－22－8和图3－22－9所示。

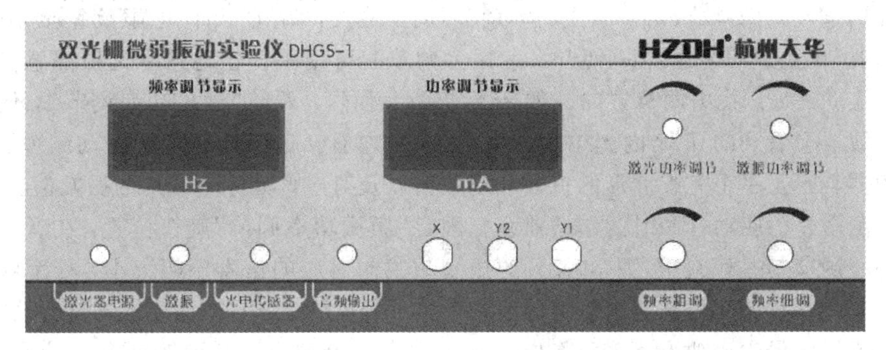

X—触发信号输出；Y2—激振波形输出；Y1—拍频波形输出

图3－22－8　实验仪面板

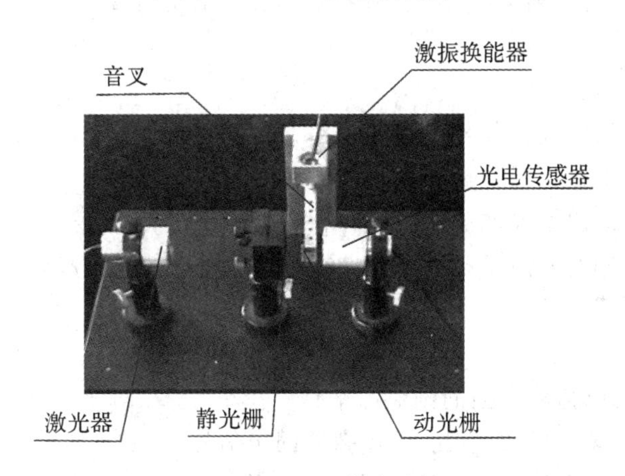

图3－22－9　实验平台

技术参数如下：

激光器：λ＝635 nm，0～30 mW。

信号发生器：120～950 Hz，0.1 Hz微调，0～650 mW输出。

频率计：(1～999.9 Hz)±0.1 Hz。

音叉谐振频率：500 Hz左右。

四、实验内容

(1) 预习《示波器的应用》，熟悉双踪示波器的使用方法。

(2) 将示波器的CH1通道接至实验仪面板上的Y1，外触发X通道接至实验仪的X，开启各自电源。

(3) 光路调整几何。实验平台上的“激光器”接实验仪面板上的“激光器电源”，将激光器、静光栅、动光栅摆在一条直线上，挪开光电传感器，在原光电传感器处放置挡光板，如一本书。开启实验仪电源，将实验仪面板上的“激光功率调节”调至最大，让激光穿越静、动光栅打在挡光板上，调节静光栅和动光栅的相对位置(理想状态是两光栅的刻线平行，刻线所在面平行)，观察挡光板上的光点，单个的光点最接近于圆点时为宜。挪开挡光板，将光电传感器放回原位，调节其接收光孔位置，使得最强的一个光点射入孔内。

(4) 音叉谐振调节。先调整好实验平台上音叉和激振换能器的间距，一般 0.3 mm 为宜，可使用塞尺辅助调节。将“激振功率调节”调至最大，调节“频率粗调”旋钮至 500 Hz 附近，然后调节“频率细调”旋钮，使音叉谐振。调节时可用手轻轻地按音叉顶部感受振动强弱，或听振动声音，找出调节方向。如音叉谐振太强烈，调节“激振功率调节”，使振动减弱，在示波器上看到的 $T/2$ 内光拍的波数为 15 个左右。记录此时音叉振动频率、屏上完整波的个数、不足一个完整波形的首数和尾数值以及对应该处完整波形的振幅值。

(5) 测出外力驱动音叉时的谐振曲线。固定“激振功率调节”旋钮位置，在音叉谐振点附近，小心调节“频率”旋钮，测出音叉的振动频率与对应的信号振幅大小，频率间隔可以取 0.1 Hz，选 8 个点，分别测出对应的波的个数，由式(3-16-8)计算出各自的振幅 A。

(6) 保持信号输出功率不变，将橡皮柱放入音叉上的小孔从而改变音叉的有效质量，调节“频率细调”旋钮，研究谐振曲线的变化趋势。

(7) 实验仪面板上的“音频输出”是为了用耳机听拍频信号。

五、数据记录处理

(1) 求出音叉谐振时光拍信号的平均频率；

(2) 求出音叉在谐振点时作微弱振动的位移振幅；

(3) 在坐标纸上画出音叉的频率-振幅曲线；

(4) 作出音叉不同有效质量时的谐波曲线，定性讨论其变化趋势。

六、问题讨论

1. 如何判断动光栅与静光栅的刻痕已平行？

2. 作外力驱动音叉谐振曲线时，为什么要固定信号功率？

3. 本实验测量方法有何优点？测量微振动位移的灵敏度是多少？

七、参考文献

[1] 张三慧，史田兰. 光学近代物理. 北京：清华大学出版社，1991.

[2] [美]W. A. 赫尔顿. 光学物理实验. 天津：南开大学物理系，1981.

[3] 熊永红，等. 大学物理实验. 北京：科学出版社，2007.

[4] 谢建平，等. 双光栅测量微小位移. 中国科学技术大学学报，1986.

实验 23 电容与高电阻的测量

电阻、电容和电感是电路中三个最基本的元器件，对其准确测量也需要掌握一定的测量技能。例如利用模拟电路，电阻可用比例运算器法和积分运算器法，电容可用恒流法和比较法，电感可用时间常数法和同步分离法等，使用可编程逻辑控制器(PLC)、振荡电路与单片机结合或复杂可编程逻辑器件(CPLD)与电子设计自动化(EDA)相结合等等来实现。

高电阻一般是指大于 $10^6\,\Omega$ 的电阻，与电压表内阻相当，用伏安法测量误差较大。本实验采用 RC 放电法测高阻，用电容比较法测量电容。

一、实验目的

(1) 通过实验深刻理解电容的定义及其充放电规律。

(2) 学习数字积分式冲击电流计的使用方法，利用比较法测量电容。

(3) 掌握 RC 放电法测量高阻的原理，并测量高电阻。

(4) 学习电感的测量方法，扩展学习模拟电路中利用比例运算器法和积分运算器法测量电阻的方法。

二、实验原理

1. 用冲击电流计测量电容的原理

在图 3-23-1 中，E 是用于给电容提供充电的电源，要求其具有较高的电压稳定度，且内阻要足够小。开关 S_1 用于换向，需要时可以进行正反向测量，以提高测量准确度；开关 S_2 用于选择充电与测量；S_3 用于选择标准与被测电容。对 S_2、S_3 开关的要求是绝缘电阻要高、断路间隙小、接触抖动小，否则抖动和漏电阻可能会影响测量结果。

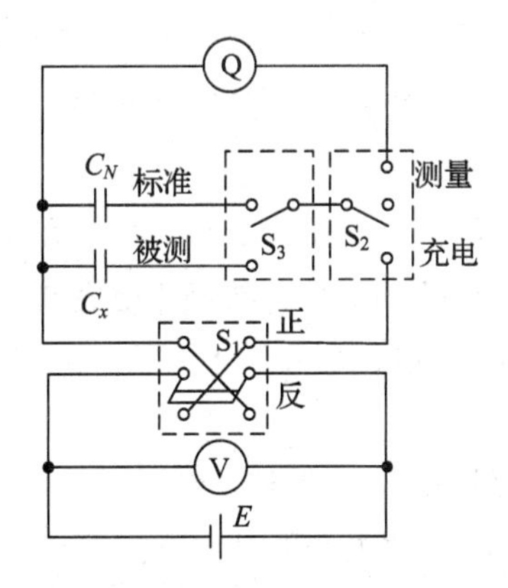

图 3-23-1 用冲击电流计测量电容

S_3 置于“标准”，S_2 置于“充电”，则电源 E 对标准电容 C_N 充电。标准电容 C_N 上所

充电量 $Q_N = C_N U$。将 S_2 置于“测量”，则 C_N 向冲击电流计 Q 放电，由于冲击电流计具有一定的内阻，故而在一定的时间内完成放电。冲击电流计完成电量的测量并显示。

将 S_3 置于“被测”，S_2 置于“充电”，则电源 E 对被测电容 C_x 充电。被测电容 C_x 上所充电量为：$Q_x = C_x U$。将 S_2 置于“测量”，则 C_x 向冲击电流计 Q 放电。冲击电流计完成电量的测量并显示。

忽略漏电阻和电源 E 的变化，则有 $Q_N/Q_x = C_N/C_x$。由于 C_N 为已知值，故可求得

$$C_x = \frac{Q_x}{Q_N} C_N \tag{3-23-1}$$

2. *RC* 放电法测高阻

高阻一般是指大于 $10^6\,\Omega$ 的电阻。用数字电阻表或伏安法测量高电阻时，因为数字表存在内阻或输入电流非常小，造成测量失准。借助于高性能的数字冲击电流计，用放电法测量高阻是一种较为准确的方法。将待测高阻与已知电容组成回路，在电容放电时测量电容上的电量(或电压)随时间的变化关系，确定其时间常数，在已知标准电容容量的情况下，可确定高阻的阻值。其原理如图 3-23-2 所示。

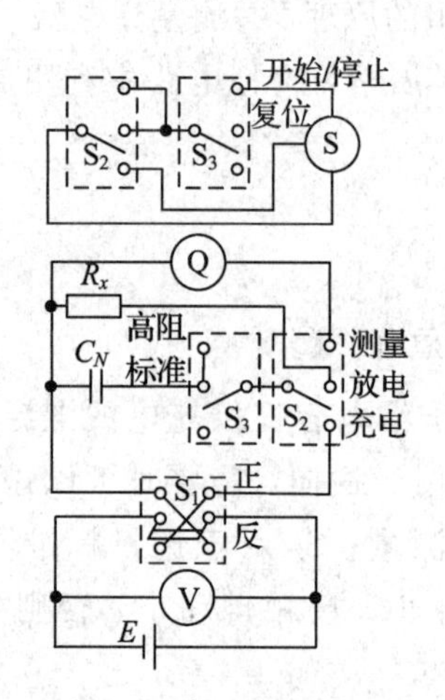

图 3-23-2　用冲击电流计测量高阻

在图 3-23-2 中，开关 S_2、S_3 是一个双刀三位开关，其绝缘电阻高、断路间隙小、接触抖动小，测量工作过程如下：

C_N 充电：S_3 置于“标准电容”，S_2 置于“充电”，假设 E 的内阻为 5 Ω，标准电容的值为 1 μF，则时间常数为 5 μs，在 30～50 μs 内，电容充电完成。所以只要将 S_2 置于“充电”位置，很短时间就可认为充电完成。同时(联动)S_2 的另一组开关接通计时器 S 的“复位”端，计时表示值回零。

C_N 放电：S_3 置于“被测高阻”端，一组开关接至 C_N 不变，另一组开关接至“开始/停止”端，准备进行计时。将 S_2 置于“放电”端，R_x 就并联到 C_N 两端，电容开始放电；同时(联动)S_2 的另一组开关接通计时器 S 的“开始/停止”端，计时器开始计时。由于 S_2 的两组开关是联动的，所以确保了放电与计时的同步性。由于 S_2、S_3 使用了高绝缘性能的开关，而且 C_N 本身的绝缘电阻很高，所以，实验中切换开关时，开关动作的快慢并不会明显影响

计时准确度。

测量：放电一段时间后，将 S_2 切换到“测量”端，C_N 向冲击电流计放电，并断开 R_x，以免在冲击电流计测量期间 C_N 向 R_x 放电。同时 S_2 的另一组开关再次接通计时器 S 的“开始/停止”端停止计时；也由于 S_2 的两组开关是联动的，所以确保了冲击电流计测量与计时停止的同步性。

在上述的测量过程中，设放电时间为 t，则在 t 时刻电容 C 上的电量 Q、电压 U 和 RC 回路中的电流 I 之间满足：

$$Q=CU \tag{3-23-2}$$

式中：$U=RI$；$I=-\frac{dQ}{dt}$，负号表示随着放电时间的增加，电容器极板上的电荷 Q 随之减少。

注意 Q、U、I 三个量都是时间的函数。

设初始条件为：$t=0$ 时，$Q=Q_0$，则电容上电量随时间的关系为

$$\frac{dQ}{dt}=-\frac{Q}{RC} \tag{3-23-3}$$

即

$$Q=Q_0 e^{\frac{-t}{RC}} \tag{3-23-4}$$

式中：RC 称为时间常数，一般用 τ 表示，其物理意义为：当 $t=\tau=RC$ 时，电容上的电量由 $t=0$ 时的 Q_0 下降到 $0.368Q_0(Q_0/e)$。它决定放电过程的快慢，时间常数 τ 越大，放电越慢；反之，τ 越小，放电越快。对应的放电曲线如图 3-23-3 所示。

对式(3-23-4)两边取自然对数有

$$\ln Q=-\frac{t}{RC}+\ln Q_0 \tag{3-23-5}$$

由式(3-23-5)可知，$\ln Q$ 与 t 成线性关系，见图 3-23-4，其直线斜率就是 $-\frac{1}{RC}$，根据已知标准电容值就可以求得 R 的大小。

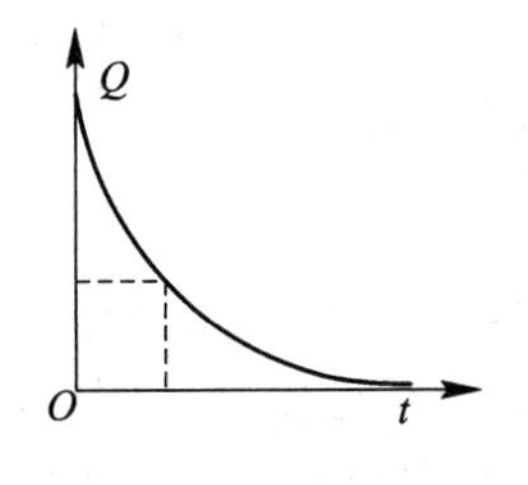

图 3-23-3 $Q-t$ 曲线

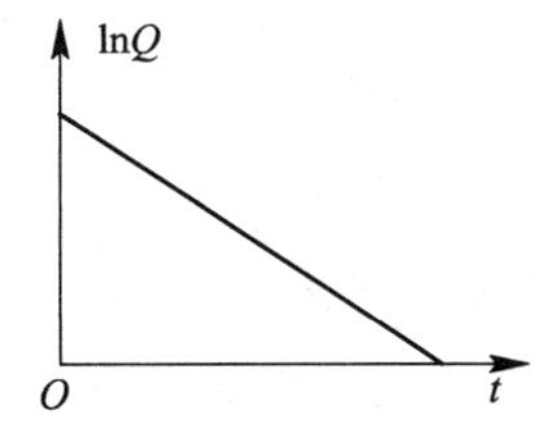

图 3-23-4 $\ln Q-t$ 曲线

三、实验仪器

DQ-3 数字积分式冲击电流计及 DHDQ-A 冲击法电容与高阻测量仪，包含了标准电容、待测电容、高值电阻、直流电源、放电开关、同步计时秒表等功能，如图 3-23-5 所示。

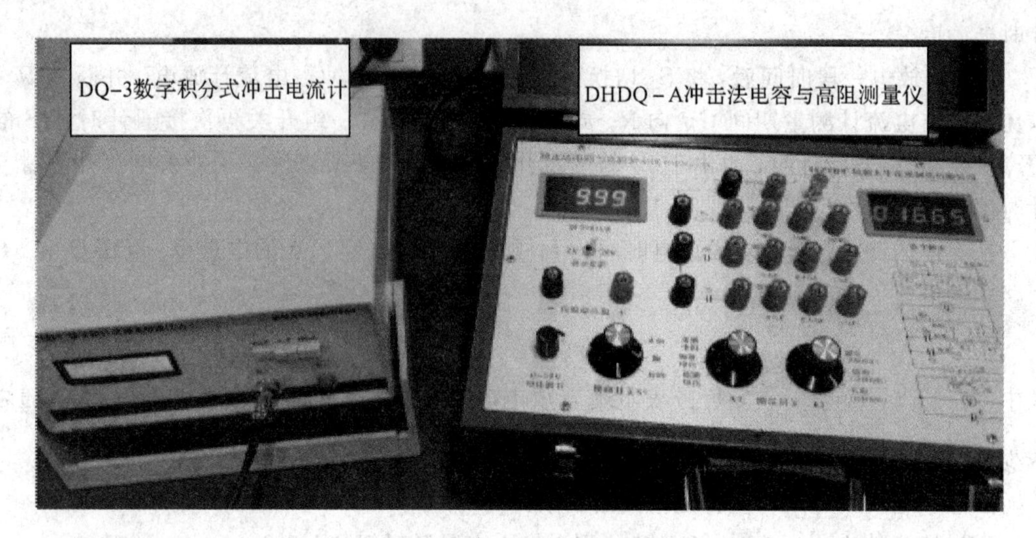

图 3-23-5 实验仪器组图

四、实验内容

1. 用冲击电流计测量电容

连接好电容器和冲击电流计、C_N 和 C_x 分别选取 1 μF 和 0.47 μF(若无 0.47 μF 标称值，则可以选择 10 μF)。将 S_1 置于"正向"或"反向"，实验中不要变动！

将 S_3 置于"标准电容"，S_2 置于"充电"，则电源 E 对标准电容 C_N 充电。将 S_2 置于"测量"，则 C_N 向冲击电流计 Q 放电。冲击电流计完成电量的测量，自动显示 Q 的大小并保持，直到下一次测量(无须"复位")。记录 Q_N 值。

将 S_3 置于"被测电容"，S_2 置于"充电"，则电源 E 对被测电容 C_x 充电。将 S_2 置于"测量"，则 C_x 向冲击电流计放电。冲击电流计完成电量的测量，自动显示 Q 的大小并保持，直到下一次测量。记录 Q_x 值，则 $C_x=\frac{Q_x}{Q_N}C_N$。

注意 如果电容选用 0.1 μF，则冲击电流计适合"2 μC"挡；如果电容选用 1 μF，则冲击电流计适合"20 μC"挡。

2. 用冲击电流计测量高阻

连接好冲击电流计、选取 C_N(10 μF 暂且不可用)和 R_x，根据 R_x 的预期大小，选择合适的 C_N 值，以使时间常数 $\tau=R_xC_N=10$ s。τ 太大，则测量时间过长；τ 太小，计时容易产生误差。再根据 C_N 值，电源 E 的电压值取 8～12 V，实验过程中不能改变，使 $Q=C_NU$ 值的大小在冲击电流计的量程范围内(小于 20 μC)。将 S_1 置于"正向"或"反向"，实验中不要变动！

C_N 充电：S_3 置于"标准电容"，S_2 置于"充电"，此时 S_2 的联动开关接通计时器 S 的"复位"端，计时表示值回零。

C_N 放电：S_3 置于"被测高阻"端，一组开关接至 C_N 不变，另一组开关接至"开始/停止"端，准备进行计时。将 S_2 置于"放电"端，R_x 并联到 C_N 两端，电容开始放电；此时 S_2

的联动开关接通计时器 S 的“开始/停止”端，计时器开始计时。因为仪器与人员反应时间的随机性，可以差不多每隔 1 s 左右测量一次电量值。这样测量 16 组数据，最长放电时间不超过 16～17 s。

测量：放电一段时间后，将 S_2 切换到“测量”端，C_N 向冲击电流计放电，并断开 R_x。此时 S_2 的联动开关再次接通计时器 S 的“开始/停止”端停止计时。记录时间 t 和 Q 值。

重复 C_N 充电至测量的过程：S_3 置于“标准电容”→S_2 置于“充电”→S_3 置于“被测高阻”→S_2 置于“放电”→S_2 切换到“测量”。选择不同的放电时间 t，获得 16 组数据，用这些数据绘图处理，即可求得 R_x 值。

五、数据记录与处理

1. 用冲击电流计测量电容

记录 Q_N 和 Q_x 值到表 3-23-1 中。

表 3-23-1 冲击法测量电容数据表

$C_N=$ 1.0 μF

电压/V	2.00	4.00	6.00	8.00	10.00	12.00	14.00	16.00
$Q_N/\mu C$								
$Q_x/\mu C$								
$C_x/\mu F$								
$\overline{C}_x/\mu F$								

2. 用冲击电流计测量高阻

记录 t 和 Q 值到表 3-23-2 中。

表 3-23-2 冲击法测量高阻数据表

$C_N=$ 1.0 μF

序号	1	2	3	4	5	6	7	8
t/s								
$Q/\mu C$								
$\ln Q$								
序号	9	10	11	12	13	14	15	16
t/s								
$Q/\mu C$								
$\ln Q$								

六、问题讨论

1. 在冲击法测高阻实验中，标准电容的单位为 μC，这个数量级是否会影响最终的测量结果?

2. 放电法测量高阻阻值，最长放电时间的选择依据是什么?

七、参考文献

[1] 吴百诗. 大学物理(下)[M]. 西安：西安交通大学出版社，2009.
[2] 刘俊星. 大学物理实验实用教程[M]. 北京：清华大学出版社，2012.
[3] 吕斯骅，段家忯. 基础物理实验[M]. 北京：北京大学出版社，2002.
[4] 符时民. 用数字式冲击电流计测高电阻[J]. 物理与工程，2005，(01)：35-37.

Ⅳ 附 录

附录1 我国法定计量单位表

（国务院1984年2月27日发布）

表1.1 国际单位制的基本单位

量的名称	单位名称	单位符号
长度	米	m
质量	千克（公斤）	kg
时间	秒	s
电流	安（安培）	A
热力学温度	开（尔文）	K
物质的量	摩（尔）	mol
发光强度	坎（德拉）	cd

表1.2 国际单位制的辅助单位

量的名称	单位名称	单位符号
平面角	弧度	rad
立体角	球面度	sr

表1.3 国际单位制中具有专门名称的导出单位

量的名称	单位名称	单位符号	表示式
频率	赫（兹）	Hz	s^{-1}
力；重力	牛（顿）	N	$kg \cdot m/s^2$
压力，压强；应力	帕（斯卡）	Pa	N/m^2
能量；功；热	焦（耳）	J	$N \cdot m$
功率；辐射通量	瓦（特）	W	J/s
电荷量	库（仑）	C	$A \cdot s$
电位；电压；电动势	伏（特）	V	W/A

续表

量的名称	单位名称	单位符号	表示式
电容	法(拉)	F	C/v
电阻	欧(姆)	Ω	V/A
电导	西(门子)	s	A/V
磁通量	韦(伯)	Wb	V.s
磁通(量)密度；磁感应强度	特(斯拉)	T	Wb/m^2
电感	亨(利)	H	Wb/A
摄氏温度	摄氏度	℃	
光通量	流(明)	lm	cd·sr
(光)照度	勒(克斯)	lx	lm/m^2
放射性活度	贝可(勒尔)	Bq	s^{-1}
吸收剂量	戈(瑞)	Gy	J/kg
剂量当量	希(沃特)	Sv	J/kg

注：括弧中的名称是它前面名词的同义词，或者与前面的字构成单位名称的全称。括弧中的字在不致引起混淆、误解的情况下可以省略，省略后即为该名称的简称。

表 1.4　国家选定的非国际单位制单位

量的名称	单位名称	单位符号	换算关系和说明
时间	分	min	1 min＝60 s
	(小)时	h	1 h＝60 min＝3600 s
	天(日)	d	1 d＝24 h＝86 400 s
(平面)角	(角)秒	(″)	1″＝(π/648 000)rad (π 为圆周率)
	(角)分	(′)	1′＝60″＝(π/10 800)rad
	度	(°)	1°＝60′＝(π/180)rad
旋转速度	转每分	r/min	1 r/min＝(1/60)s^{-1}
长度	海里	n mile	1 n mile＝1852 m(只用于航程)
速度	节	kn	1 kn＝1 n mile/h ＝(1852/3600)m/s　(只用于航行)
质　量	吨 原子质量单位	t u	1 t＝1000 kg 1 u≈1.660 565 5×10^{-27}kg
体积	升	L	1 L＝1 dm^3＝10^{-3} m^3
能量	电子伏	eV	1 eV＝1.602 189 2×10^{-19}J
线密度	特(克斯)	tex	1tex＝1g/km
级差	分贝	dB	

附录 2 常用物理量的代号和国际制导出单位

<table>
<tr><th colspan="2">物理量</th><th rowspan="2">单位名称</th><th colspan="2">单位代号</th><th rowspan="2">备注</th></tr>
<tr><th>名称</th><th>代号</th><th>中文</th><th>国际</th></tr>
<tr><td>面积</td><td>S</td><td>平方米</td><td>米^2</td><td>m^2</td><td rowspan="15">1N =1 kg・m/s
=10^5 dyne(达因)
=(1/9.8)kg(力)
g(力)/cm^3
=1 kg(力)/dm^3
=1 T(力) /m^3
1 N・s=1 kg・m/s</td></tr>
<tr><td>体积</td><td>V</td><td>立方米</td><td>米^3</td><td>m^3</td></tr>
<tr><td>位移</td><td>I_s</td><td>米</td><td>米</td><td>m</td></tr>
<tr><td>速度</td><td>v</td><td>米每秒</td><td>米/秒</td><td>m/s</td></tr>
<tr><td>加速度</td><td>a</td><td>米每秒平方</td><td>米/秒^2</td><td>m/s^2</td></tr>
<tr><td>转速</td><td>n</td><td>1 每秒</td><td>1/秒</td><td>1/s</td></tr>
<tr><td>角速度</td><td>ω</td><td>弧度每秒</td><td>弧度/秒</td><td>rad/s</td></tr>
<tr><td>力</td><td>F</td><td>牛顿</td><td>牛</td><td>N</td></tr>
<tr><td>重量</td><td>G</td><td>牛顿</td><td>牛</td><td>N</td></tr>
<tr><td>比重</td><td>R</td><td>牛顿每立方米</td><td>牛/米^3</td><td>N/m^3</td></tr>
<tr><td>密度</td><td>ρ</td><td>千克每立方米</td><td>千克/米^3</td><td>kg/m^3</td></tr>
<tr><td>力矩</td><td>M</td><td>牛顿・米</td><td>牛・米</td><td>N・m</td></tr>
<tr><td>动量</td><td>P</td><td>千克米每秒</td><td>千克・米/秒</td><td>kg・m/s</td></tr>
<tr><td>冲量</td><td>I</td><td>牛顿・秒</td><td>牛・秒</td><td>N・s</td></tr>
</table>

附录3 英美度量衡折合国际公制、市制换算表

制别 项目	英制	国际公制	市制
长度	1吋(英寸)	25.4毫米	0.762市寸
	1呎(英尺)	0.3048米	0.9144市尺
	l码	0.9144米	2.7432市尺
	1哩(英里)	1.6093公里	3.2187市里
	l浬(英海里)	1.852公里	3.704市里
面积及地积	1平方吋	6.4514平方厘米	0.5806平方市寸
	1平方哩	2.5900平方公里	10.3600平方市里
	1英亩	40.468公亩	6.0702市亩
体积及容量	l立方呎	0.0283立方米	0.7645立方市尺
	1英品脱	5.6825分升	5.6825市合
	1英加仑	4.5460升	4.5460市升
	1英蒲式耳	3.6368升	3.6368市斗
常衡制	1英盎司	28.3495克	0.567市两
	1英磅	0.4536公斤	0.9072市斤
	1英担	50.8024公斤	101.6047市斤
	1英吨	1.0160吨 1016.0470公斤	2032.0940市斤

注一：上表系英制计算，兹将美制与英制不同者，另表示为

(1) 美1浬＝1854.98米＝5564.94市尺

(2) 美液量1加仑＝231立方吋＝3.7853升

(3) 美干量1加仑＝268.803立方吋＝4.4046升

(4) 美1蒲式耳＝2150.42立方吋＝3.5238斗

(5) 美1吨＝2000磅＝907.1849公斤＝1814.3697市斤

注二：(1) 金衡1磅＝373.2418克＝7.4648市两

(2) 药衡1磅＝金衡1磅

附录 4 常用物理量的代号和国际制导出单位

物理量		单位名称	单位代号		备 注
名称	代号		中文	国际	
功	W	焦耳	焦	J	1 J=1 N·m
能	E	焦耳	焦	J	
功率	P	瓦特	瓦	W	1 W=1 J/s
压强	p	帕斯卡	帕	Pa	1 Pa=1 N/m^2 1 大气压=76 cm 汞柱
周期	T	秒	秒	s	
频率	f，ν	赫兹	赫	Hz	1 Hz=1 s^{-1}
波长	λ	米	米	m	1Å(埃)=10^{-10} m
摄氏温度	℃	摄氏度	度	℃	
热量	Q	焦耳	焦	J	热功当量为 4.18J/卡
热容量	C	焦耳每开尔文	焦/开	J/K	常用卡/度
比热	c	焦耳每千克 开尔文	焦/千克·开	J/kg·K	常用卡/克·度、 千卡/千克·度
燃烧值	q	焦耳每千克	焦/千克	J/kg	常用千卡/千克
电量	Q	库仑	库	C	
电场强度	E	伏特每米	伏/米	V/m	1 V/m=1 N/C
电势电压	U，V	伏特	伏	V	1 V=1 W/A
电动势	ε	伏特	伏	V	
电阻	R	欧姆	欧	Ω	
电阻率	ρ	欧姆·米	欧·米	Ω·m	常用 Ω·mm^2/m
电容	C	法拉	法	F	1 F=10^6 μF=10^{12} pF
磁感应强度	B	特斯拉	特	T	1 T=1 Wb/m^2
磁通量	φ	韦伯	韦	Wb	1 Wb=1 V·s
电感	L	亨利	亨	H	1 H=1 Wb/A
容抗	X_C	欧姆	欧	Ω	
感抗	X_L	欧姆	欧	Ω	
阻抗	Z	欧姆	欧	Ω	

附录5　一般常用符号

符号	名称及使用
＋	① 加号；② 正号，通常省略；③ 强，写在数字后面，表示较该数字多一点；④ 指南磁极、正电极(阳极)等
－	① 减号；② 负号，小于零的；③ 相反的数量；④ 弱，写在数字后面，表示较该数字少一点；⑤ 北磁极、负电极(阴极)等
±	① 加或减；② 正或负
×	乘号，在代数式里有用居中点(·)代替
÷	① 除号，读作“除以”；②有些俄文书籍中作为“到”的字符号，与直线(-)和曲线(～)相同
∽	① 等价；② 相似；③ 表示“到”的意思；④ 表明表面光度平滑，注在图上外侧
＝	等号，等于
≡	恒等号，恒等于
≠	不等于
＞	大于；≯，不大于；＞＞，远大于
＜	小于；≮，不小于；＜＜，远小于
⩾	大于或等于，不小于
⩽	小于或等于，不大于
≌	全等于
≈，≑	近似于，大约等于
∈	(从)属于
→	① 趋于；② 在化学式里表示反应
//	平行于
⊥	垂直于
∠	角
∟	直角
△	三角形；梯度算符
□	四边形，矩形
▽	三角形；拉普拉斯算符

续表

符号	名称及使用
⊙	圆
∶，/	比号，作用与“÷”同
∵	因为
∴	所以
∝	正比于
∞	无穷大
Σ	求和号
$n!$	表示 n 的阶乘
Π	连乘积
K	绝对温度，K＝C＋273.15
°	度，写在数字的右上角。① 圆周角的 1/360；② 温度表及比重表的度
′	写在数字的右上角。① 分，圆周角的 1/21 600；② 时间单位；③ 英尺
″	写在数字的右上角。① 秒，圆周角的 1/1 296 000；② 时间单位；③ 英寸
%	百分号
‰	千分号
♂	雄性符号
♀	雌性符号
§	节。复数作 gg
…	省略号
№	序列或期号
$	货币元
pH	酸碱度
PPM	或 ppm，百万分之一
hr	小时

附录6　SI词头

因数	词头名称		符号
	英文	中文	
10^{24}	yotta	尧[它]	Y
10^{21}	zetta	泽[它]	Z
10^{18}	exa	艾[可萨]	E
10^{15}	peta	拍[它]	P
10^{12}	tera	太[拉]	T
10^{9}	giga	吉[咖]	G
10^{6}	mega	兆	M
10^{3}	kilo	千	k
10^{2}	hecto	百	h
10^{1}	deca	十	da
10^{-1}	deci	分	d
10^{-2}	centi	厘	c
10^{-3}	milli	毫	m
10^{-6}	micro	微	μ
10^{-9}	nano	纳[诺]	n
10^{-12}	pico	皮[可]	p
10^{-15}	femto	飞[母托]	f
10^{-18}	atto	阿[托]	a
10^{-21}	zepto	仄[普托]	z
10^{-24}	yocto	么[科托]	y

附录 7 常用物理数据

表 7.1 基本物理常量(1986 年国际推荐值)

量	符号	数值	单位	不确定度(ppm)
真空中光速	c	299 792 458	ms^{-1}	(准确值)
真空磁导率	μ_0	12.566 370 614…	$10^{-7}\ NA^{-2}$	(准确值)
真空电容率，$1/\mu_0 c^2$	ε_0	8.854 187 817…	$10^{-12} Fm^{-1}$	(准确值)
牛顿引力常数	G	6.672 59(85)	$10^{-11} m^3 kg^{-1} s^{-2}$	128
普朗克常数	h	6.626 075 5(40)	$10^{-34} Js$	0.60
基本电荷	e	1.602 177 33(49)	$10^{-19} C$	0.30
玻尔磁子，$\eta/2m_e$	μ_B	9.274 015 4(31)	$10^{-24} JT^{-1}$	0.34
里德伯常数	R_∞	10 973 731.534(13)	m^{-1}	0.0012
波尔半径，$a/4\pi R_\infty$	a_0	0.529 177 249(24)	$10^{-10} m$	0.045
电子[静]质量	m_e	0.910 938 97(54)	$10^{-30} kg$	0.59
电子荷质比	$-e/m_e$	−1.758 819 62(53)	$10^{11} C/kg$	0.30
[经典]电子半径	r_e	2.817 940 92(38)	$10^{-15} m$	0.13
质子[静]质量	m_p	1.672 623 1(10)	$10^{-27} kg$	0.59
中子[静]质量	m_n	1.674 928 6(10)	$10^{-27} kg$	0.59
阿伏加德罗常数	N_A，L	6.022 136 7(36)	$10^{23} mol^{-1}$	0.59
原子(统一)质量单位原子质量常数 $1u=m_u=(1/12)m(^{12}C)$	m_u	1.660 540 2(10)	$10^{-27} kg$	0.59
气体常数	R	8.314 510(70)	$J\ mol^{-1} K^{-1}$	8.4
玻耳兹曼常数，R/N_A	k	1.380 658(12)	$10^{-23} J\ K^{-1}$	8.4
摩尔体积(理想气体)($T=273.15K$，$P_n=101\ 325\ Pa$)	V_m	22.414 10(19)	$L\ mol^{-1}$	8.4

表 7.2 20℃时物质的密度

物质	密度 $\rho/(kg/m^3)$	物质	密度 $\rho/(kg/m^3)$
铝	2698.9	汽车用汽油	710～720
锌	7140	乙醚	714
铬	7140	无水乙醇	789.4
锡(白)	7298	丙酮	791

续表

物　质	密度 $\rho/(kg/m^3)$	物　质	密度 $\rho/(kg/m^3)$
铁	7874	甲醇	791.3
钢	7600～7900	煤油	800
镍	8850	变压器油	840～890
铜	8960	松节油	855～870
银	10 492	苯	879.0
铅	11 342	蓖麻油(15℃)	969
钨	19 300	(20℃)	957
金	19 320	钟表油	981
铂	21 450	纯水(0℃)	999.84
硬铝	2790	(3.98℃)	1000.00
不锈钢	7910	(4℃)	999.97
黄铜	8500～8700	海水	1010～1050
青铜	8780	牛乳	1030～1040
康铜	8880	无水甘油	1260
软木	220～260	氟利昂-12	1329
纸	700～1000	(氟氯烷-12)	
石蜡	870～940	蜂蜜	1435
橡胶	910～960	硫酸	1840
硬橡胶	1100～1400	水银(0℃)	13 595.5
有机玻璃	1200～1500	(20℃)	13 546.2
煤	1200～1700	干燥空气(标准状态)	
食盐	2140	(0℃)	1.293
冕牌玻璃	2200～2600	(20℃)	1.205
普通玻璃	2400—2700	氢	0.0899
火石玻璃	2800～4500	氦	0.1785
石英玻璃	2900～3000	氮	1.251
石英	2500～2800	氧	1.429
冰(0℃)	917	氩	1.783

表 7.3 标准大气压下不同温度时纯水的密度

温度 t/℃	密度 ρ/(kg/m^{-3})	温度 t/℃	密度 ρ/(kg/m^{-3})
0	999.841	24	997.296
1	999.900	25	997.044
2	999.941	26	996.783
3	999.965	27	996.512
4	999.973	28	996.232
5	999.965	29	995.944
6	999.941	30	995.646
7	999.902	31	995.340
8	999.849	32	995.025
9	999.781	33	994.702
10	999.700	34	994.371
11	999.605	35	994.031
12	999.498	36	993.68
13	999.377	37	993.33
14	999.244	38	992.96
15	999.099	39	992.59
16	998.943	40	992.21
17	998.774	42	991.44
18	998.595	50	988.04
19	998.405	60	983.21
20	998.203	70	977.78
21	997.992	80	971.80
22	997.770	90	965.31
23	997.638	100	958.35

表 7.4　水在不同压强下的沸点

P/hPa	t/℃	P/hPa	t/℃	P/hPa	t/℃	P/hPa	t/℃
950	98.205	978	99.012	1006	99.799	1034	100.568
951	98.234	979	99.040	1007	99.827	1035	100.595
952	98.263	980	99.069	1008	99.854	1036	100.623
953	98.292	981	99.097	1009	99.882	1037	100.650
954	98.322	982	99.125	1010	99.910	1038	100.677
955	98.351	983	99.153	1011	99.937	1039	100.704
956	98.380	984	99.182	1012	99.965	1040	100.731
957	98.409	985	99.210	1013	99.993	1041	100.758
958	98.438	986	99.238	1014	100.020	1042	100.785
959	98.467	987	99.267	1015	100.048	1043	100.812
960	98.495	988	99.295	1016	100.076	1044	100.839
961	98.524	989	99.323	1017	100.103	1045	100.866
962	98.553	990	99.351	1018	100.131	1046	100.893
963	98.582	991	99.379	1019	100.158	1047	100.919
964	98.611	992	99.408	1020	100.186	1048	100.946
965	98.640	993	99.436	1021	100.213	1049	100.973
966	98.668	994	99.464	1022	100.241	1050	101.000
967	98.697	995	99.492	1023	100.268	1051	101.026
968	98.726	996	99.520	1024	100.296	1052	101.053
969	98.755	997	99.548	1025	100.323	1053	101.080
970	98.783	998	99.576	1026	100.351	1054	101.107
971	98.812	999	99.604	1027	100.378	1055	101.133
972	98.840	1000	99.632	1028	100.405	1056	101.160
973	98.869	1001	99.659	1029	100.432	1057	101.187
974	98.898	1002	99.688	1030	100.460	1058	101.214
975	98.926	1003	99.715	1031	100.487	1059	101.240
976	98.955	1004	99.743	1032	100.514	1060	101.267
977	98.983	1005	99.771	1033	100.541		

表 7.5 流体的动力黏度

流体	温度/℃	黏度/(μPa·s)	流体	温度/℃	黏度/(μPa·s)
乙醚	0	296	葵花子油	20	5.00×10^{4}
	20	243	蓖麻油	0	530×10^{4}
甲醇	0	817		10	241.8×10^{4}
	20	584		15	151.4×10^{4}
水银	−20	1855		20	95.0×10^{4}
	0	1685		25	62.1×10^{4}
	20	1554		30	45.1×10^{4}
	100	1224		35	31.2×10^{4}
乙醇	−20	2780		40	23.1×10^{4}
	0	1780		100	16.9×10^{4}
	20	1190	甘油	−20	134×10^{6}
水	0	1787.8		0	121×10^{5}
	20	1004.2		20	149.9×10^{4}
	100	282.5		100	129.45×10^{2}
汽油	0	1788	蜂蜜	20	650×10^{4}
	18	530		80	100×10^{3}
变压器油	20	1.98×10^{4}	空气	25	18.3
鱼肝油	20	4.56×10^{4}			
	80	0.46×10^{4}			

表 7.6 20℃时常用金属的杨氏模量 N/mm²

金 属	$Y(\times10^{4})$	金 属	$Y(\times10^{4})$
铝	7.0～7.1	灰铸铁	6～17
银	6.9～8.2	硬铝合金	7.1
金	7.7～8.1	可锻铸铁	15～18
锌	7.8～8.0	球墨铸铁	15～18
铜	10.3～12.7	康铜	16.0～16.6
铁	18.6～20.6	铸钢	17.2
镍	20.3～21.4	碳钢	19.6～20.6
铬	23.5～24.5	合金钢	20.6～22.0
钨	40.7～41.5		

注：Y 的值与材料的结构、化学成分及加工制造方法有关，因此，在某些情况下，Y 的值可能与表中所列的平均值不同。

表 7.7 海平面上不同纬度处的重力加速度

纬度 φ	$g/(m/s^2)$	纬度 φ	$g/(m/s^2)$
0	9.780 49	60	9.819 24
5	9.780 88	65	9.822 94
10	9.782 04	70	9.826 14
15	9.733 94	75	9.828 73
20	9.786 52	80	9.830 65
25	9.789 69	85	9.831 82
30	9.793 38	90	9.832 21
35	9.797 46	西安 34°16′	计算值 9.796 84
40	9.801 80		测量值 9.7965
45	9.806 29	北京 39°56′	9.801 22
50	9.810 79	上海 31°12′	9.794 36
55	9.815 15	杭州 30°16′	9.793 60

注：地球上任意地方重力加速度的计算公式为

$$g = 9.780\,49 \times (1 + 0.005\,28\sin^2\varphi - 0.000\,006\,9\,\sin^2 2\varphi)$$

表 7.8 物质中的声速

物 质	声速/(m/s)	物 质	声速/(m/s)
氧气 0℃	317.2	NaCl 14.8%水溶液 20℃	1542
氩气 0℃	319	甘油 20℃	1923
干燥空气 0℃	331.45	铅	1210
10℃	337.46	金	2030
20℃	343.37	银	2680
30℃	349.18	锡	2730
40℃	854.89	铂	2800
氮气 0℃	337	铜	3750
氢气 0℃	1269.5	锌	3850
二氧化碳 0℃	258.0	钨	4320
一氧化碳 0℃	337.1	镍	4900
四氯化碳 20℃	935	铝	5000
乙醚 20℃	1006	不锈钢	5000
乙醇 20℃	1168	重硅钾铅玻璃	3720
丙酮 20℃	1190	轻氯铜银冕玻璃	4540
汞 20℃	1451.0	硼硅酸玻璃	5170
水 20℃	1482.9	熔融石英	5760

注：气体压强为一个大气压，固体中的声速为沿棒传播的纵波速度。

表 7.9 物质的比热容

物质	温度/℃	比热容/(J/(kg·K))	物质	温度/℃	比热容/(J/(kg·K))
金	25	128	石蜡	0～20	2.91×10^3
铅	20	128	水银	0	139.5
铂	20	134		20	139.0
银	20	234	氟利昂-12	20	0.84×10^3
铜	20	385	汽油	10	1.42×10^3
锌	20	389		50	2.09×10^3
镍	20	481	变压器油	0～100	1.88×10^3
铁	20	481	蓖麻油	20	2.00×10^3
铝	20	896	煤油	20	2.18×10^3
黄铜	0	370	乙醇	0	2.30×10^3
	20	384		20	2.47×10^3
康铜	18	420	乙醚	20	2.34×10^3
钢	20	447	甘油	18	2.43×10^3
生铁	0～100	0.54×10^3	甲醇	0	2.43×10^3
云母	20	0.42×10^3		20	2.47×10^3
玻璃	20	585～920	冰	0	2090
石墨	25	707	纯水	0	4219
石英玻璃	20～100	787		20	4182
石棉	0～100	795		100	4204
橡胶	15～100	$(1.13\sim2.00)\times10^3$	空气(定压)	20	1008
			氢(定压)	20	14.25×10^3

表 7.10 金属和合金的电阻率及其温度系数

金属或合金	电阻率 $\rho/(10^{-6}\Omega\cdot cm)$	温度系数 $\alpha/(10^{-5}/℃)$
银	1.47(0℃)	430
铜	1.55(0℃)	433
金	2.01(0℃)	402
铝	2.50(0℃)	460
钨	4.89(0℃)	510
锌	5.65(0℃)	417
铁	8.70(0℃)	651
铂	10.5(20℃)	390

续表

金属或合金	电阻率 $\rho/(10^{-6}\Omega\cdot cm)$	温度系数 $\alpha/(10^{-5}/℃)$
锡	12.0(20℃)	440
水银	95.8(20℃)	100
黄铜	8.00(1～20℃)	100
钢(0.10～0.15%碳)	10～14(20℃)	600
康铜	47～51(18～20℃)	−4.0～+1.0
武德合金	52(20℃)	370
铜锰镍合金	34～100(20℃)	−3.0～+2.0
镍铬合金	98～110(20℃)	3～40

注：金属的电阻率与温度的关系为：$\rho_{t1}=\rho_{t0}[1+\alpha(t-t_0)]$。电阻率与金属和合金中的杂质有关，表中列出的是单质金属电阻率和合金电阻率的平均值。

表 7.11　常用热电偶的温差电动势

铂铑(87%铂，13%铑)-铂的温差电动势/mV，参考端温度为 0℃

温度/℃ \ 温度/℃	0	100	200	300	400
0	0.000	0.645	1.464	2.395	3.400
10	0.054	0.720	1.553	2.492	3.503
20	0.111	0.797	1.643	2.591	3.608
30	0.170	0.875	1.734	2.690	3.712
40	0.231	0.956	1.825	2.789	3.817
50	0.295	1.037	1.918	2.890	3923
60	0.361	1.120	2.012	2.990	4.029
70	0.429	1.204	2.106	3.092	4.136
80	0.499	1.290	2.202	3.194	4.243
90	0.571	1.376	2.298	3.296	4.351
100	0.645	1.464	2.395	3.400	4.459

镍铬-镍铝的温差电动势/mV，参考端温度为 0℃

温度/℃ \ 温度/℃	0	100	200	300	400
0	0.00	4.10	8.13	12.21	16.40
10	0.40	4.51	8.53	12.62	16.83
20	0.80	4.92	8.93	13.04	17.25

续表

温度/℃ 温度/℃	0	100	200	300	400
30	1.20	5.33	9.33	13.45	17.67
40	1.61	5.73	9.74	13.87	18.09
50	2.02	6.13	10.15	14.29	18.51
60	2.43	6.53	10.56	14.71	18.94
70	2.84	6.93	10.97	15.13	19.37
80	3.26	7.33	11.38	15.56	19.79
90	3.68	7.73	11.80	15.98	20.22
100	4.10	8.13	12.21	16.40	20.65

镍铬-康铜热电偶的温差电动势/mV，参考端温度为0℃

工作端温度/℃	−50	−40	−30	−20	−10	−0
0	−3.11	−0.50	−1.89	−1.27	−0.64	−0.00
1		−2.56	−1.95	−1.33	−0.70	−0.06
2		−2.62	−2.01	−1.39	−0.77	−0.13
3		−2.68	−2.07	−1.46	−0.83	−0.19
4		−2.74	−2.13	−1.52	−0.89	−0.26
5		−2.81	−2.20	−1.58	−0.96	−0.32
6		−2.87	−2.26	−1.64	−1.02	−0.38
7		−2.93	−2.32	−1.70	−1.08	−0.45
8		−2.99	−2.38	−1.77	−1.14	−0.51
9		−3.05	−2.44	−1.83	−1.21	−0.58
工作端温度/℃	+0	10	20	30	40	50
0	0.00	0.65	1.31	1.98	2.66	3.35
1	0.07	0.72	1.38	2.05	2.73	3.42
2	0.13	0.78	1.44	2.12	2.80	3.49
3	0.20	0.85	1.51	2.18	2.87	3.56
4	0.26	0.91	1.57	2.25	2.94	3.63
5	0.33	0.98	1.64	2.32	3.00	3.70
6	0.39	1.05	1.70	2.38	3.07	3.77
7	0.46	1.11	1.77	2.45	3.14	3.84
8	0.52	1.18	1.84	2.52	3.21	3.91
9	0.59	1.24	1.91	2.59	3.28	3.98

续表一

工作端温度/℃	60	70	80	90	100	110
0	4.05	4.76	5.48	6.21	6.95	7.69
1	4.12	4.83	5.56	6.29	7.03	7.77
2	4.19	4.90	5.63	6.36	7.10	7.84
3	4.26	4.98	5.70	6.43	7.17	7.91
4	4.33	5.05	5.78	6.51	7.25	7.99
5	4.41	5.12	5.85	6.58	7.32	8.06
6	4.48	5.20	5.92	6.65	7.40	8.13
7	4.55	5.27	5.99	6.73	7.47	8.21
8	4.62	5.34	6.07	6.80	7.54	8.28
9	4.69	5.41	6.14	6.87	7.62	8.35
工作端温度/℃	120	130	140	150	160	170
0	8.43	9.18	9.93	10.69	11.46	12.24
1	8.50	9.25	10.00	10.77	11.54	12.32
2	8.58	9.33	10.08	10.85	11.62	12.40
3	8.65	9.40	10.16	10.92	11.69	12.48
4	8.73	9.48	10.23	11.00	11.77	12.55
5	8.80	9.55	10.31	11.08	11.85	12.63
6	8.88	9.63	10.38	11.15	11.93	12.71
7	8.95	9.70	10.46	11.23	12.00	12.79
8	9.03	9.78	10.54	11.31	12.08	12.87
9	9.10	9.85	10.61	11.38	12.16	12.95
工作端温度/℃	180	190	200	210	220	230
0	13.03	13.84	14.66	15.48	16.30	17.12
1	13.11	13.92	14.74	15.56	16.38	17.20
2	13.19	14.00	14.82	15.64	16.46	17.28
3	13.27	14.08	14.90	15.72	16.54	17.37
4	13.36	14.16	14.98	15.80	16.62	17.45
5	13.44	14.25	15.06	15.89	16.71	17.53
6	13.52	14.34	15.14	15.97	16.79	17.62
7	13.60	14.42	15.22	16.05	16.87	17.70
8	13.68	14.50	15.30	16.13	16.95	17.78
9	13.76	14.58	15.38	16.21	17.03	17.87

续表二

工作端温度/℃	240	250	260	270	280	290
0	17.95	18.76	19.59	20.42	21.24	22.07
1	18.03	18.84	19.67	20.50	21.32	22.15
2	18.11	18.92	19.75	20.58	21.40	22.23
3	18.19	19.01	19.84	20.66	21.49	22.32
4	18.28	19.09	19.92	20.74	21.57	22.40
5	18.36	19.17	20.00	20.83	21.65	22.48
6	18.44	19.26	20.09	20.91	21.73	22.57
7	18.52	19.34	20.17	20.99	21.82	22.65
8	18.60	19.42	20.25	21.07	21.90	22.73
9	18.68	19.51	20.34	21.15	21.98	22.81

铜-康铜热电偶的温差电动势/mV，参考端温度为0℃

工作端温度/℃	−40	−30	−20	−10	−0
0	−1.475	−1.121	−0.757	−0.383	−0.000
1	−1.510	−1.157	−0.794	−0.421	−0.039
2	−1.544	−1.192	−0.830	−0.458	−0.077
3	−1.579	−1.228	−0.866	−0.496	−0.116
4	−1.614	−1.263	−0.903	−0.354	−0.154
5	−1.648	−1.299	−0.940	−0.571	−0.193
6	−1.682	−1.334	−0.976	−0.608	−0.231
7	−1.717	−1.370	−1.013	−0.646	−0.269
8	−1.751	−1.405	−1.049	−0.683	−0.307
9	−1.785	−1.440	−1.085	−0.720	−0.345
10	−1.819	−1.475	−1.121	−0.757	−0.383
工作端温度/℃	0	10	20	30	40
0	0.000	0.391	0.789	1.196	1.611
1	0.039	0.430	0.830	1.237	1.653
2	0.078	0.470	0.870	1.279	1.695
3	0.117	0.510	0.911	1.320	1.738
4	0.156	0.549	0.951	1.361	1.780
5	0.195	0.589	0.992	1.403	1.822
6	0.234	0.629	1.032	1.444	1.865

续表一

7	0.273	0.669	1.073	1.486	1.907
8	0.312	0.709	1.114	1.528	1.950
9	0.351	0.749	1.155	1.569	1.992
10	0.391	0.789	1.196	1.611	2.035
工作端温度/℃	50	60	70	80	90
0	2.035	2.467	2.908	3.357	3.813
1	2.078	2.511	2.953	3.402	3.859
2	2.121	2.555	2.997	3.447	3.906
3	2.164	2.599	3.042	3.493	3.952
4	2.207	2.643	3.087	3.538	3.998
5	2.250	2.687	3.131	3.584	4.044
6	2.294	2.731	3.176	3.630	4.091
7	2.337	2.775	3.221	3.676	4.137
8	2.380	2.819	3.266	3.721	4.184
9	2.424	2.864	3.312	3.767	4.231
10	2.467	2.908	3.357	3.813	4.277
工作端温度/℃	100	110	120	130	140
0	4.277	4.749	5.227	5.712	6.204
1	4.324	4.796	5.275	5.761	6.254
2	4.418	4.891	5.372	5.859	6.353
3	4.465	4.939	5.420	5.908	6.403
4	4.512	4.987	5.469	5.957	6.452
5	4.559	5.035	5.517	6.007	6.502
6	4.607	5.083	5.566	6.056	6.552
7	4.654	5.131	5.615	6.105	6.602
8	4.701	5.179	5.663	6.155	6.652
9	4.749	5.227	5.712	6.204	6.702
工作端温度/℃	150	160	170	180	190
0	6.702	7.207	7.718	8.235	8.757
1	6.753	7.258	7.769	8.287	8.810
2	6.803	7.309	7.821	8.339	8.863
3	6.853	7.360	7.872	8.391	8.915

续表二

工作端温度/℃	150	160	170	180	190
4	6.903	7.411	7.924	8.443	8.968
5	6.954	7.462	7.975	8.495	9.021
6	7.004	7.513	8.027	8.548	9.074
7	7.055	7.564	8.079	8.600	9.127
8	7.106	7.615	8.131	8.652	9.180
9	7.156	7.666	8.183	8.705	9.233
10	7.207	7.718	8.235	8.757	9.286

表 7.12 物质的相对介电常数

物质	温度 t/℃	相对介电常数 ε_r	物质	温度 t/℃	相对介电常数 ε_r
石蜡	20	2.0～2.5	丙酮	20	21.5
木材	18	2.2～3.7	乙醇	14.7	26.8
硬橡胶	18	2.5～2.8	甲醇	13.4	35.4
电木	18	3～5	甘油	18	39.1
石英玻璃	18	3.5～4.1	水	18	80.4
瓷	18	5.0～6.5	氦	0	1.000064
普通玻璃	18	5～7	氢	0	1.000264
云母	18	5.7～7.0	氧	0	1.000524
花岗岩	18	7～9	氩	0	1.000556
光学玻璃	18	7～10	空气	0	1.000590
大理石	18	8.3	氮	0	1.000606
金刚石	18	16.5	一氧化碳	0	1.000 690
煤油	21	2.1	二氧化碳	0	1.000 946
松节油	20	2.2	甲烷	0	1.000 953
变压器油	18	2.2～2.5	硫化氢	0	1.004
苯	18	2.3	氯化氢	0	1.0046
柏油	18	2.7	氨	0	1.008 37
乙醚	20	4.34	溴	180	1.0128
蓖麻油	10.9	4.6			

注：气体的相对介电常数是在标准大气压下测得的。

表 7.13　物质的折射率

典型气体的折射率 n：

气体	分子式	折射率 n	气体	分子式	折射率 n
氦	He	1.000 035	氮	N_2	1.000 298
氖	Ne	1.000 067	一氧化碳	CO	1.000 334
甲烷	CH_4	1.000 144	氨	NH_3	1.000 379
氢	H_2	1.000 232	二氧化碳	CO_2	1.000 451
水蒸气	H_2O	1.000 255	硫化氢	H_2S	1.000 641
氧	O_2	1.000 271	二氧化硫	SO_2	1.000 686
氩	Ar	1.000 281	乙烯	C_2H_4	1.000 719
空气	—	1.000 292	氯	Cl_2	1.000 768

注：表中给出的数据系在标准状况下，气体对波长约等于 589.3 nm 的 D 线(钠黄光)的折射率。

典型液体的折射率 n：

液体	温度 t/℃	折射率 n	液体	温度 t/℃	折射率 n
盐酸	10.5	1.254	二氧化碳	15	1.195
氨水	16.5	1.325	三氯甲烷	20	1.446
甲醇	20	1.3292	四氯化碳	15	1.463 05
水	20	1.3330	甘油	20	1.474
乙醚	20	1.3510	甲苯	20	1.495
丙酮	20	1.3591	苯	20	1.5011
乙醇	20	1.3605	加拿大树胶	20	1.530
硝酸(99.94%)	16.4	1.397	二硫化碳	18	1.6255
硫酸(98%)	23	1.429	溴	20	1.654

注：表中给出的数据为液体对波长约等于 589.3 nm 的 D 线(钠黄光)的折射率。

典型固体的折射率 n：

固　体	折射率 n	固　体	折射率 n
氯化钾	1.490 44	火石玻璃 F_8	1.6055
冕牌玻璃 K_6	1.5111	重冕玻璃 ZK_6	1.6126
K_8	1.5159	ZK_8	1.6140
K_9	1.5163	钡火石玻璃	1.625 90
钡冕玻璃	1.539 90	重火石玻璃 ZF_1	1.6475
氯化钠	1.544 27	ZF_6	1.7550

注：表中给出的数据为固体对波长约等于 589.3 nm 的 D 线(钠黄光)的折射率。

典型晶体的折射率 n：

波长 λ/nm	萤　石	石英玻璃	钾　盐	岩　盐
656.3(H 红)	1.4325	1.4564	1.4872	1.5407
643.8(Cd 红)	1.4327	1.4567	1.4877	1.5412
589.3(Na 黄)	1.4339	1.4585	1.4904	1.5443
546.1(Hg 绿)	1.4350	1.4601	1.4931	1.5475
508.6(Cd 绿)	1.4362	1.4619	1.4961	1.5509
486.1(H 蓝绿)	1.4371	1.4632	1.4983	1.5534
480.0(Cd 蓝绿)	1.4379	1.4636	1.4990	1.5541
404.7(Hg 紫)	1.4415	1.4694	1.5097	1.5665
波长 λ/nm	石　英		方　解　石	
	n_o	n_e	n_o	n_e
656.3(H 红)	1.557 36	1.566 71	1.6544	1.4846
643.8(Cd 红)	1.550 12	1.559 43	1.6550	1.4847
589.3(Na 黄)	1.549 68	1.558 98	1.6584	1.4864
546.1(Hg 绿)	1.548 23	1.557 48	1.6616	1.4879
508.6(Cd 绿)	1.546 17	1.555 35	1.6653	1.4895
486.1(H 蓝绿)	1.544 25	1.553 36	1.6678	1.4907
480.0(Cd 蓝绿)	1.542 29	1.551 33	1.6686	1.4911
404.7(Hg 紫)	1.541 90	1.550 93	1.6813	1.4969

注：表中的数据是在 18℃ 测得的。

表 7.14 常用光源的谱线波长 nm

H(氢)		He(氦)		Ne(氖)	
656.28	红	706.52	红	650.65	红
486.13	蓝绿	667.82	红	640.23	橙
434.05	紫	587.56(D_3)	黄	638.30	橙
410.17	紫	501.57	绿	626.65	橙
397.01	紫	492.19	蓝绿	621.73	橙
Hg(汞)		471.31	蓝	614.31	橙
623.44	橙	447.15	紫	588.19	黄
579.07	$黄_2$	402.62	紫	585.25	黄
576.96	$黄_1$	388.87	紫	He-Ne激光	
546.07	绿	Na(钠)		632.8	橙
491.60	蓝绿	589.592(D_1)	黄	Cd(镉)	
435.83	$紫_2$	588.995(D_2)	黄	643.847	红
404.66	$紫_1$			508.582	绿

表 7.15 几种纯金属的"红限"波长 λ_0 及逸出功

金 属	"红限"波长 λ_0/nm	逸出功 W/eV	金 属	"红限"波长 λ_0/nm	逸出功 W/eV
钾(K)	550.0	2.2	汞(Hg)	273.5	4.5
钠(Na)	540.0	2.4	金(Au)	265.0	5.1
锂(Li)	500.0	2.4	铁(Fe)	262.0	4.5
铯(Cs)	460.0	1.8	银(Ag)	261.0	4.0

附录8 电磁学实验常用仪器

8.1 电表

物理实验中常用的绝大多数电表都是磁电式电表。磁电式表头的内部构造如图8-1所示。在永久磁铁的两个极上连着带圆筒孔腔的极掌，极掌之间装有圆柱形软铁芯，它的作用是使极掌和铁芯间的空隙中形成很强的均匀辐射状磁场。在圆柱形铁芯和极掌间的空隙处放一长方形线圈，线圈上固定一根指针。当电流流过时，线圈就受电磁力矩作用而偏转，直到跟游丝阻力矩平衡。偏角的大小与线圈上通过的电流成正比，电流的方向不同，偏转方向也不同。这种表头能直接测量的电流很小，一般在几十微安到几十毫安之间。

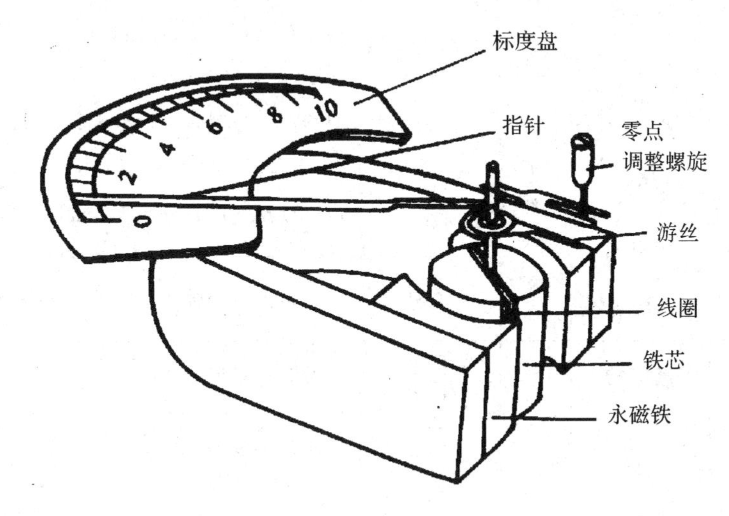

图8-1 磁电式表头结构

表头也可用来检验电路中有无电流流过，专门用来检验电路有无电流流过的电流计称为检流计。常用的检流计有按钮式和光电反射式两类。

按钮式检流计的特点是其零点位于刻度盘中央。通电时指针随电流的方向不同可以左右偏转。检流计通常处于断开状态，仅当按下按钮时，检流计才接入电路中，并用它来检验电路中有无电流。

光电反射式检流计可分为墙式和便携式两种。便携式(如AC15/4型复射式检流计)使用方便，常用做电桥、电位差计的指零仪器，或用来测量十分微小的电流和电压。电流表(安培表)通常是在表头上并联一个阻值较小的分流电阻改装成的，测量时，使电路中电流的超额部分通过分流电阻，这样就扩大了电流量程。表头上并联的分流电阻的阻值不同，量程也就不同。电流表使用时，应将其串联在电路中，并注意要使电流从电流表的正极流入，负极流出。

电压表是在表头上串联一个阻值较高的电阻改装成的。测量时，使线路中电压的超额部分降落在这个电阻上，这样就扩大了电压的量程。串联的分压电阻的阻值不同，电压表的量程也就不同。再使用时，应将电压表并联在电路中，并注意正极接在高电位处，负极接在低电位处。

使用电流表和电压表时，不得使测量值超过量程，否则易烧坏电表。对于多量程的电表，在不知道被测量的大小时，一般应先用大量程，在得出被测值的范围后，再换用与被测量接近的量程。

根据我国的规定，电气仪表的主要技术性能都以一定的符号来表示，并标记在仪表的面板上。使用时，要注意面板上的符号，正确使用电表。表 8－1 给出了常见的一些符号。

表 8－1　常用电器仪表上的符号

分类	符号	意义
名称	(G)	检流计
	(A)	安培表
	(mA)	毫安表
	(μA)	微安表
	(V)	伏特表
	(mV)	毫伏表
	(kV)	千伏表
	(Ω)	欧姆表
	(MΩ)	兆欧表
种类		磁电式
		电磁式
		电动式
		静电式
	—	直流
	～	交流
	≂	交直流两用

分类	符号	意义
放置方法	⊥或↑	标度尺垂直放置
	⌐或→	标度尺水平放置
	∠60°	标度尺倾斜放置(例如倾斜 60°)
准确度等级	1.5	以标度尺量限百分数表示的准确度等级 1.5 级
	2.5 ∨	以标度尺长度百分数表示的准确度等级 2.5 级
	(0.5)	以指示值百分数表示的准确度等级 0.5 级
使用条件及其他	[Ⅱ]	二级防外磁场
	[Ⅱ]	二级防外电场
	☆2　2kV	绝缘强度试验电压为 2 kV
	△B	B 级使用条件(－20～50℃，相对湿度低于 95% 的条件下工作)
	＋、－	正、负端
	·	公共端
	⊥ ⏚	接地端
	⌒	调零器

电表的准确度等级按《GB776－76 电气测量指示仪表通用技术条件》的规定，分为 0.1、0.2、0.5、1.0、1.5、2.5、5.0 七级，它表示了电表最大系统误差的大小。对于以标度尺量限百分数表示的准确度等级，在正常使用条件下，电表指针指示任一测量值所包含的最大示值(系统)误差为Δx＝量程×等级%。

对确定级别和量程的电表而言，这个值是不变的，所以在使用这一类电表时，指针的偏转一般应超过满量程的 1/3，以减少测量的相对误差。

8.2 电阻箱与滑线变阻器

1. 电阻箱

电阻箱在实验中用作已知电阻。它是由许多个定值电阻装在一起构成的。这些电阻是由锰铜丝绕制而成的(因锰铜的电阻率大，电阻随温度变化小)。我们实验室使用的是旋钮式十进制电阻箱，其外形和内部电路如图 8-2 所示。

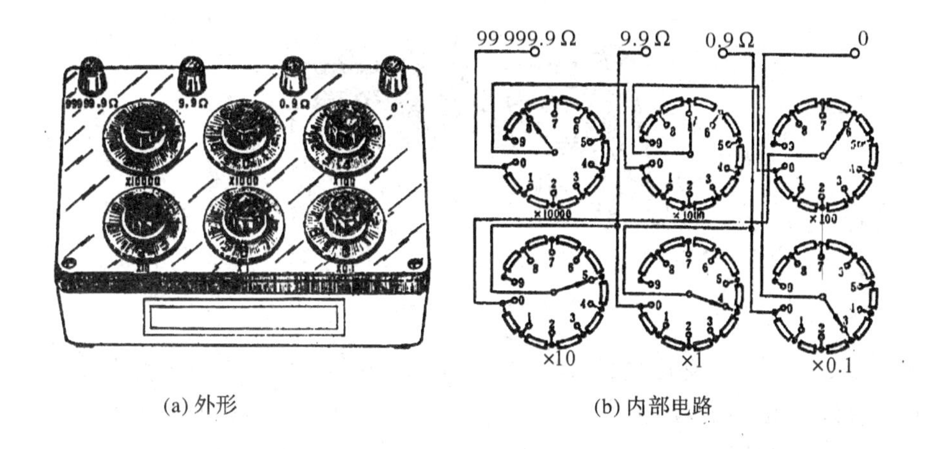

(a) 外形　　(b) 内部电路

图 8-2　电阻箱

使用电阻箱时，通过电阻箱的电流不能超过电阻箱允许的电流值。电阻箱各挡可通过的电流限额如表 8-2 所示。每个绕线电阻上的发热功率应不大于 0.25 W。

表 8-2　电阻箱各挡倍率与最大允许电流

旋钮倍率/Ω	×0.1	×1	×10	×100	×1000	×10000
允许电流/A	1.6	0.5	0.16	0.05	0.016	0.005

电阻箱的准确度级别分为 0.02、0.05、0.1、0.2 和 0.5 级，各种级别电阻箱的仪器误差如表 8-3 所示。实验室常用电阻箱为 ZX21 型，准确度等级为 0.1 级。

表 8-3　电阻箱的基本误差

准确度级别	基本误差(以接入电阻标称值的百分率表示)	
	单十进制盘电阻箱	多十进制盘电阻箱
0.02	±0.02	±(0.02+0.1 m/R)
0.05	±0.05	±(0.05+0.1 m/R)
0.1	±0.1	±(0.1+0.2 m/R)
0.2	±0.2	±(0.2+0.5 m/R)
0.5	±0.5	±(0.5+0.1 m/R)

表 8-3 中，m 表示示值不等于零的十进制数目。如 R=3060.5 Ω，则 m=3。R 为接入电路的电阻值。

2. 滑线变阻器

滑线变阻器是一种阻值可以连续变化的电阻，既可当作可变电阻，用来改变线路中的电流，又可接成分压器，用来调节电压。

滑线变阻器的结构如图 8－3 所示，把电阻丝绕在一个磁筒上，电阻丝两端和接头 A、B 相连，因此 A 和 B 之间的阻值即全部电阻丝的电阻。在磁筒上方有一滑动接头和磁筒上的电阻丝接触。滑动头安装在铜梁上滑动。铜梁一端为接线柱 C，改变滑动头的位置，就可改变 CA 和 BC 之间的电阻。

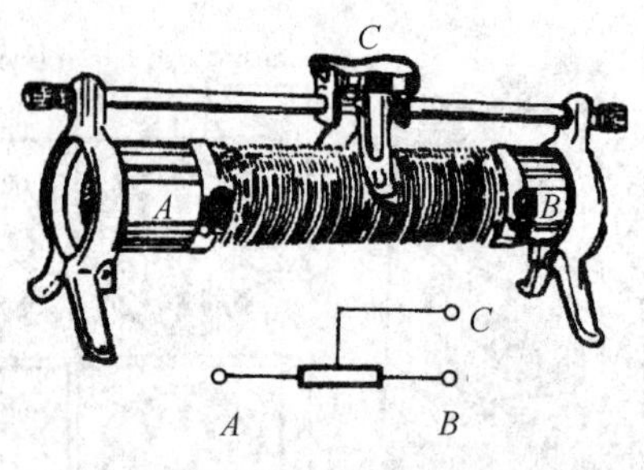

图 8－3　滑线变阻器

实验室还常用到另一种形式的双联滑线变阻器，它们在结构上是由两个滑线变阻器构成的，两个滑线变阻器的滑动头连在一起，并用摇把推动。它共有五个接头 A_1、B_1、A_2、B_2 和 C，如图 8－4 所示。当使用单边 A_1B_1C 或 A_2B_2C 时与一般滑线电阻相同。在调电流时也可使用 A_1A_2 或 B_1B_2。电阻的变化范围是单边的两倍，可在较大范围内改变电流。变阻器用来控制电路电流的接法如图 8－5(a)所示。

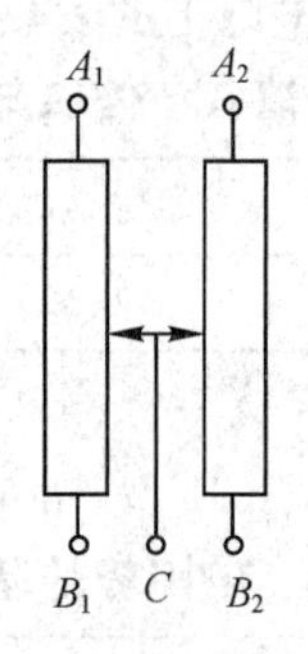

图 8－4　双联滑线变阻器

变阻器改变电路电压的接法称为分压器，如图 8－5(b)所示。分压器在实验中经常用到，且易接错。必须在搞清它的原理的基础上熟练掌握。接线时，把变阻器的两固定头 A、B 与电源 E 的两端相连，从滑动头 C 及固定接头之一(如 B)引出两根线(称分压线)接到负载电路上。电路按回路 $EACBE$ 流过变阻器的电阻，就在电阻上造成电位差。该电位差分为 U_{AC} 和 U_{BC} 两部分，其中 U_{BC} 就是分压器输出的电压。改变滑动头 C 的位置，就可以改变这两部分电阻分配，也就可以改变电压的分配。当滑动头 C 在 B 这一端时，分压 U_{BC} 为零；当 C 在 A 这一端时，分压最大，等于电源电压 E。所以分压器可使输出电压在 $0 \sim E$ 之间变化。实验中需要电压变化较大时常采用此电路。

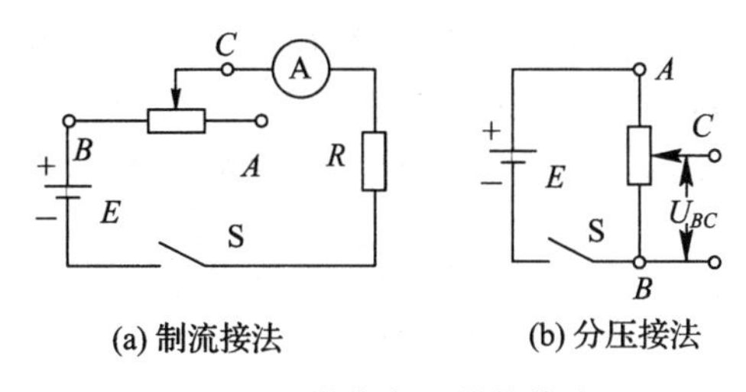

图 8-5 滑线变阻器的接法

8.3 直流标准电阻

如图 8-6 所示，直流标准电阻是实验室中常用的电阻基准量具，在电桥、电位差计的校验中，以及用比较法测电阻或利用测量电压的方法来确定通过电路的电流时(如灵敏电流计实验)，都须使用它。直流标准电阻是由高稳定度的锰铜丝制成的。为减小接触电阻带来的误差，它有两对接头：一对是电流接头(Ⅰ)，利用这对接头把标准电阻接入电路；另一对是电位接头(Ⅱ)，利用这对接头取出标准电阻上的电压。两对接头之间用很粗的铜棒相连。直流标准电阻上所标的电阻值是在 20℃时一对电位接头间的阻值。当温度为 t℃时电阻值由下式给出：

$$R_t = R_{20}[1 + \alpha(t-20) + \beta(t-20)^2]$$

式中：α 和 β 为(一次和二次)温度系数，R_{20} 和 α、β 均由产品说明书给出。使用时根据标准电阻功率限定工作电流，以免标准电阻被损坏。

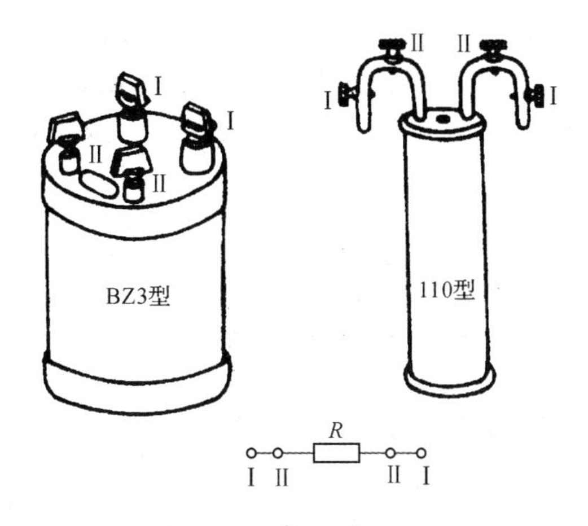

图 8-6 直流标准电阻

8.4 电源

实验室使用的交流电源由市电供给，墙上插座或实验桌插座旁标有 AC(或～)220 V 符号，以表示交流电源。交流低电压由变压器输出端给出。实验桌的接线柱上均标有交流电压数，如～12 V 等。使用时一定要核对电源电压，以避免造成人身事故或损坏仪器。

实验室常用的直流电源有干电池和直流稳压电源。用符号 DC(或—)表示，在实验桌的电源接线柱上标出。使用电源时，要注意电源电压和可能供给的电流。使用电流不能超过其额定值。

实验室常用的干电池有三种：① 甲电池(A电池)；② 乙电池(B电池)；③ 1号电池(D电池)。A和D电池的电动势均在1.5 V左右(新的)。A电池连续使用，电流不得超过100 mA，D电池不得超过20 mA。B电池由D电池组组成，可提供22.5 V和45 V的电压，连续使用时，电流不得超过20 mA。

8.5 常用器件符号

在电路原理图里，常用不同的图形符号来代表各个元件，用线条来表示它们之间的联系。表8-4列举了常用的电气元件符号。

表8-4 常用电器元件符号

名称	符号	名称	符号
原电池或蓄电池		单刀开关	
电阻(固定电阻)		单刀双掷开关	
变阻器(可调电阻)		双刀双掷开关	
可断开电路的变阻器		换向开关	
不断开电路的变阻器			
固定电容		不连接的交叉导线	
可变电容		连接的交叉导线	
电感线圈		指示灯泡	
有铁芯的电感线圈		晶体二极管	
有铁氧体芯电感线圈		稳压管	
有铁芯的单相双线变压器		晶体三极管(P-N-P)	